综合气象观测技术保障培训系列教材

自动气象站

主　编：敖振浪

副主编：林金田　周钦强

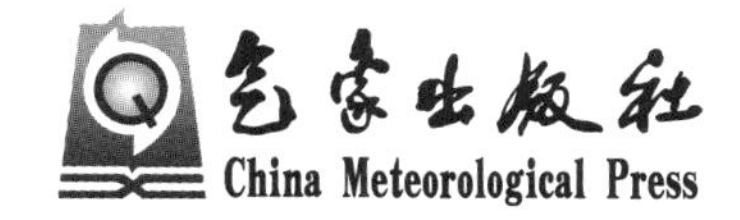

内容简介

本书为《综合气象观测技术保障培训系列教材》之一，全面涵盖广东省各类自动气象站观测系统组成、原理、安装、维护、维修、检定、供应、运行监控和业务管理等内容，重点对自动气象站日常维护内容、故障处理流程、诊断和维修方法作了详细讲述。各章节分别针对实际业务应用环节介绍，深入浅出，理论联系实际，实操性强。本书可作为自动气象观测技术保障人员的参考手册，也可作为其他综合气象观测业务人员学习自动气象站的教材。

图书在版编目（CIP）数据

自动气象站 / 敖振浪主编. — 北京 ：气象出版社，2018.4

ISBN 978-7-5029-6766-6

Ⅰ. ①自… Ⅱ. ①敖… Ⅲ. ①自动气象站 Ⅳ. ①P415.1

中国版本图书馆 CIP 数据核字(2018)第 087230 号

Zidong Qixiangzhan

自动气象站

敖振浪　主编

出版发行：气象出版社

地　　址：北京市海淀区中关村南大街 46 号　　**邮政编码**：100081

电　　话：010-68407112(总编室)　010-68408042(发行部)

网　　址：http://www.qxcbs.com　　**E-mail**：qxcbs@cma.gov.cn

责任编辑：孔思瑶　张锐锐　　**终　　审**：吴晓鹏

责任校对：王丽梅　　**责任技编**：赵相宁

封面设计：易普锐创意

印　　刷：三河市君旺印务有限公司

开　　本：787 mm×1092 mm　1/16　　**印　　张**：15

字　　数：333 千字　　**彩　　插**：1

版　　次：2018 年 4 月第 1 版　　**印　　次**：2018 年 4 月第 1 次印刷

定　　价：59.00 元

编 委 会

序

气象探测是开展天气预报预警、气候预测预估、气象服务和气象科学研究的基础，是推动气象科学发展的动力。从“九五”开始，党和政府对气象工作的关心和关注达到了空前的程度，保障社会经济发展和人民生命财产安全对气象服务的要求达到了前所未有的高度。面对新任务、新需求，面对极端气象灾害多发、频发、重发的严峻考验，中国气象局准确把握住当前时代特征和世界发展趋势，领导各级气象干部职工全面推进气象现代化建设，在我国气象事业发展历史进程中谱写了新的篇章。在气象现代化建设中，中国气象局树立了“公共气象、安全气象、资源气象”的发展理念，确立了建设具有世界先进水平的气象现代化体系，实现“一流装备、一流技术、一流人才、一流台站”的战略目标，明确了不断提高“气象预测预报能力、气象防灾减灾能力、应对气候变化能力、开发利用气候资源能力”的战略任务，形成了现代气象业务体系、气象科技创新体系、气象人才体系构成的气象现代化体系新格局。

经过近二十年的发展，我国气象现代化建设取得了丰硕成果。实施了气象卫星、新一代天气雷达、气象监测与灾害预警等重大工程。成功发射4类气象卫星，实现了极轨气象卫星技术升级换代和卫星组网观测、静止气象卫星双星观测和在轨备份。建成了由164部新一代天气雷达组成的雷达探测网，基本形成风廓线雷达局部探测业务试验网，全面实现高空探测技术换代。地面气象基本要素实现观测自动化，自动气象站覆盖了全国85%以上乡镇，数量达到5万多个。建成了400座风能观测塔、1210个自动土壤水分观测站、485个GPS/MET大气水汽观测站、10个空间天气观测站，实现了大气成分的在线观测，启动了海洋气象观测系统建设。建成了全国雷电监测网、浮标站、船舶观测站和海上石油平台观测站。建立了全国基本观测业务设备运行监控系统和气象技术装备保障体系。

在广东省委、省政府和中国气象局的关心和支持下，广东省气象局党组以新的思路，解放思想、实事求是、与时俱进，瞄准世界先进水平，高起点、高标准，把广东省气象现代化建设推进到新的高度，建成了国内领先、国际先进的现代化探测网。探测网包括了11部新一代多普勒天气雷达、4部L波段探空雷达、86个国家级自动站、2300多个区域自动站、16部风廓线雷达、28个闪电定位仪、32个GPS/MET水汽探测站、31个土壤水分站、4个浮标站、3个石油平台自动站、2个船舶自动站、8个大气成分站，形成了一个高时空密度的现代化综合天气探测网，为广东省气象预报预警和气象服务发挥了重大作用。

虽然广东省气象现代化探测网建设取得了较大成就，但我们也应该清醒地认识到，社会经济的快速发展和构建“幸福广东”对气象工作的要求也越来越高。各种气象探测设备能否稳定可靠地运行并发挥其应有作用，与保障工作做得是否到位关系重大。为了运行、管理和维护好广东省综合气象探测网，发挥其在气象预报、服务、科研和防灾减灾工作中的重要作用，发挥投资效益，需要广大气象装备技术保障人员认真做好各类气象装备的维护保障工作。做好维护保障工作离不开一支高素质的人才队伍。为了适应这一需要，广东省大气探测技术中心组织全省气象装备保障的专家和一线技术骨干组成编写组，在总结了各类气象装备的设计和维修经验的基础上，编写了这套《综合气象观测技术保障培训系列教材》。

教材集中了广东省气象装备保障一线的维修维护、科研、业务、设计、生产领域相关技术人员和专家的智慧，是编写组成员付出大量辛勤劳动的结晶。教材内容深入浅出，理论联系实际，既有较高的理论水平，又有很强的实用性。相关内容图文并茂，既有原理又有典型故障的案例分析，有助于保障人员快速了解和掌握气象装备的维修诊断技术与处理方法，也是综合气象观测人员一本不可多得的实用工具书。

我们期望并相信这套系列教材能够对广东省气象装备保障人员的上岗培训及实际业务工作有较好的参考价值，培养出一批高素质高水平的气象装备保障人员，快速、高效、高质量地完成气象装备保障任务，为确保我省综合气象探测网的稳定可靠运行做出积极贡献。

许永锞

2014 年 7 月

前　言

气象观测是气象工作的基础，气象装备技术保障工作是气象观测系统正常运行的保证。自动气象站因在综合观测系统中具有重要作用和庞大的网络布点，做好技术保障工作尤为重要。中国气象局2010年初印发《地面气象观测自动化专项工作方案》，全面启动地面气象观测综合业务改革，对自动气象站技术保障也提出了更高的要求。技术保障工作作为气象业务的组成部分，提高气象技术保障水平，已得到各级气象部门的高度重视，虽然广东省气象局各级管理和业务部门制定了一系列的管理制度，并举办了多期覆盖全省台站的各类自动气象站维修维护技术培训班，印发了若干技术资料，但限于台站技术力量水平整体偏低、动手能力相对较弱、技术水平参差不齐、保障人员流动性大等因素制约，在一定程度上影响了自动气象站技术保障业务工作的发展和保障业务水平的提升。因此，综合近年来各类自动气象站培训教材精华，编制一个涵盖范围广、针对性强、综合性高的自动气象站技术保障培训教材十分必要与迫切。

《综合气象观测技术保障培训系列教材——自动气象站》由广东省大气探测技术中心组织专家和一线技术骨干编写而成。本教材系统全面综合了多年来广东省各类自动气象站观测系统的主要培训内容，力求涵盖全省各类自动气象站系统组成、原理、安装、维护、维修、检定、供应、运行监控和业务管理等内容。第1章介绍了至2013年全省业务使用的几类自动气象站观测系统及其运行保障情况、存在的主要问题等；第2章介绍了自动气象站系统的结构、原理和功能，为技术保障人员提供理论参考；第3章详细叙述了自动气象站安装的环境要求和技术方法；第4章对自动气象站日常维护内容、流程、方法和记录进行了讲解，并对故障处理流程、诊断和维修方法作了细致介绍；第5章对运行监控工作的目的、意义、组织形式以及运行监控工作的方式、流程、信息发布、档案管理等进行了阐述和明确；第6章对检定和校准的目的、意义、方法作了阐述；第7章对器材管理、供应保障等内容进行了介绍；第8章对全省自动气象站业务管理规定和要求做了说明。本教材可作为广东省自动气象观测技术保障人员的参考手册，也可作为其他业务人员学习自动气象观测的入门教材。

教材编写主要参考了自动气象站的各类培训资料，以及国内公开发表的论文、论著、学术会议交流文章等，由于取材广泛，编者难以一一列出，在此一并表示感谢！教材编写过程还得到了部分市局业务管理及技术人员的支持和帮助，在此表示衷心感谢！

由于编写人员技术能力有限，疏漏及错误在所难免，请广大读者批评指正。

编　者

2014年3月

目　录

第1章 概述

本章介绍了广东省自动气象站发展历程和几类全省常用的自动气象站观测系统，并对全省自动气象站运行保障状况、建设效益发挥情况和自动气象站保障业务中存在的主要实际问题进行了阐述。

1.1 基本情况

1.1.1 自动气象站发展历程

自动气象站(Automatic Weather Station，AWS)是能够自动进行观测和数据传输的气象站，由硬件和软件系统组成。硬件系统包括传感器、采集器、通信接口、电源、计算机等。软件系统由采集软件和业务应用软件组成。

广东省自动气象站的研制始于“七五”期间，为了配合珠江三角洲中尺度灾害性天气监测基地的建设，广东省气象局和中山大学共同研制了中尺度用的自动气象站，并在珠江三角洲布设了24个自动气象站，中心站建在广州，基于VHF/UHF无线电通信组建了当时国内最大的中小尺度天气观测网，开创了自动气象站联网试验的先例。

20世纪90年代，广东地方经济迅速发展和地方防灾减灾的需求给自动气象站的发展带来生机。1997年1月，《广东省中尺度灾害性天气监测预警系统规划与第一期工程建设方案》通过广东省政府和中国气象局的联合论证审定，广东省自动气象站的建设开始进入第一个高速发展期。1997年7月至1998年年底，全省建成了148个自动气象站，主要分布在珠江三角洲、粤东南这些经济比较发达的地区，其中5个海岛自动气象站是与香港天文台和澳门气象台合作在珠江口沿海岛屿建立的。硬件配置上，除与香港天文台合建的自动气象站选用香港天文台提供的设备外，其他站点全部使用广东省自行开发研制，具有完全自主知识产权，通过了中国气象局的设计定型的WP3103型自动气象站。这些自动气象站能24 h全天候监测区内的天气情况，每小时(可加密到每10 min)通过电话拨号及数据传输网络向广州区域气象中心传送观测数据。

2003年，广东省自行开发研制的DZZ1-2型自动气象站通过了中国气象局的设计定型。2004年年底，广东省20个国家基准气象站和61个国家一般气象站完成DZZ1-2型自动气象站建设，实现了地面气压、气温、相对湿度、风向、风速、降水、地表温、浅层温、深层温等气象要素的自动观测，这标志着广东省正式步入常规气象观测要素自动观测新阶段，实现了部分气象要素由人工观测到仪器自动观测的转变，大大地增加了探测资料的时空密度。

2006年，由于自动气象站网的站点快速增加，过去采用PSTN通信方式进行区域自动气象站的资料采集和组网存在以下不足：自动气象站只能每小时通过电话拨号方式向采集中心传送观测数据；电话通信线路易受干扰和雷电入侵，给自动气象站资料的正常采集带来重大影响；在一些条件恶劣、地域偏僻的地区，电话通信无法到达，使自动气象站的合理布点有一定的局限性等。经过了近两年的 GPRS 技术调研、开发、试验和小规模业务应用后，由于 GPRS 通信技术具有永远在线、速率高、按通信流量计费、覆盖范围广的特点，特别适用于数据量较小、传输次数密度大、传输突发性高的自动气象站数据传输，在 2006 年底，选择以 GPRS 无线网络和 E1 专线为通信通道的自动气象站通信组网模型来完成了全省自动气象站采用 GPRS 通信组网技术改造工作，实现了全省组网自动气象站每 5 min(加密时到每分钟)通过 GPRS 网络向省局数据采集中心传送观测数据。

中国气象局 2010 年初印发《地面气象观测自动化专项工作方案》，全面启动地面气象观测综合业务改革，其中地面气象观测自动化是重中之重，它以地面观测自动化硬件综合集成平台为核心，主要对自动气象站、云、能见度、天气现象等气象自动观测设备进行集约化管理，通过“五个一”(一个标准接口来规范各种观测设备、一套装置来连接各种设备、一根光纤来传输各种数据、一台电脑运行一个软件来管理各种设备)的设计理念减少原有观测系统的“四多”(通信线路多、终端设备多、软件系统多、数据标准多)，以及“两低”(可靠性低、利用率低)“两差”(可维护性差、可扩展性差)等问题，实现地面气象多种观测设备的高效集成。

广东省 DZZ1-2 型自动气象站虽然基于 CAN 总线分布式架构设计，但由于开发年代较早，其 CPU，RAM 和 ROM 等均受限于当时硬件技术条件，不能很好满足中国气象局地面观测自动化硬件综合集成平台所提出的技术规范要求。因此，广东省气象局计算机应用开发研究所严格按照中国气象局《新型自动气象(气候)站功能规格书》的要求，结合最新嵌入式系统软硬件技术，在 2012 年 8—12 月短短 5 个月时间内，在 DZZ1-2 型自动气象站的基础上进行软硬件技术升级改造，研制出新型自动气象站，并于 2012 年 12 月通过了中国气象局综合观测司组织的现场测试、验收。至 2013 年已在广东省国家级地面气象观测站全面推广使用，并进入观测自动化单轨业务运行阶段，设备运行稳定可靠。

1.1.2　常用自动气象站观测系统

1.1.2.1　DZZ1-2 型自动气象观测系统

DZZ1-2 型自动气象站是用于地面气象观测数据的自动采集、计算处理和存储的设备。主要由数据采集器、气象要素传感器、电源系统和终端主控制机组成。它可连续自动探测设备，记录风向、风速、温度、湿度、气压、不同层次的地温和降水等气象要素的值。探测要素按需配置，不同的软硬件配置组成不同用途的自动气象观测系统。广东省采用 DZZ1-2 型数据采集器的观测系统有：Ⅱ型自动气象站、新型自动气象站、自动土壤水分站、海岛自动气象站、交通自动气象站等。

(1)Ⅱ型自动气象站：主要用于国家级地面气象观测站，全省 86 个Ⅱ型自动气象站，如图 1.1 所示，配置气压、风向、风速、雨量、气温、相对湿度、地表温、浅层温、深层温、草温等传感器。

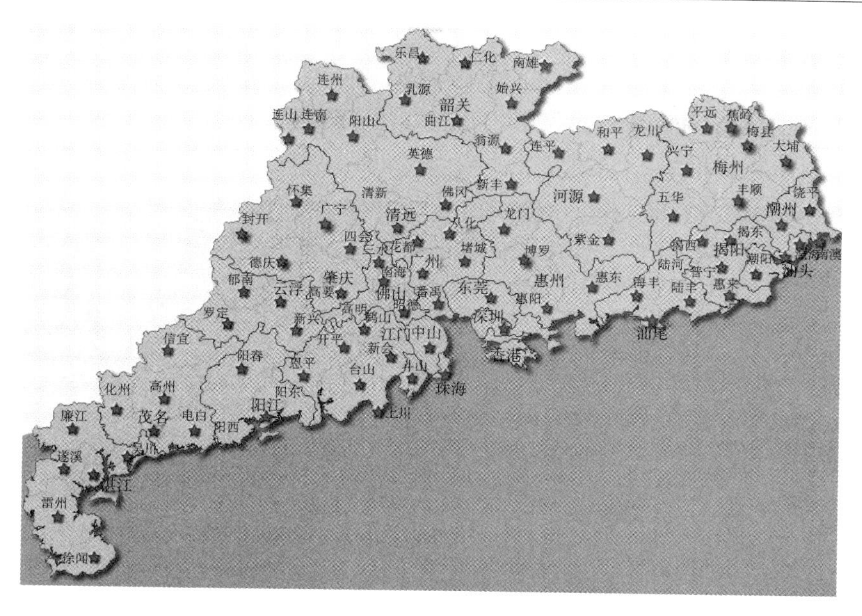

图 1.1　广东省地面自动气象站分布图

(2)新型自动气象站：新型自动气象站逐步在国家级地面气象观测站布点。它在Ⅱ型自动气象站的基础上，增配辐射观测分采集器，负责进行能见度、蒸发、辐射等要素观测；增配 TWF 分采集器，主要负责气温、相对湿度和雨量的三传感器优化观测。

(3)自动土壤水分站：全省已布点 31 个土壤湿度监测站，如图 1.2 所示。在 DZZ1-2 型自动气象站的主板和风雨板的硬件基础上，增加 DTU 通信接口板以及连接 DTU 的信号接口和电源接口，配置土壤水分湿度传感器，实现土壤水分探测数据的无线数据采集与传输。

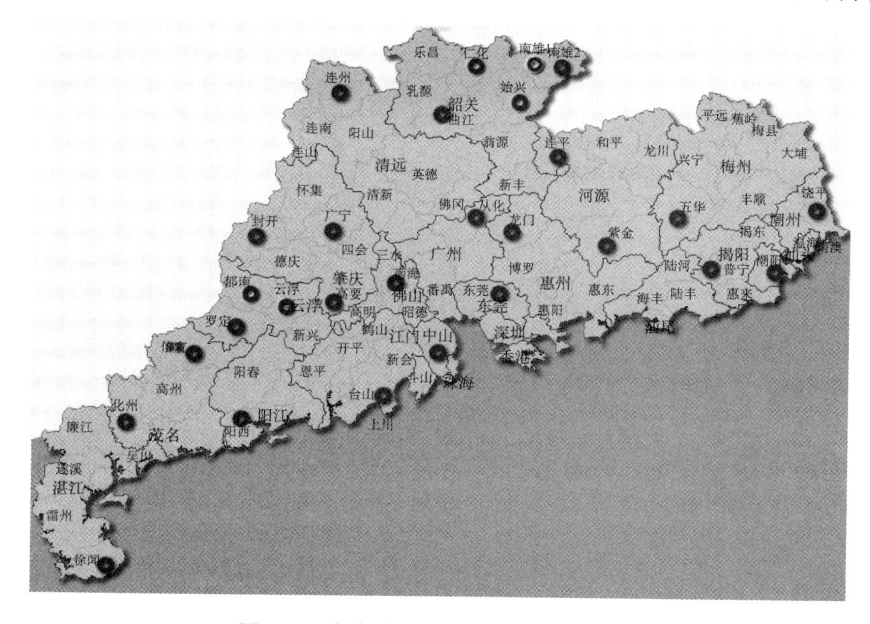

图 1.2　广东省土壤湿度监测站分布图

(4)海岛自动气象站：全省已布点 41 个海岛站，如图 1.3 所示。由 DZZ1-2 型数据采集器(带 DTU 通信接口)、温度变送器、传感器、电源、无线通信终端 DTU 等部分组成。传感器基本配置为气压、风向、风速、雨量、气温、相对湿度，能见度传感器按需配置，实现海岛气象探测数据的无线数据采集与传输。

图 1.3　广东省海岛自动气象站分布图

(5)交通自动气象站：主要安装于高速公路沿线或高速公路服务区，全省已建设 9 个交通自动气象站，如图 1.4 所示，为满足气象业务发展的需求，交通自动气象站的建设还在不断扩大。交通自动气象站采集器、通信模式采用与海岛自动气象站相同配置，配置能见度、风向、风速、雨量、气温、相对湿度、路面温度等传感器。

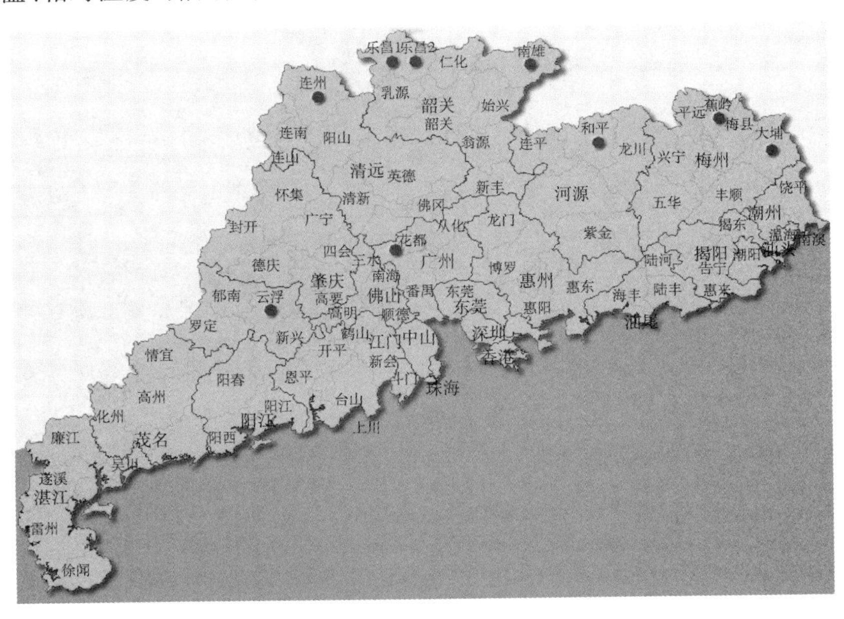

图 1.4　广东省交通自动气象观测站分布图

1.1.2.2 WP3103型自动气象观测系统

WP3103型自动气象观测系统是指所有采用WP3103型数据采集器为核心设备组成的气象观测系统。通过软件硬件的不同配置，并配接不同的通信载体，以满足各种用户的需求。主要应用于区域自动气象站、回南天自动观测站、城市热岛自动气象站、高山梯度自动观测站、粤港澳合建海岛自动气象站等。WP3103型数据采集器（也称为主机）内部电路板包括：主板、风雨板、温度板、通信板和显示、键盘接口板。

（1）区域气象自动站：全省2300多个区域自动气象站，基本配置风向、风速、雨量、温度四要素传感器，可选配相对湿度和气压传感器，也称“四要素自动气象站”和“六要素自动气象站”。区域自动气象站有室内型和室外型两种类型。室内型指采集器安装在室内，室外型指采集器安装在室外。自2006年起，区域自动气象站数据采集升级为GPRS通信方式，不再受PSTN通信方式的电话线限制，室外机由于采集器与传感器间的连接线较短，安装方便，室外型逐步代替室内型自动气象站。

（2）回南天自动观测站：全省布设24个回南天自动气象观测站，它是对冬春过渡季节经常出现室内地板、墙体、玻璃、天花板等物体回潮出水现象进行探测的自动气象站。观测要素为室外气温、相对湿度、室内地板的表面温度、室内气温。

（3）城市热岛气象站/农业小气候观测站：全省已建26个。观测要素为风向、风速、雨量、气温、地表温、相对湿度、气压等。采集器的接口板提供多个温度接口，采集不同高度的气温数据。

（4）高山梯度观测站：主要分布于阳山、梅州、高州。由多个自动气象站组成，分布在同一座高山不同的海拔高度，配置风向、风速、雨量、气温、相对湿度、气压等观测要素传感器。

（5）粤港澳合建海岛自动气象站：主要分布于万山、高栏、桂山、内伶仃、外伶仃、沱泞岛、黄茅洲等海岛。与香港合建的内伶仃、外伶仃、沱泞岛、黄茅洲四个海岛自动气象站为双套站运行模式，一套为香港天文台提供的设备，另一套为广东省自行开发研制的WP3103型自动气象站。与澳门合建的万山、高栏、桂山三个海岛自动气象站采用广东省自行开发研制的WP3103型室外型采集器，采集器安装在室内，传感器安装在平房楼顶。配置风向、风速、雨量、气温、相对湿度、气压等传感器，风向、风速传感器为无锡生产的强风型传感器。

1.1.2.3 CAWS-600型自动气象观测系统

CAWS-600型自动气象站是中国气象局组织研制的现代化气象装备，应用于国家基准站。观测要素有：气压、风向、风速、雨量、气温、相对湿度、地表温、浅层温、深层温、草温、蒸发和辐射等。广东省使用CAWS-600型采集器有两个型号：CAWS-600BS型和CAWS-600SE型，两种区别是有无辐射传感器接口。南雄、电白、增城采用CAWS-600BS型采集器，没有辐射观测项目。汕头、萝岗采用CAWS-600SE型采集器，汕头站为辐射总表和辐射净表观测站，萝岗站为全辐射观测站。

1.1.2.4 其他自动气象观测系统

（1）生物舒适度观测站：广东省率先研制开发生物舒适度自动观测设备。观测要素有：气温、黑球温度、湿球温度、风速、辐射等。生物舒适度观测站结构紧凑，传感器装配在一个十字形支架上，采集器体积小，设备安装方便，应用于测量和预测特定场所的生物舒适度指数，以及对人类及其他动物的机体舒适度评价。

（2）船舶观测站和石油平台观测站：该型观测站是广东省“平安海洋”中的重要建设项目。船舶观测站观测要素有风向、风速、雨量、气温、相对湿度、气压等。石油平台观测站观测要素有风向、风速、雨量、气温、相对湿度、气压等。石油平台和船舶航线往往无 GPRS 信号覆盖，探测资料使用北斗卫星通信来传输。全省至 2013 年建设船舶观测站 2 个，石油平台观测站 6 个。

（3）便携式自动气象站：该型观测站是一种便携式现场移动自动气象站，由数据采集器、气象传感器、轻型百叶箱、设备包装箱、不锈钢支架和电源系统等部分组成。测量要素有：风向、风速、雨量、气温、相对湿度、气压等。便携式自动气象站可以通过 GPRS 或北斗卫星与中心计算机进行通信，将现场气象数据传输到中心计算机数据库，用于统计分析和处理。电源系统可以选用蓄电池、太阳能和市电。便携式自动气象站具有操作简单、携带方便等特点，广泛应用于防灾减灾应急、重大活动现场保障、科学研究等领域。2013 年全省已配置便携式自动气象站 20 套。

1.2　运行保障

1.2.1　历年建设情况

广东省各类自动气象站在 2003—2013 年 10 年间，呈现出不同的需求增长期，也与全省国家地面站和区域自动气象站业务改革发展节点基本一致，如图 1.5 示。

国家地面自动气象站在 2003 年广东省气象计算机应用开发研究所研发的 DZZ1-2 型自动气象站获得中国气象局装备使用许可后，到 2005 年前后已经完成全部全省国家地面站的省级改造建设任务。

区域自动气象站则从 2005 年启动基于 GPRS 通信组网的全省区域自动气象站数据采集系统升级改造任务以来，2006—2009 年期间，全省陆续实现 GPRS 通信组网的全省统一数据采集处理业务。而后几年，随着“平安珠三角”“平安山区”“平安海洋”三大平安工程的实施，全省区域自动气象站建设一直处于平稳升级改造的过程。

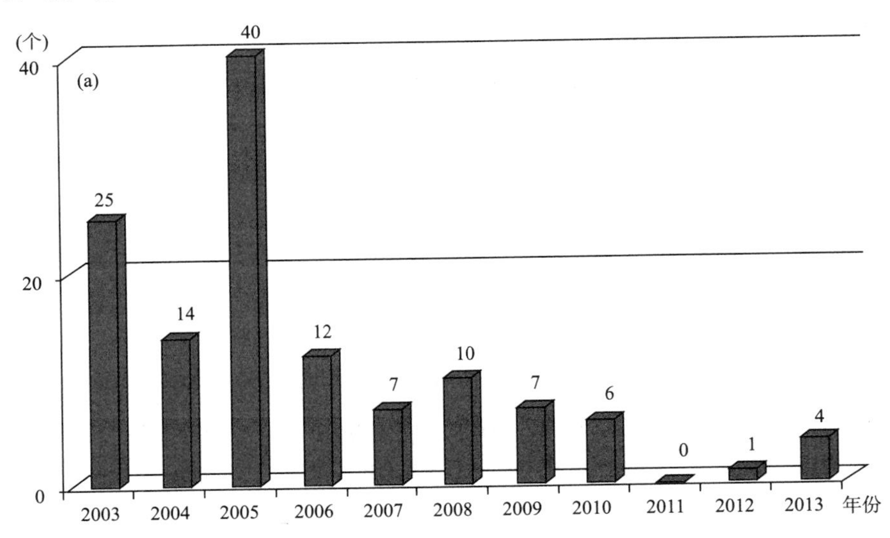

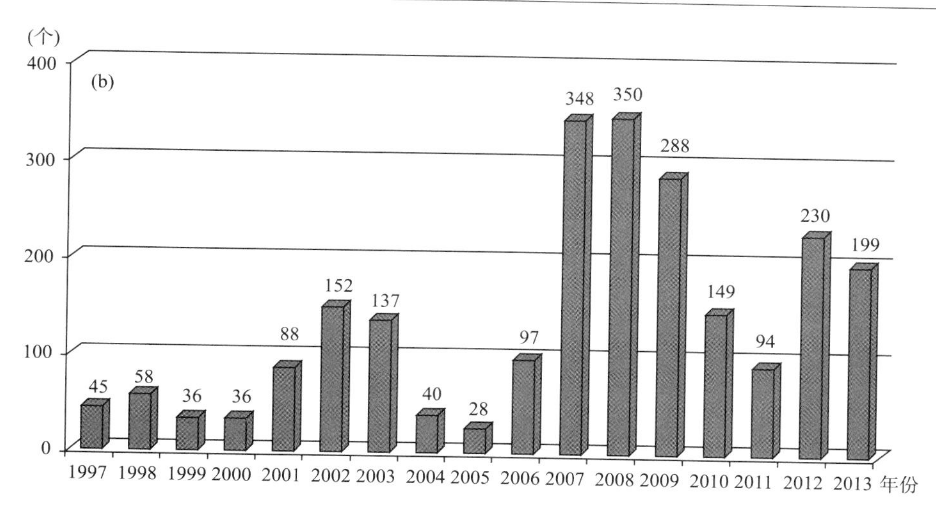

图 1.5 广东省历年自动气象站建设数量统计

(a)Ⅰ型Ⅱ型自动气象站;(b)区域自动气象站

1.2.2 历年运行情况

广东省国家自动气象站在全国历年自动气象站业务考核中均名列前茅,业务质量稳定并呈逐步增长趋势,如图1.6示。

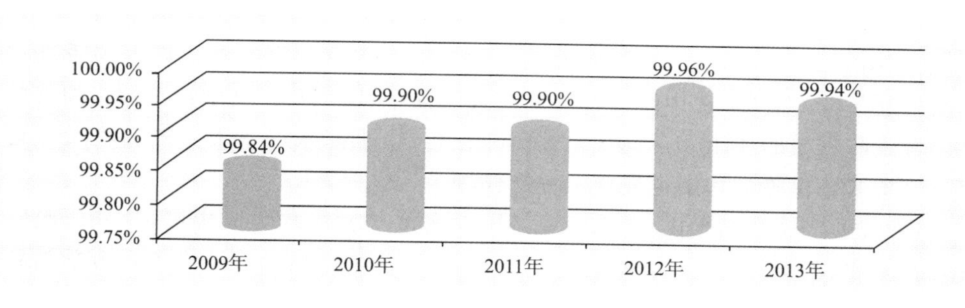

图 1.6 广东省历年国家级自动气象站到报率统计

1.2.3 运行状态实时监控

至2013年广东省已经建立了国家级自动气象站和区域自动气象站实时监控省级平台,由广东省大气探测技术中心负责部署维护(http://172.22.1.115)。根据实时上传的观测数据信息、状态信息实时监视自动气象站的在线运行状态。主要功能如下。

(1)监视国家级自动气象站和区域自动气象站观测资料的实时传输情况,及时发现采集系统和通信模块的工作故障,及时报警提示,并短信通知所属运行维护部门进行检查处理。

(2)监视供电状况,发现蓄电池欠压时及时报警提示,并通知所属运行维护部门进行检查处理。

(3)通过收集到的要素数据质量,监视国家级自动气象站和区域自动气象站采集系统的运行情况和传感器的性能,发现明显差错、疑误及时报警提示,并通知资料应用部门处理。

(4)对设备运行状况、设备完好率等进行统计、分析。

1.2.4 保障体系

广东省气象局制定了国家级自动气象站和区域自动气象站的技术保障管理办法，建立分级保障体系和技术质量监督机制，明确省、地、县的技术保障职责，进行技术培训和业务检查，储备一定数量的自动气象站备件；参照中国气象局对自动气象站现场校准和实验室检定的有关规定，定期对气象要素采集器和传感器进行计量检定；及时排除自动气象站故障，确保自动气象站的长期稳定运行和观测资料的准确、完整。

1.3 建设效益

广东省区域自动气象站从开始建站的 24 个站到 2014 年已经达到 2300 多个站，自动气象站观测网遍布全省城镇，资料的观测频次也从最初的 1 h 增加到现在的 5 min。覆盖面广、高密度、高频次的监测资料有效地提升了全省气象预报与服务水平。特别是对于中小尺度天气过程的监测预警及短时临近预报系统的基础数据支持能力大幅提升，提高了预报服务的时效和决策服务、公众服务、专业气象服务的能力。为区域内各级政府、各行各业争取时间组织抢险救灾提供强有力的决策依据，对最大限度地减少人民和国家生命财产损失起着重大作用，产生明显经济和社会效益。

浮标站、沿海及海岛自动气象站的建设，对填补海上气象观测资料稀缺起到十分重要的作用；多层次高山自动气象站为立体气候预测提供了更为丰富的资料源。广东与香港和澳门三方共享的自动气象站资料，在中小尺度灾害性天气预报、监测及开展中尺度预报模式的研究中发挥了区域联防预报的作用。自动气象站资料在台风、强降水等重大天气过程及亚运等重大公共事件气象服务保障过程中也发挥了关键作用。

(1)与常规人工观测站相比，自动气象站资料密度与频次均大大提高，这些资料对评估当地的气候资源和农业资源都具有重要意义，对发展当地的工业生产、农业生产和旅游资源开发具有很高的参考价值。

(2)自动气象站资料在监测和预报雷雨大风等强对流天气和台风等灾害性天气过程中发挥了重大作用。由于中尺度天气系统水平尺度只有几十千米，由产生到消亡只有短短几个小时，常规观测难以实现对它的有效捕捉，预报员往往由于缺少资料而无法对这种中尺度的灾害性天气做出正确的判断和准确的预报。例如，在 2010 年 5 月，广州、佛山、清远、肇庆等地出现雷雨大风天气，分布各地的自动气象站均探测到 8 级以上大风和强降水，当时的实况资料为当地的预报和服务提供了实时、准确的数据依据，大大减少了当地的经济损失。

(3)在监测和确定台风路径和强度方面，自动气象站资料起到了极大作用。例如，9903 号台风登陆地揭阳市惠来县神泉镇(建有一个自动气象站)，在台风预报过程中，该站的风向、风速资料成了预报员预报台风移动、影响天气的重要依据。1999 年 6 月 6 日下午，揭阳市气象局预报员根据神泉镇自动气象站的风向变化，认为台风中心向西北偏西方向移动为主，北上可能性较小，结果分析得正确。他们根据神泉镇自动气象站的实测平均风速达到 38.5 m/s 这一事实，预测台风的强度非常强，破坏力巨大，而此时惠来县气象局测得的风速比神泉镇自动气象站的实测风速小了两级。因为有了神泉镇自动气象站提供的资料，使得预报员更容易对这次台风的登陆地点和台风强度及其破坏力做出准确的判断，为抗击台风争取了宝贵的时间。在这次台风袭击中，广东省共有 5 市 27 县 366.78 万人受灾，死亡 4 人，直接经济损失十二亿一千多万元，由于预报准确及时，使灾害损失降到了最低限度。

（4）在 2010 年的第十六届广州亚运会气象保障中，广州市新建亚运场馆自动气象站 10 个，利用、改造已有自动气象站 11 个，各气象站均配有备用自动气象站。这些自动气象站的建成，高度集成和显示各类气象监测、预测实时信息，及时准确地提供各个亚运场馆的天气预报和预警信息，为亚运会提供更全面的气象服务。汕尾浮标站以及汕尾沿海自动气象站、加密站、捷胜风塔、两个海岛自动气象站的建设，对亚帆赛场形成合围，从不同的角度，全方位地采集气象数据，为填补海上气象资料稀缺起到十分重要的作用。

1.4　存在问题

为了保障投入业务运行的自动气象站能够正常工作，确保各台站的自动气象站观测数据的准确和可靠，除了依靠于仪器技术的不断进步，充分优化仪器结构和观测技术，也需要操作人员正确地使用与充分地维护设备。近年来，广大台站技术人员为自动气象站的维护保障工作付出辛勤劳动，也取得了丰硕的成果，但个别台站仍然对该项工作存在不够重视等问题。

（1）各地市气象部门对自动气象站外包公司缺乏监督管理。气象部门有权利也有义务对维保公司的维保质量进行监管。现在对外包公司的资质、技术力量、维保投入、维保质量等方面的管理还比较薄弱，存在那种外包以后万事大吉，维保质量是好是坏都不过问的现象，对数据质量重视不够。

（2）外包公司维修不及时，不爱惜设备。广东省现有的自动气象站保障体系是县（区）气象局负责设备的现场更换维修，将损坏的设备通过物流寄到广东省大气探测技术中心维修，广东省大气探测技术中心收到台站送修设备当天就及时将备用设备寄回台站，极大地提高了备件的利用率。但有些外包公司对损坏的部件维修不及时，维修一个月甚至更长时间的都有，在雷暴季节往往备件周转不过来，直接影响业务质量。还存在有些外包公司或台站由于至 2013 年维修设备免费更换，在装拆设备和包装设备邮寄时，违反业务操作规程，不爱惜设备，造成设备不当损坏，增加全省自动气象站维护保障成本。

（3）各地市自动气象站维护保障经费投入不足。稳定的维修保障经费来源是维修保障工作的必要保证。至 2013 年自动气象站的建设经费来源有多种，既有国家的、地方的，也有课题项目的，往往是建设有经费，后续的维修保障没有。尤其是区域站，大多数由地方政府出钱建设，经济比较发达地区的地方气象装备的维持经费比较充裕，而贫困地区的经费却严重不足，难以保障设备的良好运行。

（4）技术培训工作有待加强。各种新型气象装备的不断增加，探测技术的不断升级，设备的复杂程度也在不断增加，保障的难度不断加大，省局组织培训的及时性、范围、人数等有待提高。同时，存在地市县局设备保障人员流动性大，培训班的培训效果大打折扣。

（5）维护保障工作重视不够。不按业务规定定时巡检、维护设备，个别站点出现不及时维修设备，区域站周围杂草丛生，严重影响探测数据质量；部分站点防雷设施不健全或不按规定进行防雷检测，短期内出现设备多次雷击仍未整改，造成设备损坏严重，带来不必要的经济损失;部分台站备件管理混乱,备件保存不当,造成备件损坏,还有部分地市县局过于依赖省级保障部门,导致设备老化严重。

探测自动化是发展方向,自动气象观测系统的建设,大大提高了探测资料的时空密度,保障探测数据的准确性、可靠性、及时性是气象工作和大气科学发展的基础。

第 2 章　系统组成与基本原理

本章主要针对广东省业务应用的 DZZ1-2 型和 WP3103 型自动气象站系统组成与基本工作原理进行阐述，并对各传感器的工作原理与信号采集处理进行说明，相关维护维修技术保障人员可通过对自动气象站系统工作原理的掌握，更好地指导自身的技术保障业务工作。

2.1　数据采集器

至 2013 年广东省气象观测业务使用的是由广东省气象计算机应用开发研究所生产的 DZZ1-2 型和 WP3103 型自动气象站，均经过中国气象局考核列装，具备气象装备使用许可证。

2.1.1　功能概述

数据采集器是自动气象站的核心，主要完成数据采集、数据处理、数据存储、输出传输和系统运行管理功能。数据采集器一般由传感器接口电路、微处理器、存储器和通信接口等主要模块组成。

2.1.1.1　数据采集

数据采集功能是系统采集由气象传感器产生的与气象要素变化相适应的电信号。气象传感器产生的电信号根据传感器不同可能是模拟量信号，如铂电阻温度传感器、电容式湿度传感器等；可能是数字量信号或开关脉冲信号，如三杯式螺旋桨式风向、风速传感器，翻斗雨量传感器等；也可能是智能传感器通过通信口输出气象数据信号，如能见度仪、PTB220 气压传感器等。

（1）对传感器按预定的采样频率进行扫描和将获得的电信号转换成微控制器可读信号，得到气象变量测量值序列。

（2）气象变量测量值进行转换，使传感器输出的电信号转换成气象单位量，得到采样瞬时值。

（3）对采样瞬时值根据规定的算法，计算出瞬时气象值，又称气象变量瞬时值。

（4）实现数据质量检查。

2.1.1.2　数据处理

数据处理功能是系统对采集到的数据进行计算处理、计算参数修正、算法处理、量值的标度变化、数据质量控制、系统自检、故障判断等。

（1）导出气象观测需要的其他气象变量瞬时值；这种导出通常是在数据采集获得的气象变量瞬时值基础上进行的，也有通过更高频率的采样过程获得的，如瞬时风计算、海平面气压计算等。

(2)计算出气象观测需要的统计量,如一个或多个时段内的极值数据、专门时段内的总量、不同时段内的平均值以及累计量等,如日最高、最低气温、日累计雨量等。

(3)由主采集器生成采样瞬时值数据、瞬时气象值(分钟)数据、小时正点数据和监控数据,并写入数据内存储器,同时形成相应数据文件实时写入外存储器。

(4)实现数据质量检查。

2.1.1.3　数据存储

数据存储功能是对处理后的数据按一定的格式进行保存,其存储容量根据实际需要而定。保存的数据内容也根据需要而定,可以是分钟数据,也可以是小时数据。

数据存储可以使用循环式存储器结构,即允许最新的数据覆盖旧数据。采集器内部的数据存储器容量应有50%的余量,具体可以在考核要素确定后规定一个量化的最小值。

采集内部的数据存储器应具备掉电保存功能。

采集数据在外存储器(卡)以文件方式进行存储,能够存储至少6个月全要素分钟数据,全部数据以FAT文件方式存入,计算机通过通用读卡器可方便读取。

2.1.1.4　数据传输

数据传输功能是指将自动气象站采集并处理后的数据传输给上一级处理系统或中心站。它可以通过有线通信如RS232,RS485、网络、专网等,也可以通过无线通信如GPRS/CDMA、卫星通信等。

(1)本地传输

配置终端计算机的自动气象站,采集器把数据传送到计算机。根据响应方式不同数据传输可分为:自动气象站根据时间表正常运行时的自动传输、响应终端命令的传输和超过某个设定的气象阈值自动气象站进入报警状态的传输。

多数应用场合自动气象站应同时具有三种传输方式。自动气象站正常运行时自动传输的时间表和报警的气象阈值可以通过终端命令或业务软件由用户设定。终端计算机与主采集器间的信号传输距离应不小于200 m。在规定的传输距离内,信号传送质量不应因改变线缆的长度而降低。

(2)远程通信传输

自动气象站应具备无线方式或网络方式进行数据传输的功能。这种传输一般是通过主采集器的通信接口(RS232)外加远程通信设备(如GPRS/CDMA1X等)或RJ45实现。

2.1.1.5　系统运行管理

自动气象站是一个具有多个通道的连续测量系统,须完成数据采集、处理、存储和传输功能,要求数据采集器具有多种复杂的控制、管理和处理能力。系统运行管理功能主要由数据采集器的嵌入式软件来完成。它除了完成数据采集、处理、存储和传输等功能,还要担当管理者角色,对构成自动气象站的其他分采集器进行管理,包括网络管理、运行管理、配置管理、时钟管理等,以协同完成自动气象站的功能,协调自动气象站内部各软件和硬件模块的工作。

自动气象站主要有集中式和分布式两种结构形式。集中式自动气象站是将全部功能均集中在一个配接有传感器的数据采集器中完成，数据采集器由各种功能插板和母板总线构成，作为自动气象站的数据集中处理系统，如WP3103型数据采集器。分布式自动气象站是由一个主采集器通过外部总线连接若干分采集器组成自动气象站，由主采集器和各分采集器分别连接所需观测的传感器，如DZZ1-2型数据采集器。

2.1.2　组成架构

2.1.2.1　DZZ1-2型自动气象站

DZZ1-2型自动气象站主要由DZZ1-2型数据采集器、各分采集器（地温分采集器（变送箱）、能见度分采集器、辐射分采集器）和风向、风速、气温、湿度、雨量、气压、地表温度、浅层地温、深层地温等传感器组成，外围设备有UPS电源、计算机、打印机、通信隔离器等，如图2.1所示。

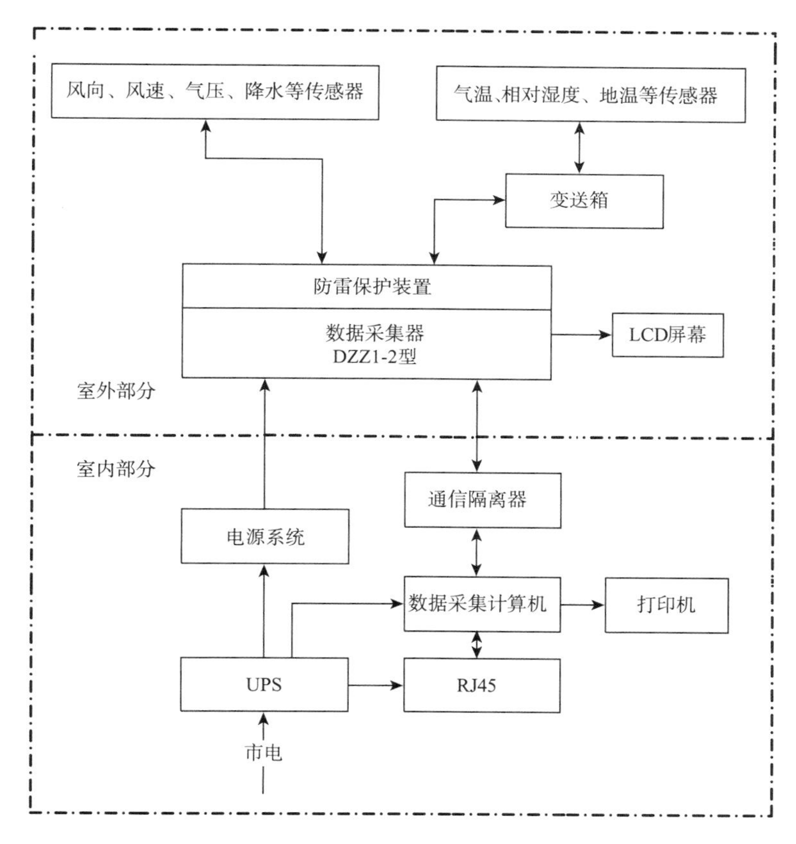

图2.1　DZZ1-2型自动气象站组成框图

2.1.2.2　WP3103型自动气象站

WP3103型区域自动气象站主要由如下5个部分组成：传感器单元、连接电缆、数据采集器（也称为主机）、供电单元、通信单元。传感器单元包括风速、风向、雨量、温度、湿度、气压传感器，连接电缆是各个传感器连接到主机的线缆。由于不同厂家的传感器接口差异，线缆接头也不同，供电单元包括电源板和电池，通信单元包括DTU（无线调制解调器）和SIM卡。另外还有一个 OPT 接口,可以连接大屏幕。

图 2.2 是六要素区域自动气象站结构图,数据采集器连接几要素传感器就构成几要素自动气象站,一般情况下都是四要素(风速、风向、温度、雨量)自动气象站,至 2013 年全省已建成投入使用的 WP3103 区域自动气象站多为四要素自动气象站。

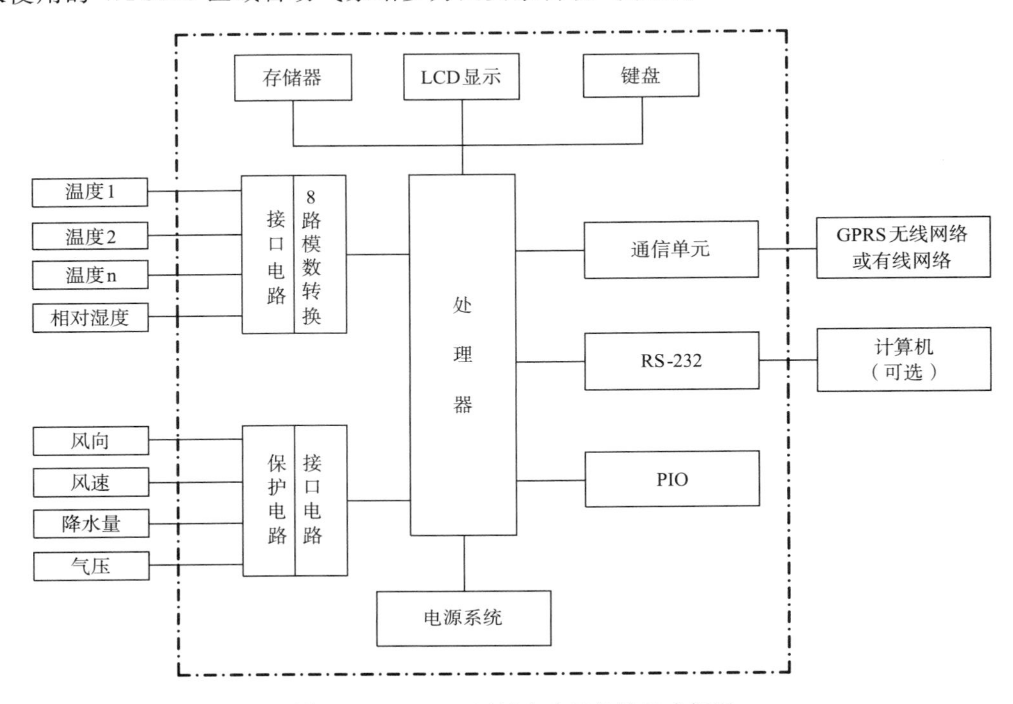

图 2.2　WP3103 区域自动气象站组成框图

2.1.3　工作原理

2.1.3.1　DZZ1-2 型自动气象站

整个采集器系统电路主要由 3 块电路板及 CAN 总线组成,分别是主处理板、风雨板和温度湿度板。每块板的功能相对是独立的,有独立的 MCU 和时钟,能够采集并生成气象要素的数据,通过 CAN 通信接口与主处理板交换数据。主处理板主要是大容量存储,将各分板的每分钟资料收集起来,送回计算机,但是主处理板只存储每小时正点资料,至 2013 年的存储容量为 1 个月。

(1)主处理板

主板方框图如图 2.3 所示,以微控制器 80C320(UA1)为中心,控制和协调整个电路工作,通过地址锁存电路 74HC573(UA31,UA4)形成 16 位地址码,74HC138 译码电路(UA5)产生片选地址信号。27C512(UA2)是 64KB 程序存储器 ROM,程序就是目录在里面。DS1644(UA7)是 32KB 动态 RAM,用作程序变量临时存放数据,它本身还带有时钟,作为本板的日期和时间依据,在正常工作期间,由主处理板定期统一校时,以保证全机时间一致。2 片 DS1250(UA6,UA12)是扩充数据存储器(存储正点资料),地址分别是 0xe000 和 0xa000,是不发挥 RAM,断电时数据不丢失。DS1232(UA10)是看门狗,如果遇到程序走乱或走死,它会及时复位 MCU 和其他电路。SJA1000(UC2)和 PCA82C250(UC3)以及 2 个 6N137(UC4,UC5)组成 CAN 总线数据编码和收发电路,片选地址是 0xd000。CAN 总线端的供电由 UC1 电源隔离变换电路完成+12 V 转+5 V 来提供,同时送到其他分板 CAN 接口。82C55(UA11)主要是作为 I/O 口扩充电路,片选地址是 0xc000-0xc003,控制键盘输入和 MODEM 等。MCU 不断循环扫描键盘,一旦按下立即响应。LCD 显示模块地址是 0xb000-0xb001。SW1 是本板的节点选择开关,这里节点的含义是指 CAN 总线通信的识别地址。80C320 有 2 个串行口,其中 1 个通过 MAX232(UB7)接口芯片引出来。另一个由跳线引出三路,一路是通过 UB3 没有隔离;一路是通过 UB1,UB2 光电耦合电路隔离;还有一路与 MODEM 相连接,当然,任何时候只允许有一路工作。W2 为 LCD 显示器亮度调节电位器,W1 为 LCD 显示器的背光调节电位器。UPS 送来的+12 V 电源通过 DC12－12(UB5)隔离再供给整板,有效地防止雷击。D1 是工作指示灯,正常工作时间断性闪烁,周期为 1 s,D2 为电源指示灯。D6,D7 分别是 CAN 发送和接收信号指示灯,数据传输时快速闪烁。

+5 V 电压由高性能集成稳压模块 PT5101 提供,最大电流达 1 A,波纹很小。看门狗电路(UA19)实时监控程序运行状况,一旦电源电压受到干扰(当工作电压低于 4.5 V 或高于 5.5 V 时),会自动检测并复位,或者程序运行异常,在 1 s 内自动复位。

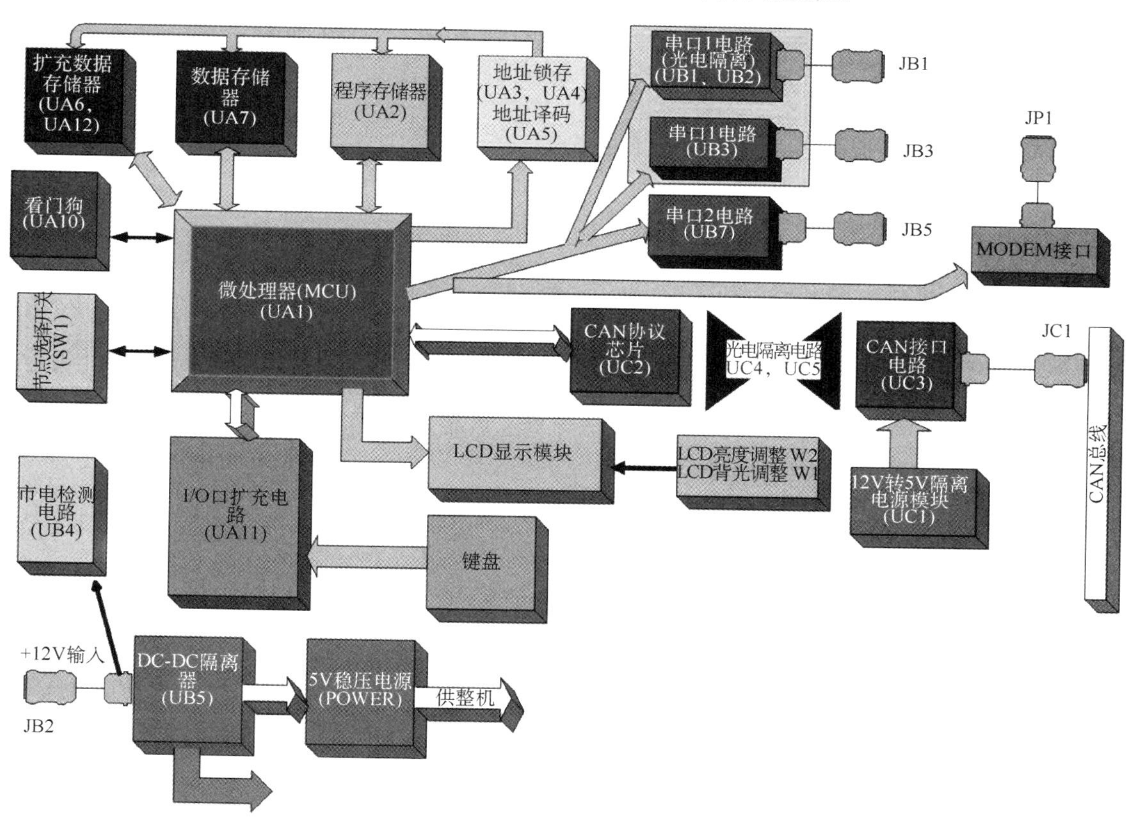

图 2.3　DZZ1-2 型采集器主板电路流程图

(2)温度湿度板

温度湿度板方框图如图 2.4 所示,可以看出,电路的主要部分与主板相同或相似,这里不作详细介绍。所不同的是它没有外部 27C512 程序存储器,由 MCU 89C58 内部 EEPROM 代替。2 个 MAX307(UC1,UC2)和 4 个 MAX333A(UC5 - UC8)组成 16 路开工转换电路,以选择不同的输入。模/数转换器 AD7705(UC4)转换速率设定为 250 次/s,分辨率为 16 位,在 −50～+80℃范围内可测分辨率是 0.03℃,保证温度测量精度。标准+5 V 电压由高性能集成稳压模块 PT5101 提供。

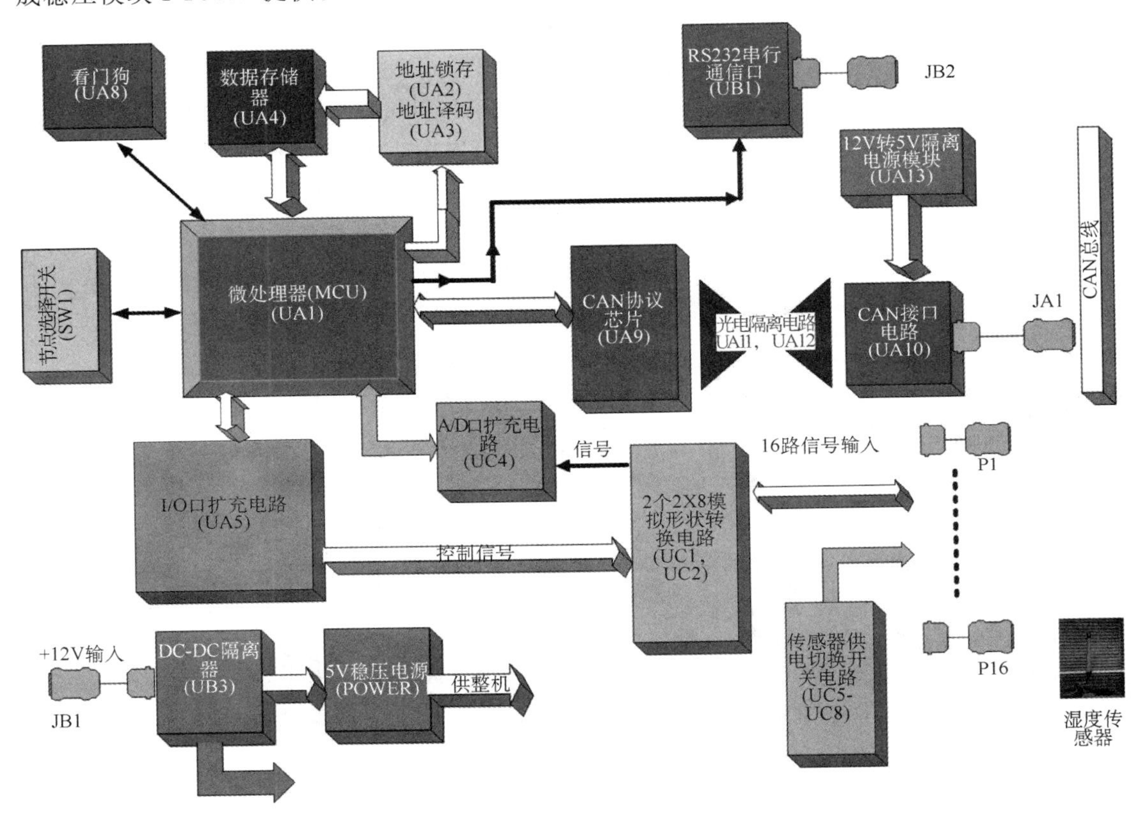

图 2.4　温度湿度板电路流程图

(3)风雨板

如图 2.5 所示,电路的主要部分与主板相同或相似,这里不作详细介绍。也采用 89C58 作为 CPU,内部带有 32KB EEPROM。风向、风速和雨量信号都通过光电隔离 IC(UB2 - UB12)物理隔离开来,用一个隔离型 DC - DC(UB11)向风传感器提供电源,有效地防止风杆上的感应雷和直击雷的冲击。+5 V 电压由高性能集成稳压模块 PT5101 提供。

(4)CAN 总线

CAN 总线是德国 Bosch 公司开发的一种有效支持分布式控制和实时控制的串行通信网络,是当今世界上最优秀现场总线之一。CAN 总线具有较强的纠错能力,支持差分收发,因而适合高噪声环境,并具有较远的传输距离。CAN 协议对于许多领域的分布式测控是很有吸引力的,特别适合于小型分布式测控系统。至 2013 年已在工业自动化、建筑物环境控制、机床、

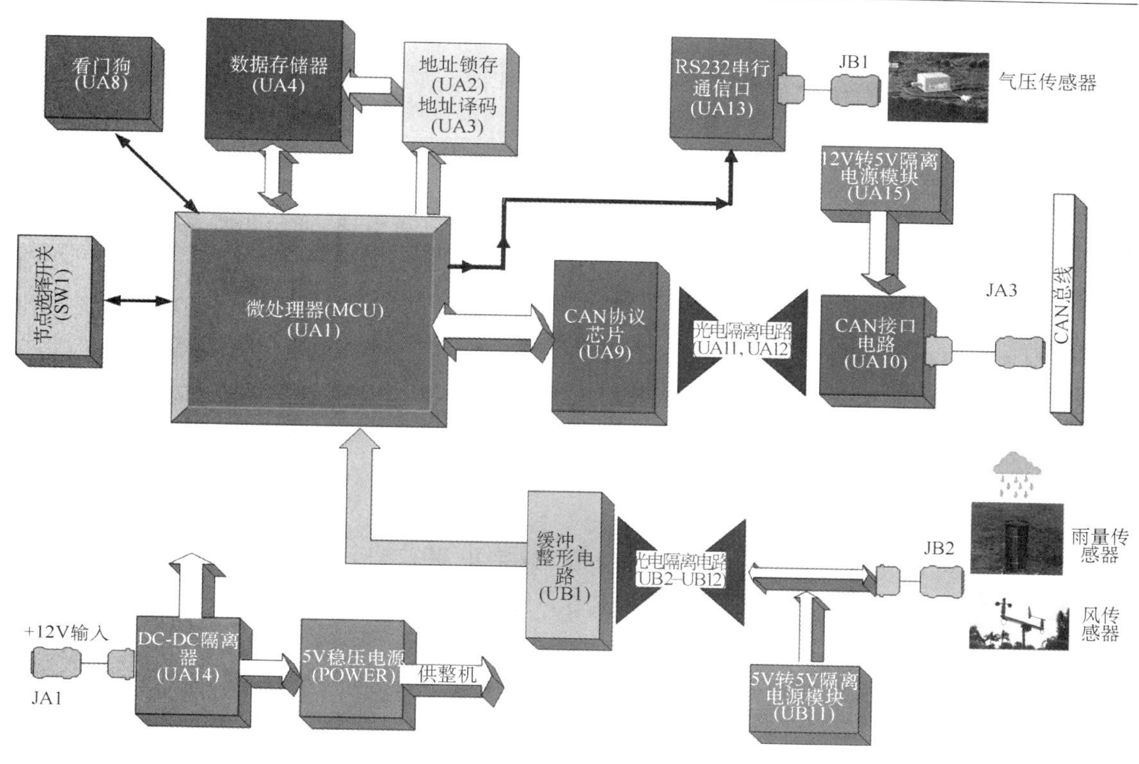

图 2.5　风雨板电路流程图

医疗设备等领域得到了较广泛的应用。CAN 已成为国际标准化组织(International Standards Organization)ISO11898 标准,其具体特性如下:

①CAN 可以多种方式工作,网络上任意一个节点均可以在任意时刻主动地向网络上的其他节点发送信息,而不分主从,通信方式灵活。利用这一特点也可方便地构成多机备份系统。

②CAN 网络上的节点(信息)可分成不同的优先级满足不同的实时要求。

③CAN 采用非破坏性总线仲裁技术,当两个节点同时向网络上传送信息时,优先级低的节点主动停止数据发送,而优先级高的节点可不受影响地继续传输数据,大大节省了总线冲突裁决时间;最重要的是在网络负载很重的情况下,也不会出现网络瘫痪的情况(以太网则可能)。

④CAN 可以点对点、一点对多点(成组)及全局广播几种传送方式接收数据。

⑤CAN 的直接通信距离最远可达 10 km(速率 5 kB/s 以下)。

⑥CAN 的通信速率最高可达 1 MB/s(此时距离最长 40 m)。

⑦CAN 上的节点数实际可达 110 个。

⑧CAN 采用短帧结构,每一帧的有效字节数为 8 个,这样传输时间短,受干扰的概率低,且具有极好的检错效果。

⑨CAN 每帧信息都有 CRC 校验及其他检错措施,保证了数据出错率极低。

⑩通信介质采用廉价的双绞线即可,无特殊要求。

⑪CAN 节点在错误严重的情况下具有自动关闭总线的功能,切断它与总线的联系,以使

总线上的其他操作不受影响。

⑫NRZ 编码/解码方式,并采用位填充技术。

2.1.3.2　WP3103 型自动气象站

WP3103 型数据采集器以 CPU 为核心,配置有存储电路、显示电路、模/数转换(A/D)电路、输入通道模拟开关控制电路、键盘控制电路、通道光电隔离电路、通道电源隔离电路、差分运算放大器、数字信号输入/输出锁存电路、计数器电路、电源控制电路等。

(1)模拟通道

模拟通道可以用于采集模拟电压、电阻和频率信号。一个模拟通道可以采集两个单端输入的电压信号和电流信号,采集一个双端输入的电压信号,以及四线制铂电阻的测量。模拟通道的测量组合十分丰富,可根据实际的测量需要变换。对于 WP3103 气象要素传感器而言,温度传感器输出为铂电阻信号,湿度传感器输出为电压信号。

(2)数字通道

数字通道可以用于采集开关量数字信号、数字电平信号,以及输出控制信号。对于 WP3103 气象传感器,只有风向传感器输出信号是数字电平信号,即格雷码信号。一般是七位格雷码。七位格雷码风向传感器的分辨率为 $360/127(2^7)=2.8125°$。由于格雷码占用的位数比较多,所以现在 WP3103 使用风电缆是 12 芯电缆,其中 9 芯用于风向传感器。

(3)计数通道

计数通道可以用于采集处理脉冲频率信号的计数,处理方式包括计数处理或频率采样,一般一个计数通道对应一个 14～16 位的二进制计数器,计数器可以对脉冲信号进行计数测量。风速传感器输出的信号是最典型的脉冲信号,另外雨量传感器输出信号在经过整形之后也是低速的脉冲信号。所以风速和雨量数据采集要各占一个计数通道。气压传感器输出信号为数字频率信号。

2.1.4　通信组网

自动气象站通信组网是指为特定目的而分布在给定地区的一组自动气象站,一般由一个中心站、若干个自动气象站和通信网络组成。自动气象站用于气象观测,气象观测数据用于天气预警预报、气候预测预估、公共气象服务以及科学研究,因此,必须对气象观测资料进行汇总。另一方面应对自动气象站进行有效的远程监控与维护。用于天气或气候观测的自动气象站都不单独工作,总会将区域分布的自动气象站组建成自动气象站网。

数据采集器采集和处理后的气象观测数据或是传输给终端计算机,或是通过通信网传输给中心站。同时,终端计算机或中心站需要监视和控制数据采集器,即自动气象站的信号传输是双向的。数据和控制信号都是数字信号,是按一定的通信协议形成数据流后传送到收信者。

2.1.4.1　有线通信

有人值守的自动气象站组网时大多选用有线通信组网。至 2013 年有线组网主要针对全省国家级地面气象观测站,其自动气象站主要为 DZZ1-2 型自动气象站,观测场到值班房采用隔离 RS232 或光纤有线传输方式。

2.1.4.2　无线通信

由于无线连接方便，故无人值守的 WP3103 型区域自动气象站（涵盖常规四要素、六要素自动气象站，回南天观测站，高山梯度站，农气站，热岛站等）及 DZZ1-2 型海岛自动气象站、自动土壤水分观测站等均采用 GPRS 无线通信组网方式，如图 2.6 所示。

基于移动 GPRS 通信为骨架的无线专线组网集中接收采集、处理、监控，按区分发、维护的管理模式。所有自动气象站每 5 min 形成一份资料，并向采集中心发送。特殊天气过程可加密为 1 min 采集发送数据。资料传输实时、高效、准确、可靠，大大提高了采集时空密度，且成本费用小、易于监控、管理和维护，据统计来报率达 99%以上。

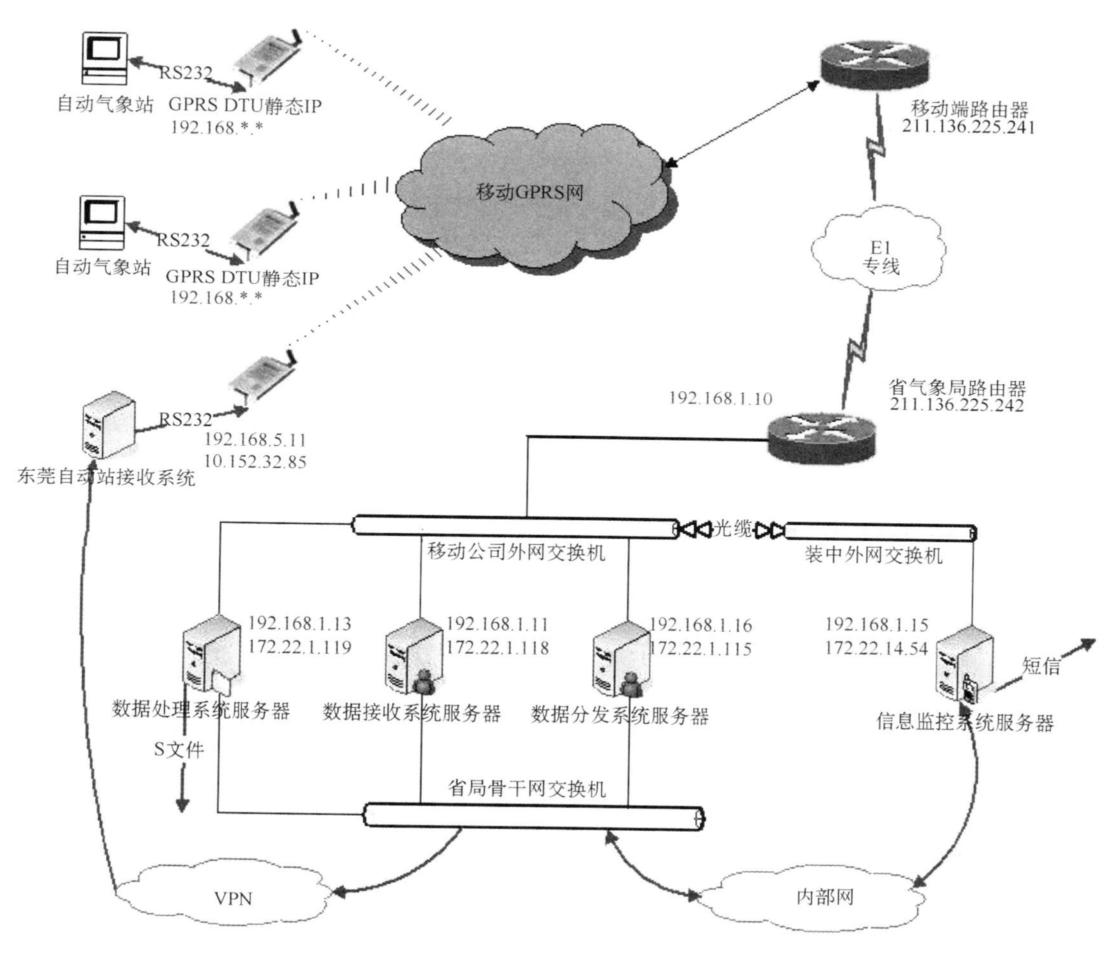

图 2.6　自动气象站无线通信组网架构图

2.1.4.3　卫星通信

海洋、高原、高山等恶劣环境下运行的自动气象站无法采用有线或无线通信组网，卫星通信成为此类自动气象站组网运行的首选通信方式。至 2013 年广东省有 2 个船舶自动气象站和 6 个石油平台自动气象站采用北斗卫星通信组网方式。北斗通信系统功能和野外监测站架构如图 2.7 和图 2.8 所示。

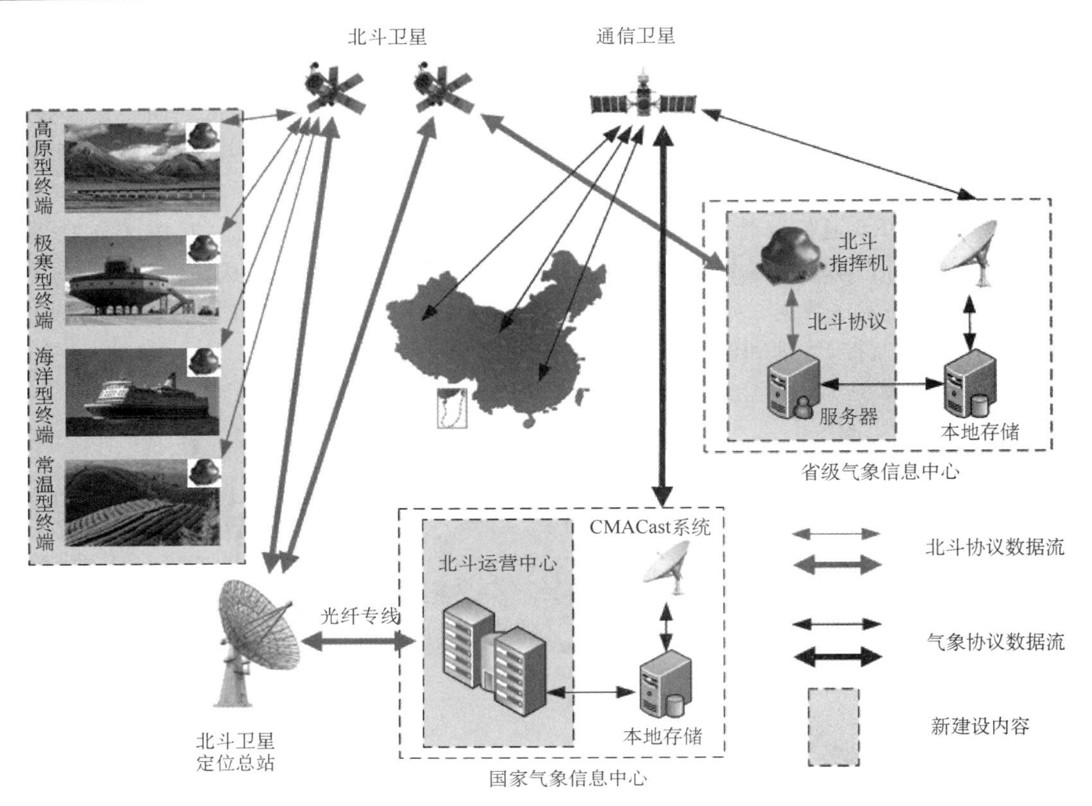

图 2.7 北斗卫星通信系统功能框图

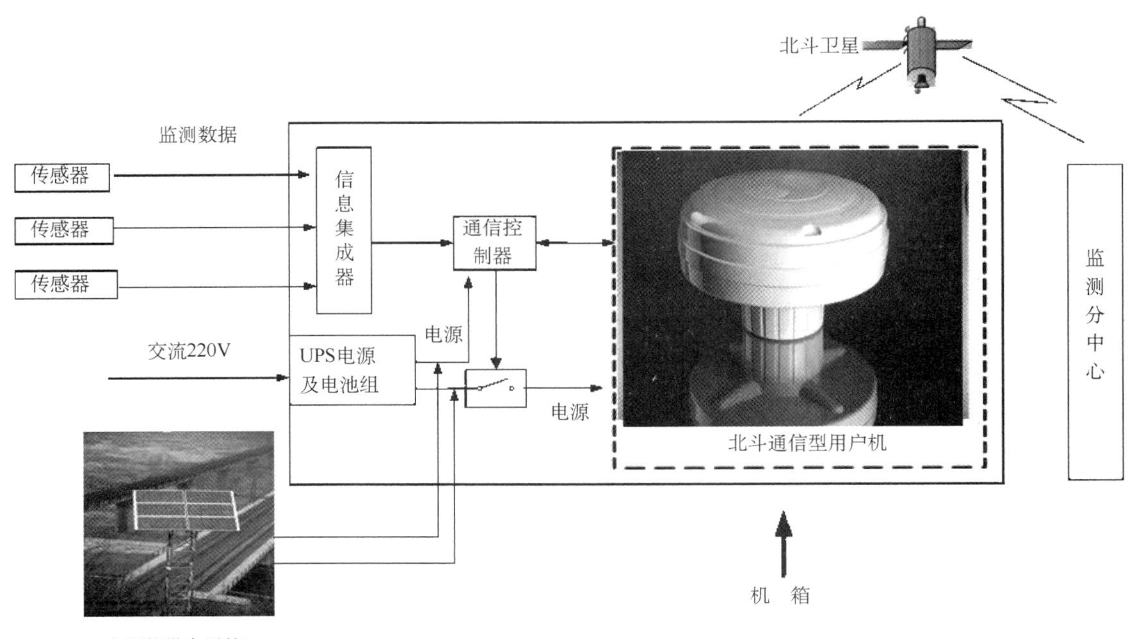

图 2.8 野外监测站系统结构示意图

北斗卫星通信传输系统(省级)由省级气象中心监控平台、北斗指挥机、北斗气象终端三大部分组成。

北斗卫星通信传输系统信号流程如图 2.9 所示。装备各种传感器,采集各种变化数据;将采集到的监测数据发送给信息集成器;信息集成器对采集数据进行数据处理、存储、自动编码打包,发送给通信控制器;通信控制器发出通讯指令,北斗通信型用户机在收到通信控制器的指令后,将打包的监测数据通过北斗卫星信道发送给监控分中心;监控分中心发送的对野外地质信息监测站的控制指令通过北斗通信用户机传送给通信控制器,通信控制器根据指令控制北斗用户机的工作。

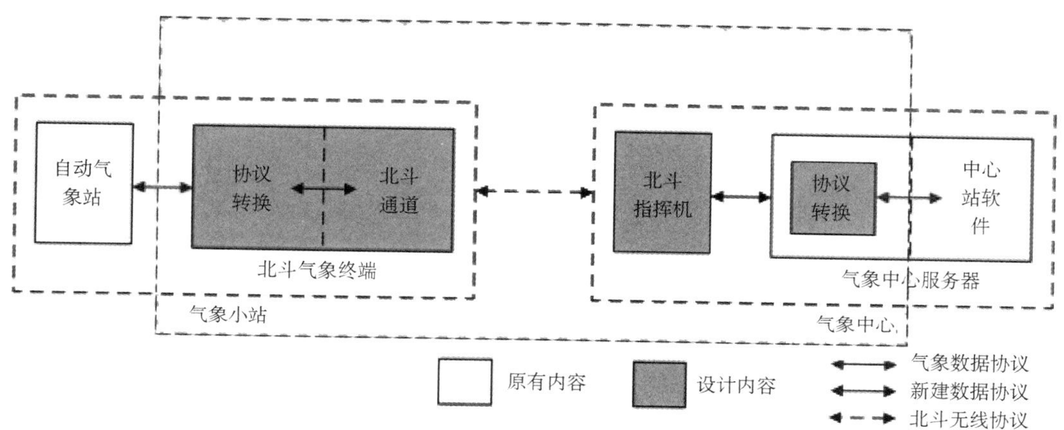

图 2.9　北斗卫星通信传输系统信号流程图

2.1.5　性能指标

(1)DZZ1-2 型数据采集器

使用环境条件

空气温度:−20～+60℃;

相对湿度:0～100%;

供电:交流 220 V,直流 9～15 V;

采集器功耗:<2 W;

交流断电后备供电时间:≥72 h;

遥测距离:<2 km;

抗风:阵风 75 m/s。

可靠性

平均无故障时间:>4000 h;

防雷性能:感应雷电压小于 5 kV,电流小于 1500 A,响应时间小于 10^{-12} s。

DZZ1-2 型自动气象站测量精度如表 2.1 所示。

表 2.1　DZZ1-2 型自动气象站测量精度

测量要素	测量范围	分辨率	测量精度
气温	−50～+50℃	0.1℃	±0.2℃
地表温度	−50～+80℃	0.1℃	±0.4℃

续表

测量要素	测量范围	分辨率	测量精度
浅层地温	−40～+60℃	0.1℃	±0.4℃
深层地温	−30～+40℃	0.1℃	±0.3℃
风向	0～360°	3°	5°
风速	0～60 m/s	0.1 m/s	±(0.5+0.03 V)m/s,V为实际风速
降水量	0～999.9 mm	0.1 mm	<10 mm:0.4 mm;≥10 mm:4%
相对湿度	0～100%	1%	±4%(<80%时);±8%(≥80%时)
气压	550～1060 hPa	0.1 hPa	±0.3 hPa

(2)WP3103型数据采集器

使用环境条件

空气温度:室外−15～+50℃,室内0℃～+40℃;

相对湿度:室外0～100%(在降水条件下正常使用),室内≤90%;

供电要求:交流220 V±10%,50 Hz或太阳能直流10～15 V;

抗风能力:风速≤75 m/s时正常工作;

海拔高度:4500 m以下;

三防:具有防潮、防霉、防盐雾性能;

运输方式:公路、铁路、水路运输;

防雷性能:感应雷电压小于5 kV,电流小于1500 A,响应时间小于10^{-12} s;

采集器功耗:<1.5 W;

交流断电工作时间:≥72 h。

WP3103型区域自动气象站测量精度如表2.2所示。

表2.2 WP3103区域自动气象站性能指标

工作环境	空气温度	室外−15～+50℃ 室内0～+40℃		
	相对湿度	室外0～100%(在降水条件下正常使用)室内≤90%		
	供电要求	交流220 V±10%,50 Hz或太阳能直流10～15 V		
	抗风能力	风速≤75 m/s时正常工作		
	海拔高度	4500 m以下		
	三防	具有防潮、防霉、防盐雾性能		
	运输方式	公路、铁路、水路运输		
	防雷性能	感应雷电压小于5 kV,电流小于1500 A,响应时间小于10^{-12} s		
	采集器功耗	<1.5 W		
	交流断电工作时间	≥72 h		
测量精度	要素	测量范围	分辨率	测量精度
	气温	−40～+50℃	0.1℃	±0.3℃
	风向	0°～360°	3°	±10°
	风速	0～60 m/s	0.1 m/s	±(0.5+0.03 V)m/s
	降水量	0～999.0 mm	0.1 mm	<10 mm:0.4 mm;≥10 mm:4%
	相对湿度	0～100%	1%	±4%
	气压	800～1060 hPa	0.1 hPa	±0.3 hPa

2.2　气象传感器

系统配备的传感器的性能指标均满足世界气象组织(WMO)对自动气象站的相关要求,同时也满足中国气象局对自动气象站的相关要求。传感器均为中国气象局认可的厂家或公司生产的合格产品,其中部分传感器为性能优良的进口产品。

2.2.1　风传感器

地面气象观测中测量的风是二维矢量(水平运动),用风向和风速表示。自动观测时测量平均风速、平均风向、最大风速和极大风速。

风传感器的种类较多,但迄今为止唯一得到广泛应用的是旋转式传感器,而旋转式风传感又分为风杯式和螺旋桨式,螺旋桨式的理论和实验特性均好于风杯式,但出于性能价格比方面的考虑,往往选用后者。广东省自动气象站业务使用的三杯式风向风速传感器主要有三个型号,分别是天津气象仪器厂的风向 EL15-2C 型、风速 EL15-1C 型,长春气象仪器研究所的 EC9-1 型和江苏省(无锡)无线电科学研究所的 ZQZ-TFH 型,后两种型号可以互为替换。至 2013 年螺旋桨式风传感器、超声波风传感器已在船舶自动气象站和石油平台自动气象站使用。

2.2.1.1　风向传感器

风向是指风的来向,以度(°)为单位。最多风向是指在规定时间段内出现频数最多的风向。风向符号与度数对照表如表 2.3 所示。

表 2.3　风向符号与度数对照表

方位	符号	中心角度/(°)	角度范围/(°)
北	N	0	348.76～11.25
北东北	NNE	22.5	11.26～33.75
东北	NE	45.0	33.76～56.25
东东北	ENE	67.5	56.26～78.75
东	E	90.0	78.76～101.25
东东南	ESE	112.5	101.26～123.75
东南	SE	135.0	123.76～146.25
南东南	SSE	157.5	146.26～168.75
南	S	180.0	168.76～191.25
南西南	SSW	202.5	191.26～213.75
西南	SW	225.0	213.76～236.25
西西南	WSW	247.5	236.26～258.75
西	W	270.0	258.76～281.25
西西北	WNW	292.5	281.26～303.75
西北	NW	315.0	303.76～326.25
北西北	NNW	337.5	326.26～348.75
静风	C	风速小于或等于 0.2 m/s	

(1)工作原理

风向传感器的型号各异,但原理和结构基本相同,由风向标组件、内装风向码信号发生器的壳体以及信号输出插座组成,如图 2.10 所示。

角度变换采用的是七位格雷码盘(图 2.10b 所示)及光电电路。一组红外发光二极管和光敏管对正一个格雷码盘的码道,七组红外发光二极管和光敏管对正七个格雷码盘的码道产生代表风向的七位格雷码,转换成模拟电压输出。传感器输入、输出端均采用瞬变抑制二极管进行过载保护。

当风向标组件随风向旋转时,带动主轴及码盘一同旋转,每转动 2.815°(360°/27 = 2.815°),位于码盘上下两侧的七组发光与接收光电电路就会输出一组新的七位并行格雷码,经整形反相后输出给采集器。每一组由 0 和 1 组成的七位格雷码固定代表一个方位角,一共有 128 个角度。由小到大 0,3,6,8,11,14,17,20,…,354,357 依次排列。风向传感器的风向标每旋转一圈,风向传感器的 7 位格雷码输出的每一位均会出现“0”和“1”,7 位格雷码任何一位或几位不正确,方位角都会出现错误和紊乱,其中某一位或几位总是“0”或“1”,则风向传感器故障。

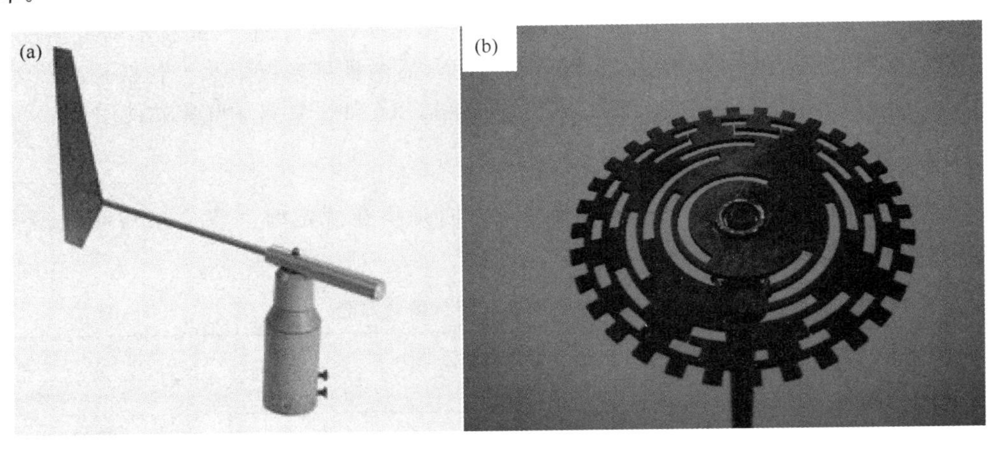

图 2.10　EL15-2C 型风向传感器(a)和七位格雷码盘(b)实物图

风向(°)计算公式:

$$D_W = K \times G_M$$

式中,D_W 为风向(°);G_M 为风向格雷码;K 为分辨率。

(2)性能指标

①测量范围:0°～360°;

②分辨率:7 位格雷码;

③准确度:±5°;

④起动风速:≤0.5 m/s;

⑤使用温度范围:−50～50℃;

⑥供电电源:

电压:DC(5±0.5)V;

电流:平均值小于 20 mA;

⑦传感器具有互换性。

2.2.1.2　风速传感器

风速传感器型号各异，但原理和结构基本相同，由三杯式回转架、霍尔开关信号变换电路及信号插座组成，如图 2.11 所示。

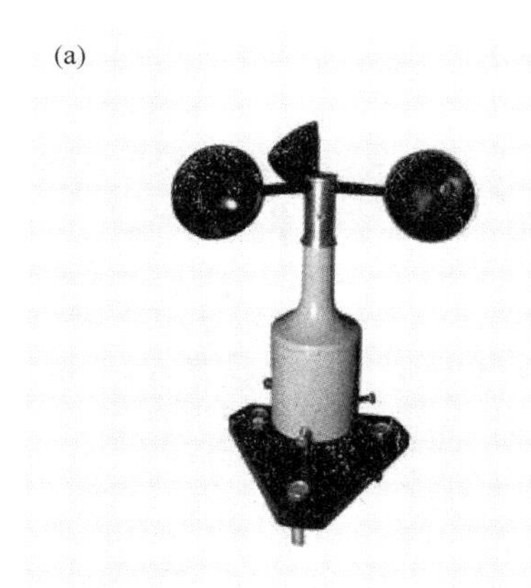
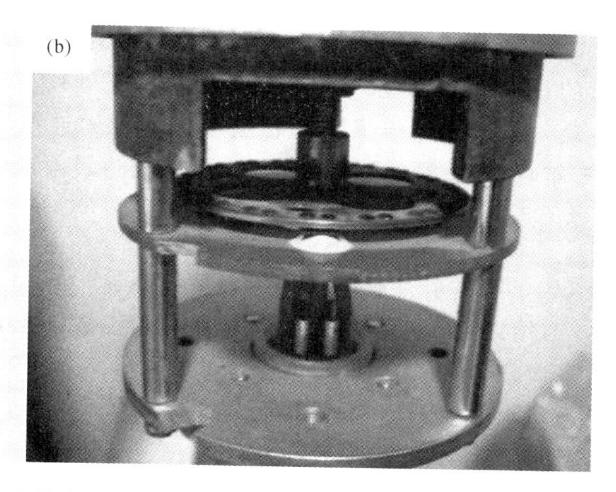

图 2.11　EC9-1 型风速传感器(a)和内部结构(b)实物图

(1)工作原理

长春气象仪器研究所的 EC9-1 型和江苏省(无锡)无线电科学研究所的 ZQZ-TFH 型三杯式风速传感器感应信号变换电路均采用霍尔集成电路。在水平风力驱动下，风杯组旋转，通过主轴带动磁棒盘旋转，其上的 18 组磁粒(36 个)形成 18 旋转磁场，风杯组每旋转一圈，在霍尔开关电路中感应出 18 个脉冲信号，其频率随风速的增大而线性增加。

天津气象仪器厂的风向 EL15-1C 型三杯式风速传感器信号变换电路采用风速码盘和光电盘进行光电扫描，输出相应的电脉冲信号。同样，脉冲信号的频率随风速增大而线性增大。

计算公式：

$$W_S = F_0 + k \times f(F)$$

式中，W_S 为风速(m/s)；k 为恒定系数，由厂家给定；f 为脉冲频率；F_0 为启动风速。

(2)性能指标

①测量范围：0～60 m/s；

②分辨率：0.1 m/s；

③准确度：±(0.3+0.03 V)m/s；

④起动风速：≤0.5 m/s；

⑤输出：频率信号，校准方程为线性；

⑥使用温度范围：−50～50℃；

⑦供电电源：

电压：DC(5±0.5)V；

电流：平均值小于 5 mA；

⑧允许对校准方程线性系数进行修改的前提下传感器具有互换性。

2.2.2 降水传感器

地面从大气中获得的水汽凝结物总称为降水，它包括两部分：一是大气中水汽直接在地面或地物表面及低空的凝结物，如霜、露、雾和雾凇，又称为水平降水；另一部分是由空中降落到地面上的水汽凝结物，如雨、雪、雹和雨凇等，又称为垂直降水。我国地面观测规范规定，降水量仅指的是垂直降水，水平降水不作为降水量处理。

自动气象站雨量传感器主要测量降水量的连续变化，用于天气报告和挑取最大降水等。至 2013 年自动测量雨量的传感器主要有翻斗式雨量传感器和称重式降水传感器。

2.2.2.1 翻斗式雨量传感器

至 2013 年广东省业务使用的雨量传感器为 SL3-1 型双翻斗式雨量传感器，由上海气象仪器厂生产，用以测量液体降水量。主要技术参数如下：

承水口径：200 mm；

测量降水强度：4 mm/min 以内；

测量分辨率：0.1 mm；

最大允许误差：±0.4 mm(≤10 mm)；±4%(>10 mm)。

SL3-1 型双翻斗式雨量传感器主要由承水器、上翻斗、汇集漏斗、计量翻斗(下翻斗)、计数翻斗和干簧管等组成，如图 2.12 所示。

(1)工作原理

图 2.12 SL3-1 型双翻斗雨量传感器

翻斗是用工程塑料注射成型的用中间隔板分成两个灯溶剂的三角斗室，它是一个机械双稳态结构，当一斗室接水时，另一斗室处于等待状态，当所接雨水容积达到预定值时，由于重力作用使自己翻倒，处于等待状态，另一斗室处于工作状态。有降水时，雨水由承水器汇集通过网罩进入上翻斗，当雨水积到一定量时，由于水本身重力作用使上翻斗翻转，水进入汇集漏斗。降水从汇集漏斗的节流管注入计量翻斗时，就把不同强度的自然降水调节为比较均匀的降水强度，以减少由于降水强度不同所造成的测量误差。当计量翻斗承受的降水量为 0.1 mm 时，计量翻斗把降水倾倒到计数翻斗，使计数翻斗翻转一次。计数翻斗中部侧壁装有一块小磁钢，磁钢的上面安装有两个平行排列的干簧管，它随着翻斗翻动时从干式舌簧管旁扫描，使两个干式舌簧管轮流通断。计数翻斗在翻转时，与它相关的磁钢对干簧管扫描一次。干簧管因磁化而瞬间闭合一次。这样，降水量每次达到 0.1 mm 时就送出一个开关信号，采集器就自动采集存储 0.1 mm 降水量。输出信号由红黑接线柱引出，通过雨量电缆送到采集器。

(2)性能指标

①承水口面积：314.16 cm^2；

②雨强测量范围：0～4 mm/min；

③分辨率：0.1 mm；

④准确度：±0.4 mm(≤10 mm)；±4%(>10 mm)；

⑤使用温度范围：0～50℃；

⑥传感器具有互换性。

2.2.2.2　称重式降水传感器

称重式降水传感器是一种适合固态、液态和混合态降水总量及降水强度测量的全自动、全天候降水观测仪器，它既可以输出开关连接入现有自动气象站，也可以作为职能传感器挂接在其他采集系统上。广东省粤北地区部分国家级地面气象观测站安装中国华云技术开发公司DSC2 型称重式降水传感器，如图 2.13(a)所示。

(1)工作原理

称重式降水传感器的测量原理是通过载荷原件对盛水桶内质量变化的快速响应测量降水量，称重式降水传感器主要承水口、外壳、内筒、载荷原件及处理单元、底座组件、防风圈等部件组成，如图 2.13(b)所示。

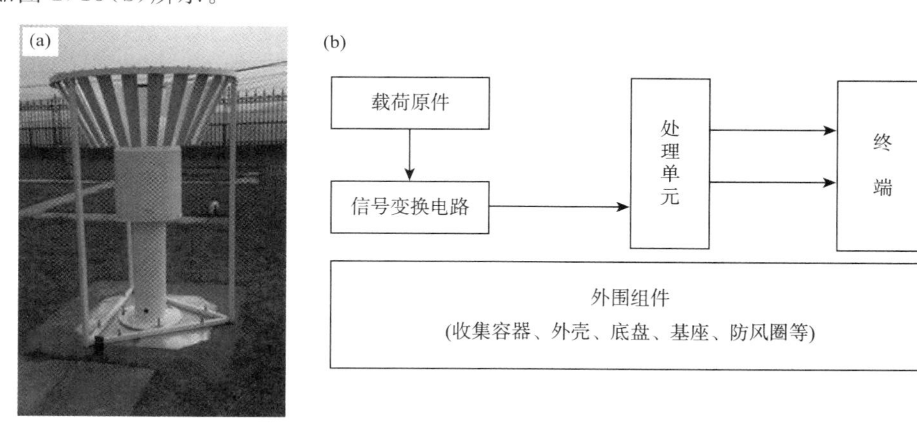

图 2.13　称重式降水传感器(a)和组成框图(b)

称重式降水传感器所采用的测量技术主要有两种。

①基于电阻应变测量技术：敏感梁在外力作用下产生弹性变形，使黏贴在他表面的电阻应变片也随同产生变形，电阻应变片变形后，它的阻值将发生变化，再经相应的测量电路把这一电阻变化转换为电信号，进而得到降水的质量。DSC3 型称重式降水传感器由中环天仪天津气象仪器厂引进美国贝拉斯公司全天候称重式降水测量技术改进后研制生产，敏感元件测量来自压力带来的电阻应变片阻值变化，经测量电路转换为电信号，进而得到重量结果。

②基于振弦测量技术：以固定频率振动的弦丝作为弹性部件，根据其所受拉力与振动频率的对应关系，通过相应的测量电路得到将水的质量。DSC2 型称重式降水传感器是引进挪威Geonor 公司全天候称重式降水测量技术改进后研制生产，以谐振传感器(弦丝)为弹性部件，压力变化带来振动频率发生变化，通过相应的测量电路得到重量。收集降水的集水筒经称重单元悬挂在圆柱体支座的法兰盘上，集水筒内的降水由称重单元进行称重，根据称得降水量即可换算成降水量。

(2)性能指标

①内径尺寸：$200_{0}^{+0.6}$ mm；

②刃口锐角：40°～45°；

③降水量量程：0～400 mm；

④分辨率：0.1 mm；

⑤准确度：±0.4 mm(≤10 mm)；±4%(>10 mm)；

⑥测量稳定性：年漂移≤0.4 mm。一年后复测应满足最大测量误差要求；

⑦使用温度范围：－45～60℃；

⑧工作电压范围：DC，(9～15)V；功耗：<1 W；

⑨输出方式：频率信号；

⑩相同类型传感器具有互换性。

2.2.3 温度传感器

气象学需要测量的温度主要包括：近地面气温(离地面1.50 m高度)、地表温度、不同深度的土壤地中温度、海面和湖面温度、高空温度。自动气象站最普遍使用的温度表是纯金属电阻温度表或热敏电阻温度表。Pt100铂电阻温度表(0℃时100 Ω)显示出非常好的长期稳定性，是自动气象站首选的传感器。

2.2.3.1 铂电阻温度传感器

(1)测量原理

铂电阻温度传感器是利用金属铂在温度变化时自身电阻也随之改变的特性来测量温度的。通常使用的铂电阻温度传感器0℃时阻值为100 Ω，电阻变化率为0.3851 Ω/℃，电阻值与温度的关系为：

当－50℃<t<0℃时：$R_t = R_0[a + \mathrm{A}t + \mathrm{B}t^2 + \mathrm{C}(t - 100)t^3]$

当0℃<t<80℃时：$R_t = R_0(a + \mathrm{A}t + \mathrm{B}t^2)$

式中，R_t为温度在t(℃)时铂电阻的电阻值；t为温度；R_0为温度在0℃时铂电阻的阻值；a为电阻的温度系数，由制造厂家提供；A为常数，值为3.908×10^{-3}℃$^{-1}$；B为常数，值为-5.775×10^{-7}℃$^{-2}$；C为常数，值为-4.1835×10^{-12}℃$^{-4}$。

(2)接线方式

二线制：Pt100铂电阻引出两线，Pt100接线时电流回路和电压测量回路合二为一(即检测设备的I^-端子和V^-端子短接、I^+端子和V^+短接)，传感器电阻变化值与连接导线电阻值共同构成传感器的输出值，由于导线电阻带来的附加误差使实际测量值偏高，用于测量精度要求不高的场合，并且导线的长度不宜过长。

三线制：Pt100铂电阻引出三线，Pt100接线时电流回路的参考和电压测量回路的参考为一条线(即检测设备的I^-端子和V^-端子短接)。要求引出的三根导线截面积和长度均相同，测量铂电阻的电路一般是不平衡电桥，铂电阻作为电桥的一个桥臂电阻，将导线一根接到电桥的电源端，其余两根分别接到铂电阻所在的桥臂及与其相邻的桥臂上，当桥路平衡时，导线电阻的变化对测量结果没有任何影响，这样就消除了导线线路电阻带来的测量误差，但是必须为全等臂电桥，否则不可能完全消除导线电阻的影响。采用三线制会大大减小导线电阻带来的附加误差，工业上一般都采用三线制接法。

四线制：Pt100 四线制就是从热电阻两端各引出两根线（引出线共四根），Pt100 接线时电路回路和电压测量回路独立分开接线，当测量电阻数值很小时，测试线的电阻可能引入明显误差，四线测量用两条附加测试线提供恒定电流，另两条测试线测量未知电阻的电压降，在电压表输入阻抗足够高的条件下，电流几乎不流过电压表，这样就可以精确测量未知电阻上的压降，计算得出电阻值。

二线和三线是用电桥法测量，最后给出的是温度值与模拟量输出值的关系。四线没有电桥，完全只是用恒流源发送，电压计测量，最后给出测量电阻值。应该说，电流回路和电压测量回路是否分开接线的问题。二线，电流回路和电压测量回路合二为一，精度差。三线，电流回路的参考位和电压测量回路的参考位为一条线，精度稍好。四线，电路回路和电压测量回路独立分开，精度高。

自动气象站中采用的测量电路是将电阻值的变化转化为电压值的变化，使用的方法是四线制恒流源供电方式及线性化电路（如图 2.14）。由恒流源提供恒定电流 I_0 流经铂电阻 R_t，②，③为电压引线，电压 I_0R_t 通过②，③引线传送给测量电路，只要测量电路的输入阻抗足够大，流经②，③引线的电流将非常小，引线的电阻影响可忽略不计。所以，在自动气象站中，温度电缆的长短与阻值大小对测量值的影响可忽略不计。测量电压的电路采用的 A/D 转换器方式，将电压信号转变成数字信号，得出相应的温度值。

至 2013 年广东省气象部门使用的自动气象站温度测量全部使用四线制。

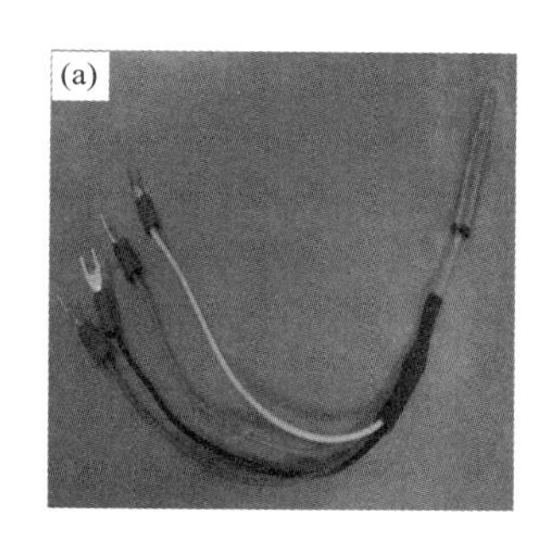

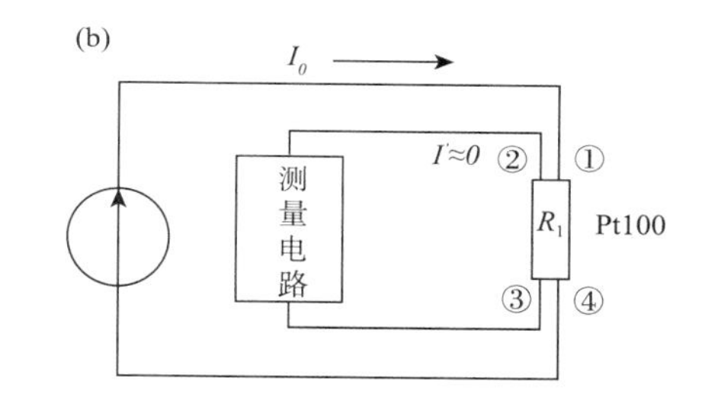

图 2.14　四线制 PT100 温度传感器(a)和测量原理图(b)

(3)性能指标

气温传感器：

①测量范围：−50～50℃；

②准确度：±0.2℃；或±0.1℃；

③时间常数：≤20 s(通风速度 2.5 m/s)；

④传感器具有互换性。

地温传感器：

①测量范围：−50～80℃；

②准确度：±0.4℃；

③时间常数：≤20 s(通风速度 2.5 m/s)；

④相同种类传感器具有互换性。

2.2.3.2　防辐射装置

由于太阳的直接辐射和地面反射的短波辐射的影响，测温元件的指示温度与实际温度存在差别，尤其是在白天强日照的情况下，将使元件的温度明显高于气温，导致较大的辐射误差。因此，须采用一定的防护设备，将测温元件屏蔽起来，使太阳辐射和短波辐射不能直接照射在测温元件上，气象上常用百叶箱、防辐射罩等。

(1)百叶箱

国家级地面气象观测站的气温和相对湿度观测都采用百叶箱。百叶箱通常由玻璃钢材料制成，箱壁两排叶片与水平面的夹角约为45°，箱底为中间一块稍高的三块平板，箱顶为两层平板，上层稍向后倾斜，整个百叶箱内外都为白色，可以将投射在百叶箱上的阳光基本都反射掉。百叶箱的门朝北开，是为了防止观测时阳光直接照射箱内的仪器，这样的结构使得百叶箱内具有很好的通风性能，同时又使百叶箱内仪器不受太阳直接照射，从而保障了空气温度观测数据的代表性。如图2.15(a)所示。

(2)防辐射罩

无人值守区域的自动气象站气温和相对湿度观测一般均采用自然通风防辐射罩。防辐射罩是一种利用自然通风或人工通风结构简单的防辐射设施，如图2.15(b)所示。对于人工通风防辐射罩，在防辐射套管之间引入速度为2.5～10 m/s流经温度棒的气流，通常是3 m/s的气流。但是任何形式的防辐射设备都应尽量避免本身对大气自然状况的破坏，减小测温元件四周的小气候差异，否则将引起测温误差，所以电动风扇提供人工通风时，应当防止任何从电机和风扇来的热量传给温度棒。

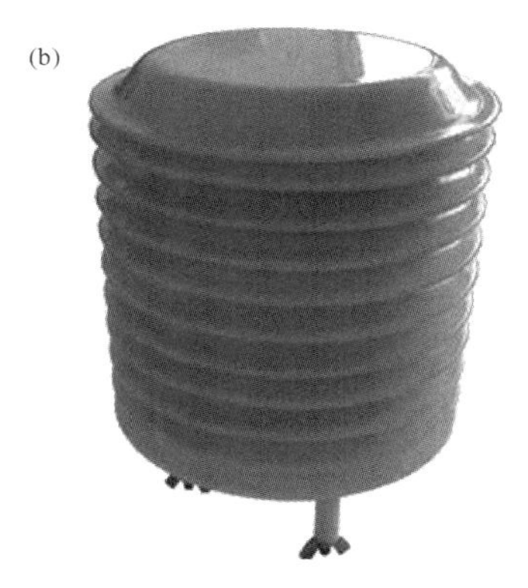

图2.15　百叶箱(a)和自然通风防辐射罩(b)

2.2.4　湿度传感器

空气湿度是用来表示空气中水汽含量多少或空气潮湿程度的物理量。其表示方法主要有绝对湿度、相对湿度、露点温度、霜点温度、饱和水汽压和体积比，通常在工作和生活中使用的是相对湿度，它是一个无量纲的量，表示为：%RH。

气象测量中湿度传感器主要有湿敏电容式传感器、标准通风干湿表和露点仪。自动气象站普遍采用费用相对较低的湿敏电容传感器来直接测量相对湿度。露点仪，如冷镜式和饱和氯化锂露点仪也用于自动气象站，但是由于其各自对镜面清洁度和电源的高度要求，使它们较少在自动气象站中使用。

至 2013 年，广东省国家级地面气象观测站使用的湿敏电容式湿度传感器是 Vaisala 生产的 HMP45D 型温湿度传感器和 HMP155E 型温湿度传感器。HMP155E 型温湿度传感器是在 HMP45D 型温湿度一体化传感器的基础上改进而来，可最大限度地保护传感器耐受液态水、灰尘及脏污环境，拥有更好的稳定性和可靠性。并且针对高湿环境，HMP155E 型湿度传感器配有加热探头，用于传感器连续的加热，使其内部湿度水平总是低于周围环境的湿度，可以降低探头结露的风险，可靠测量高湿环境下的湿度值。而大多无人值守区域自动气象站使用的湿敏电容式湿度传感器是 Rotronic 公司的 HC2 型温湿度传感器，上述传感器都可以测量温度和湿度，但都仅使用湿度测量功能。如图 2.16 所示。

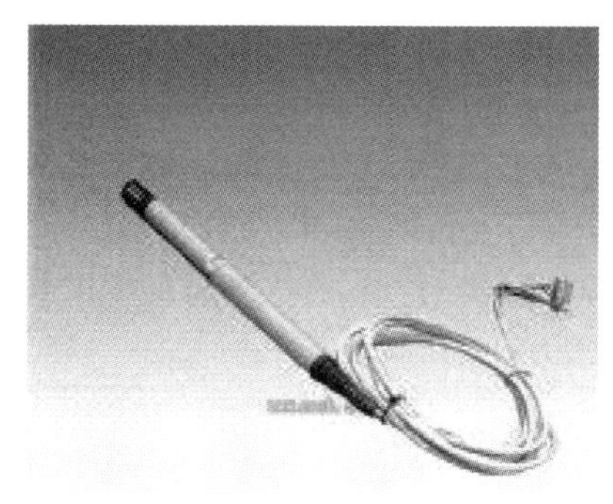

(a)HMP45D型

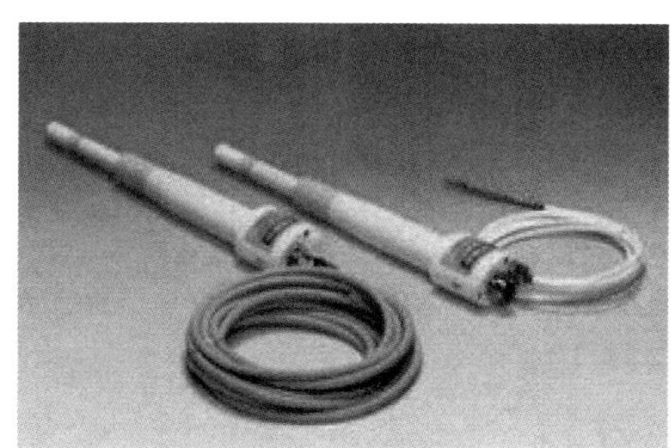

(b)HMP155E型

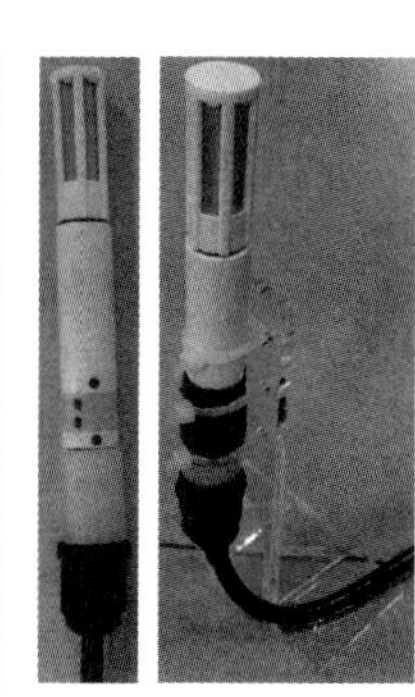

(c)ROTRONIC S3

图 2.16　湿度传感器

（1）工作原理

湿敏电容基本结构如图 2.17 所示，感湿部分平铺在玻璃基片上，在基片上用真空镀膜的方法制作电容器的基底电极（下电极），然后在电极均匀喷涂上吸湿材料，最后在吸湿材料上用真空喷涂的方法制作表面电极（上电极）。喷涂的吸湿材料越厚，感湿时间常数越大，其单位湿度对应的电容变化量越大，反之越小，时间常数大的测量元件通常用于地面观测仪器，时间常数小的元件可用于探空仪。

湿敏电容测量元件处于测量状态时，空气中的水汽被吸湿膜吸收或释放，电容两极板之间的介电常数发生变化，从而产生电容量的变化，经过校准即可建立测量元件的电容量与空气湿度的函数关系。电容器的电容量随薄膜聚合物介质吸附水分子的多少（取决于环境湿度的大小）而变化，再用测量电路将电容量的变化转换成输出电压（或电流）的变化，这就形成传感器输出电压（或电流）与外界相对湿度的对应关系，即可通过测量输出电压（或电流）测得相对湿度。

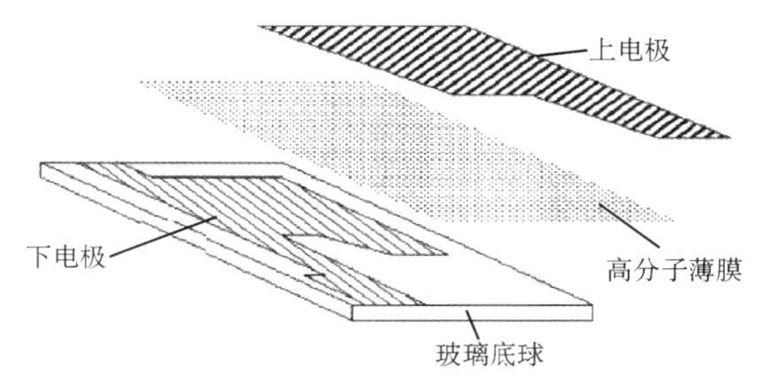

图 2.17　湿敏电容传感器结构

输出信号为 0～1 V 电压，所对应湿度为 0～100%RH。

湿度计算公式：

$$RH = K \times V$$

式中，RH 为湿度（%）；V 为湿度信号电压；K 为常数 100。

需要说明的是,吸附式传感器所用的敏感物质必须是亲水性的,而亲水物质通常都是吸收水分容易,释放水分困难,因此,吸附式湿度传感器通常有较大的迟滞。湿敏电容的迟滞误差在高湿时最为明显,低湿时较小。另外,由于自然条件下空气湿度不断变化,而吸附式传感器降湿比升湿的时间常数大,其测量结果对于实际湿度变化来说通常是偏高的。偏高值的大小,除了与测量元件的特性有关外,还与被测湿度的变化幅度和周期有关,是不可预先确定的,故无法给出修正值。

(2)性能指标

①测量范围:5%～100%RH;

②分辨力:1%RH;

③准确度:±4%RH(≤80%),±8%RH(>80%);

④使用温度范围:−50～50℃;

⑤时间常数:≤40 s;

⑥供电电源:

电压:DC(12±2)V;

电流:平均值小于 5 mA;

⑦输出方式:电压 0～1 V;

⑧传感器具有互换性。

2.2.5 气压传感器

气压是作用在单位面积上的大气压力,即等于单位面积上向上延伸到大气上界的垂直空气柱的重量。气压国际制单位为帕斯卡,简称帕(Pa)。气象行业使用单位为百帕(hPa)。

气压的大小与海拔高度、大气温度、大气密度等有关,一般随高度升高按指数律递减。气压有日变化和年变化,一年之中冬季比夏季气压高。一天中,气压有一个最高值和一个最低值,分别出现在 09—10 时和 15—16 时,还有一个次高值和次低值,分别出现在 21—22 时和 03—04 时。气压变化与风、天气好坏密切相关,气压场是大气状态的所有预报产品的基础。

至 2013 年,广东省国家级地面气象观测站使用的是芬兰 Vaisala 公司 PTB220 和 PTB330 气压传感器,而大多无人值守区域自动气象站使用的是美国西特公司生产的 Setra270 气压传感器。如图 2.18 所示。

图 2.18 Vaisala PTB330/220 型和 Setra270 型气压传感器

PTB220 型气压表是智能型全补偿式数字气压传感器，具有较宽的工作温度和气压测量范围。感应元件为硅电容压力传感器，其具有很好的滞后性、重复性、温度特性和长期稳定性。

(1)工作原理

PTB220 型气压表的工作原理是基于一个先进的 RC 振荡电路和三个参考电容，电容压力传感器和电容温度传感器连续测量。微处理器自动进行压力线性补偿及温度补偿获得精确的气压值。PTB220 在全量程范围内有 7 个温度调整点，每个温度点有 6 个全量程压力调整点。所有的调整参数都存储在 EEPROM 中，用户不可改变出厂设置。

用户可进行多种使用设置，如串行总线、平均时间、输出间隔、输出格式、显示格式、错误信息、压力单位、压力分辨率；甚至可以选择不同的上电数据传输模式，如 RUN，STOP，SEND 模式。

PTB220 型气压表有三种输出方式：软件可设的 RS232/TTL 电平串行输出、模拟(电压、电流)输出、脉冲输出。

PTB220 型气压表有两种低功耗工作方式：软件可控的睡眠模式；外部激励触发模式。

广东省自动气象站气压传感器是选择 TTL 电平输出，外部激励触发模式工作。

(2)性能指标

①测量范围：500～1100 hPa；

②工作温度：－40～＋60℃；

③工作湿度：不凝结；

④存储温度：－60～＋60℃；

⑤分辨率：0.1 hPa；

⑥准确度：±0.2 hPa(气压在 800～1050 hPa，温度在＋5～＋55℃)；

⑦初始化：1 s；

⑧响应：300 ms；

⑨电源：DC10～30 V；

⑩电流：＜25 mA，＜10 mA(睡眠模式)，＜0.1 mA(停测时)。

2.2.6 能见度传感器

大气能见度是反映大气透明度的一个指标，一般定义为具有正常视力的人在当时的天气条件下还能够看清楚目标轮廓的最大地面水平距离。世界上普遍应用的能见度观测传感器主要有透射式和散射式两种。透射式能见度仪需要基线，占地范围大，不适用于气象台站自动气象站，但其具有自检能力、低能见度下性能好等优点而适用于民航系统。

大气能见度观测是一项传统的人工观测项目，但是人工观测存在几个弊端。首先是观测次数的限制。人工观测不能做到实时观测，当大气能见度发生改变的时候不能及时反映出来，因此大大限制了能见度观测数据的应用范围，人工观测数据只能大致地反映当地某一时刻的空气透明度。其次人工观测存在极大的差异性。即使是训练有素的观测员，个人视力状况不同，情绪状态不同或者是主观认知不同等都会造成观测结果存在很大的差异。在能见度非常低的时候不同的观测员得到的观测数据一致性比较好；在几千米或者十几千米的时候差异就比较大，对于一些需要比较精确的能见度数据的应用领域，人工数据的这种差异难以被认可。

再者，人工观测不能有一个统一的标准，更加无法检验。各地台站根据附近的参考物来评估能见度状况，不能得到一个精确的数据，不同地区的观测结果更加无法放到一起进行一致性对比，很难做大范围的分析研究。

大气能见度的自动化观测是气象现代化必然要实现的一部分。使用自动化观测设备，不但克服了人工能见度观测的以上各方面的缺点，还能提高观测员的工作效率，进而把观测员解放出来做更加有意义和更加重要的业务。

大气能见度自动观测业务的相关指标要求：

①采样频率：每分钟 4 次以上；

②分钟数据与 10 min 数据：每分钟 1 min 内采样数据的算术平均值计算 1 min 平均能见度(瞬时值)；以 1 min 为时间步长，对每分钟的 1 min 平均值求每分钟的 10 min 滑动平均；

③观测范围：10～70000 m；

④小时最小值：以 10 min 平均为基础统计小时最小。

根据中国气象局组织多个厂家进行对比考核，发现能见度的分钟数据波动比较大，容易受采样区局部空气的影响，因此，取前 10 min 的滑动平均作业务上传以及应用数据。

芬兰 Vaisala、英国 Biral、美国 Belfort 几个公司是普遍获得认可的国外厂家，国内技术比较成熟的有华云、洛阳凯迈以及安徽蓝盾几个厂家。广东省国家级地面气象观测站均安装美国 Belfort 公司生产的 Model 6000 型前向散射式单光路能见度传感器。Model 6000 型前向散射能见度仪是连续测量能见度的全自动仪器，它由发送器、接收器、采集器构成，利用前向散射原理，通过对一小块空气提及对 42°红外光的前向散射强度，来评估气象光学范围能见度。如图 2.19 所示。

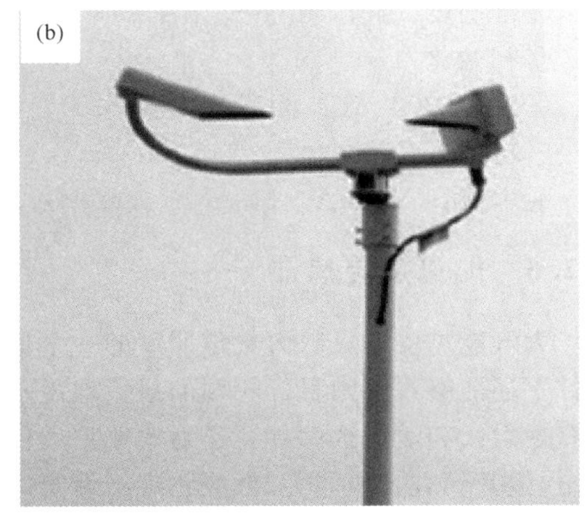

图 2.19　Belfort Model 6000 型能见度仪(a)和华云能见度仪(b)

(1)工作原理

大气透明度用气象光学视程(MOR)表示。气象光学视程指白炽灯发出色温为 2700 K 的平行光束的光通量在大气中削弱至初始值的 5%所通过的路径长度。用于测量 MOR 的仪器有透射式能见度仪以及散射式能见度仪，透射式仪器采样体积大，精度高，但从使用来说，造价高，占地面积大。目前气象行业使用前向散射式大气能见度仪。

散射仪直接测量来自一个小的采样容积的散射光强．通过散射光强来有效地计算消光系数是建立在以下 3 个假设的基础上：

①假定大气是均质的，即大气是均匀分布的；

②假定大气消光系数 R 等于大气中雾、霾、雪和雨的散射，即假定分子的吸收、散射或分子内部交互光学效应为零；

③假定散射仪测量的散射光强正比于散射系数。在一般情况下，选择适当的角度，散射信号近似正比于散射系数。

散射能见度仪是测量散射系数从而估算气象光学视程的仪器。大气中光的衰减是由散射和吸收引起的，在一般情况下，吸收因子可以忽略，而经由水滴反射、折射或衍射产生的散射现象是影响能见度的主要因素，故测量散射系数的仪器可用于估计气象光学视程。

前向散射能见度仪的发射器与接收器在成一定角度和一定距离的两处，接收器不能接收到发射器直接发射和后向散射的光而只能接收大气的前向散射光（图 2.20）。通过测量散射光强度，得出散射系数从而估算出消光系数（大气消光系数系指电磁波辐射在大气中传播单位距离时的相对衰减率）。

根据柯西米德定律计算气象光学视程（MOR）：

$$MOR = -\ln(\varepsilon)/\sigma$$

其中 ε 为对比阈值，根据光学视程的定义，这里取 0.05，σ 为消光系数。因此，估算出消光系数之后就可以计算气象光学视程 MOR：

$$MOR \approx 2.996/\sigma$$

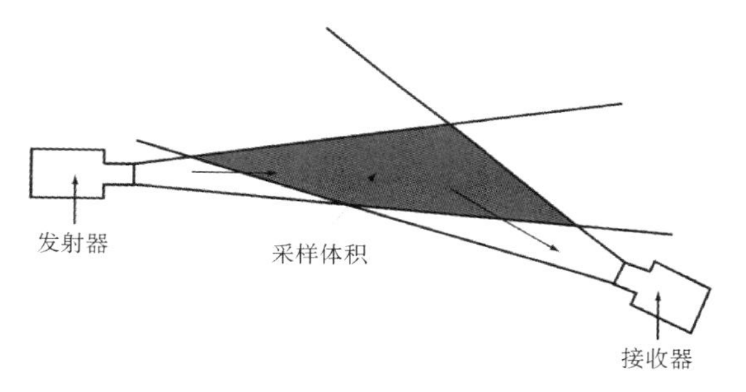

图 2.20　单光路前向散射能见度仪光学结构

（2）性能指标（Belfort 6000 型）

①监测范围：6～80 km；

②准确度：±10%；

③光源：红外 LED 指示灯；

④输出：数字，RS232，可设置；

⑤工作温度：－40～＋55℃；

⑥工作湿度：0～100%RH；

⑦能耗：标称 12 W；

⑧遮光罩加热器能耗：外加 25 W（气温低于 4℃时）；

⑨尺寸：978 mm（宽）×343 mm（高）×425 mm（深）；

⑩重量：8.75 kg。

2.2.7　蒸发传感器

蒸发量是指在一定时间段内，水分经蒸发而散布到空中的量。通常用蒸发掉的水层厚度表示，以毫米为单位。一般温度越高、湿度越小、风速越大、气压越低，蒸发量就越大；反之，蒸发量就越小。

至 2013 年广东省自动气象站采用的蒸发传感器为德国 THIES 公司的 AG2.0 型超声波蒸发传感器，另有 AG1.0 型超声波蒸发传感器外观、接线均相同，但蒸发系数不同，不可通用。

(1)工作原理

蒸发传感器由超声波测量头和不锈钢圆筒支架两部分组成。测量头为超声测量装置，圆筒支架为安装和净水装置，见图2.21。

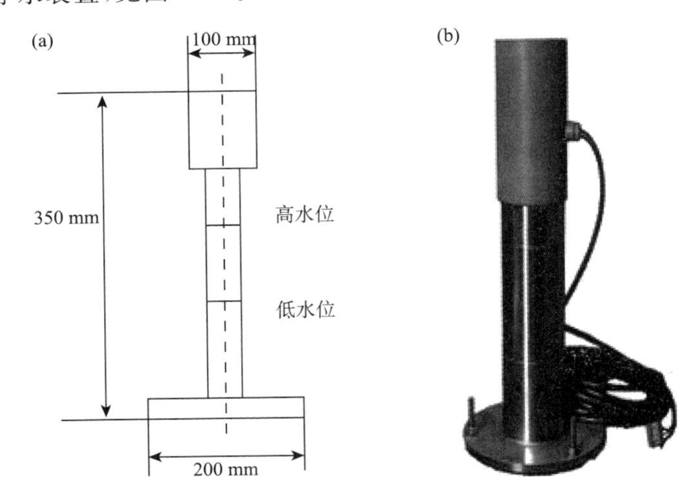

图2.21　蒸发传感器尺寸(a)和接线图(b)

超声波蒸发量传感器是利用超声波测距原理测量蒸发器内水面的高度变化，从而测得蒸发量。传感器内带有温度补偿，保证在工作温度范围内的测量准确度。AG型超声波蒸发传感器由测量头和圆筒架组成。测量头为超声测量装置，圆筒架为安装和静水装置。依据超声测距原理，超声波探头对蒸发水面进行连续测量，转成电信号输出。

新型自动气象站的蒸发传感器放置在百叶箱内，通过连通水管与E-601B型蒸发器的蒸发筒连接，蒸发传感器连续测量蒸发筒的水位。

(2)性能指标

①测量范围：0～100 mm；

②分辨率：0.1 mm；

③准确度：±1.5%(0～+50℃)；

④供电：DC 10～15 V；

⑤耗电：10 V，<200 mA；15 V，<100 mA；

⑥输出：4～20 mA(负载电阻最大500 Ω)；

⑦输入阻抗：<500 Ω；

⑧最高水位输出：4 mA，0 V；

⑨最低水位输出：20 mA，5 V，10 V；

⑩工作温度：0～+50℃。

2.2.8　辐射传感器

气象台站的辐射测量，概括起来涵盖太阳辐射和地球辐射两部分。辐射传感器主要包括总辐射表、反射辐射表、散射辐射表、直接辐射表和净辐射表。

2.2.8.1　总辐射表

用于测量光谱范围为 0.3～3.0 μm，并以 2π 球面度立体角入射到平面上的太阳辐射的仪器，称为总辐射表。它可用于测量与水平有倾斜的平面上的太阳辐射，以及在反转状态下测量反射的总辐射。当用一遮光装置把太阳的直射分量从总辐射表上遮挡掉，就可以测量太阳辐射的散射分量。

(1)工作原理

总辐射表由感应件、玻璃罩和附件组成。如图 2.22 所示。总辐射表的玻璃罩为双层，大多采用石英玻璃或碱石灰玻璃，既能防风，又能透过 0.3～3.0 μm 范围内的短波辐射，对红外辐射有隔绝功能，其透过率均匀平滑保持在 0.90 以上。

图 2.22　总辐射表

附件包括机体、干燥器、白色挡板、底座、水准器和接线柱等。此外还有保护玻璃罩的金属盖(又称保护罩)。干燥器内装有干燥剂(硅胶)与玻璃罩相通，保持罩内空气干燥。白色挡板挡住太阳辐射对机体下部的加热，又防止仪器水平面以下的辐射对感应面的影响。底座上设有安装仪器用的固定螺孔及调整感应面水平的三个调节螺旋。

总辐射表的工作原理基于热电效应，感应元件是由圆形(或方形)涂黑云母片及紧贴其下快速响应的线绕电镀式热电堆组成，当感应面接收太阳总辐射时，热电堆两端产生温差，从而产生一个与太阳辐射成正比的电压输出信号。

(2)技术指标

灵敏度：7～14 $\mu V \cdot W/m^2$；

响应时间：＜35 s(99％响应)；

年稳定度：±2％；

余弦响应：±7％(太阳高度角 10°时)；

方位：±5％(太阳高度角 10°时)；

非线性：±2％；

光谱范围：0.3～3.0 μm；

温度系数：±2％(－10～40℃)；

信号范围：0～2000 W/m^2；

输出信号：0～20 mV。

2.2.8.2　反射辐射表

反射辐射表原理与技术指标同总辐射表一样，使总辐射表感应面朝下，即可测定短波反射辐射。

2.2.8.3　散射辐射表

散射辐射是总辐射中把来自太阳直射部分遮蔽后测得为散射辐射或天空辐射，散射辐射是短波辐射。散射辐射用总辐射表配上有关部件来进行测量。

(1)工作原理

散射辐射表是由总辐射表和遮光环两部分组成(图 2.23)。遮光环的作用是保证从日出到日落能连续遮住太阳直接辐射。遮光环由遮光环圈、标尺、丝杆调整螺旋、支架、底座等组成。

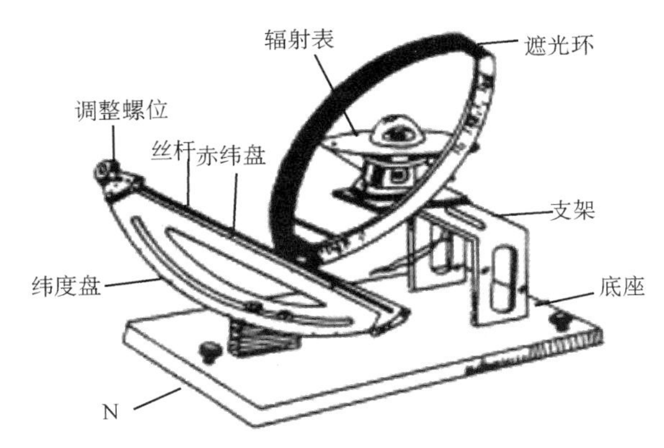

图 2.23　带遮光环的散射辐射表

我国采用遮光环圈的宽度为 65 mm,直径为 400 mm。固定在标尺的丝杆调整螺旋上,标尺上刻有纬度与赤纬刻度。但由于遮光环不仅遮住太阳的直接辐射,而且把太阳轨迹周围的一部分天空散射辐射也遮住了,使测得的散射辐射比实际值偏小,所以必须进行遮光环系数订正。

厂家提供的遮光环系数订正公式为:

$$E=K_0\times(V/K)$$

式中,E 为辐照度(W/m^2);V 为信号电压;K 为灵敏度系数;K_0 为遮光环系数。

(2)技术指标

同总辐射表技术指标。

2.2.8.4　直接辐射表

测量垂直太阳表面(视角约 0.5°)的辐射和太阳周围很窄的环形天空的散射辐射称为太阳直接辐射。太阳直接辐射是用太阳直接辐射表(简称直接辐射表或直射表)测量。

常用的直接辐射表为 FBS-2B 型直接辐射表,用于测量光谱范围为 0.27～3.20 μm 的太阳直辐射量。当太阳直辐射量超过 120 W/m^2时和日照时数记录仪连接,也可直接测量日照时数。

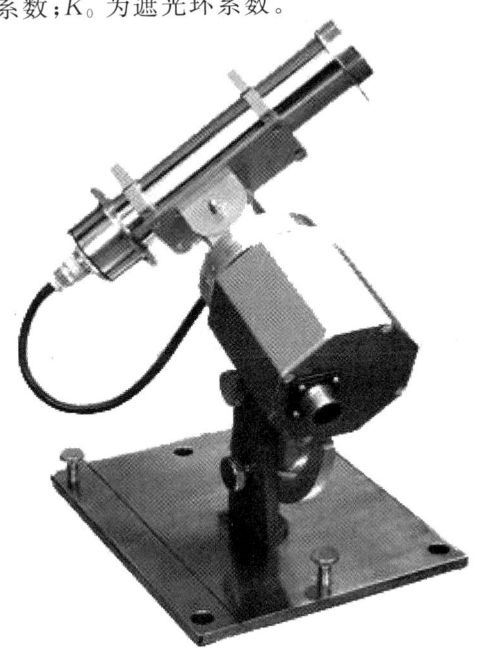

图 2.24　直接辐射表

(1)基本原理

传感器包括光筒、自动跟踪装置和配件。光筒内部由七个光栏和内筒、石英玻璃、热电堆、干燥剂筒组成。七个光栏是用来减少内部反射,构成仪器的开敞角并且限制仪器内部空气的湍流。在光栏的外面是内筒，用以把光栏内部和外筒的干燥空气封闭，以减少环境温度对热电堆的影响。在筒上装置JGS3 石英玻璃片，它可透过 0.27～3.20 μm 波长的辐射光。光筒的尾端装有干燥剂，以防止水汽凝结物生成。

感应部分是光筒的核心部分，它是由快速响应的线绕电镀式热电堆组成。感应面对着太阳一面涂有美国 3M 无光黑漆，上面是热电堆的热接点，当有阳光照射时，温度升高，它与另一面的冷接点形成温差电动势。该电动势与太阳辐射强度成正比。

自动跟踪装置是由底板、纬度架、电机、导电环、蜗轮箱（用于太阳倾角调整）和电机控制器等组成。驱动部分由石英晶体振荡器控制直流步进电机，电源为直流 6～15 V。该电机精度高，24 h 转角误差 0.25°以内。当纬度调到当地地理纬度，地板上的黑线与正南北线重和，倾角与当时太阳倾角相同，即可实现准确的自动跟踪。配件有表杆、干燥器、低板、上下水准器与调节螺旋、接线柱以及橡皮球等。干燥器装在表杆内与感应件相通，用橡皮球打气，通过干燥器即使上下薄膜罩充成半球形，并提供干燥气体，排除罩内潮气。此外还有上下两个金属盖和固定压圈用的金属环等。

厂家公式为：$E=V/K$

式中，E 为辐射（W/m^2）；V 为信号电压；K 为灵敏度系数（昼和夜系数不同）。

直接辐射表孔径大小由半开敞角 α 和斜角 β 来定义，见图 2.25。

$$\alpha=\tan^{-1}(R/d)$$

$$\beta=\tan^{-1}[(R-r)/d]$$

式中，R 为进光前孔半径；r 为接收器半径；d 为前孔到接收器的距离。

图 2.25 中，β 角内的天空区域 1 的辐射能照射到全部感应面上，来自区域 2 和区域 3 的辐射只能照射到部分感应面上，它们交界处的圆周上的辐射正好只能照射感应面积的一半；区域 3 外的辐射则完全不能进入仪器。

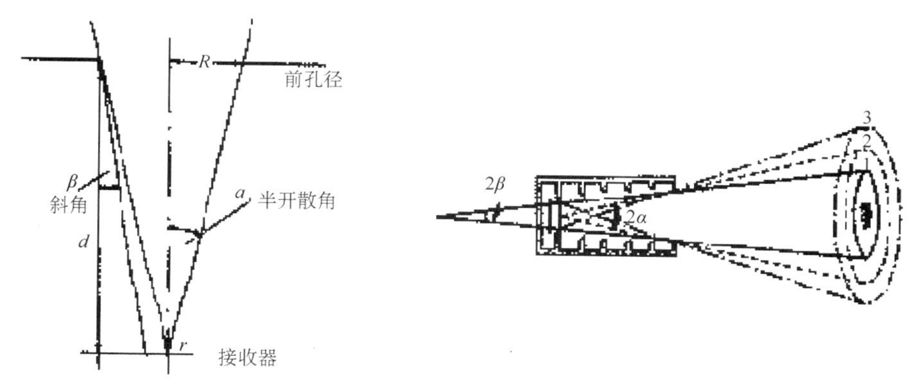

图 2.25　直接辐射角度原理图

进光筒是一个金属圆筒，为使感光面不受风的影响，同时又减少管壁的反射，筒内有几层黑色的光栏，光栏的坡度使得进入光筒的半开敞角为 2.5°～5.5°，为保证筒内清洁，筒口装有石英玻璃片。进光筒前有一金属箍用来安放各种滤光片，筒内装有干燥气体以防止产生水汽凝结物。为了对准太阳，进光筒两端分别固定两个固定圆环，筒口圆环上有一小孔，筒末端白色圆盘有一黑点，小孔和黑点的连线与筒中轴线相平行。如果光线透过小孔落在黑点上，说明进光筒已对准太阳。

感应件是仪器的核心部分，由感应面与热电堆组成，安装在光筒的后部。当光筒对准太阳，黑体感应面吸收太阳直射增热，使得热电堆产生温差电动势，由导线输出。仪器灵敏度约为 7～14 μV/(W·m^{-2})，响应时间为 35 s 左右(响应稳态度 99%时)。

跟踪架是支撑进光筒使之自动准确跟踪太阳的一种装置，常用的跟踪架有时钟控制、直流电机控制和全自动三种形式。

①时钟控制跟踪架：实际为一石英钟。信号发生器及电源部分一般安在室内，用导线与跟踪架上的钟机连接，钟机操纵输出轴带动进光筒跟踪太阳，跟踪精度为±1°/d(相当 4 min/d)。

这种跟踪架由于每天不停地转动，使得进光筒上两根输出线容易缠绕，发现缠线后，应在不观测时(日落后)，松开进光筒的固定螺旋，向相反方向转动，直至导线完全放松为止，再拧紧固定螺旋。

②直流电机控制跟踪架：单片计算机和电源部分用导线与跟踪架上的直流电机相连接，单片机控制电机从而推动进光筒跟踪太阳，每日准确转动一圈。

以上两种跟踪架也称赤道架。

③全自动跟踪架：它由机械主体、控制箱与电缆线等构成。机械主体安在室外，由准光筒、固定直射表用的架子、电机、转动轴、底座等组成。该仪器以单片计算机为控制核心，采用传感器定位和太阳运行轨迹定位两种自行切换的跟踪方式，弥补了赤道架跟踪的缺点，具有全自动、全天候、跟踪精度高(±0.2°)、不绕线等特点，是辐射仪器的主要跟踪装置。跟踪的原理是利用单片计算机的软件(每天日出至日落每一时刻的太阳高度角与方位角参数)控制电机转动，带动准光筒跟踪太阳。此外，准光筒内均匀安装有四个光敏传感器，当准光筒跟踪太阳稍有偏差时，筒内的四个传感器接收到阳光信号就不相同，从而驱动准光筒自动瞄准太阳，使得装在架子上的直接辐射表进光筒准确对准太阳。这种装置可带动多台直接辐射表，以及散射辐射表上的遮光板跟踪太阳。机械主体安在牢固的台架上，调好水平方位后将底座固定，用时角、赤纬、传感器三根电缆将机械主体与室内的控制箱连接。调整控制箱内参数：时间(年、月、日、时、分、秒)和经纬度与本站的实际时间、经纬度相一致。调整后，一般不再需要人工干预。接通电源后，由计算机控制可以自动搜寻太阳位置，并自动选择合理跟踪方式，对太阳进行全自动跟踪。日落 6 min 后装置自动返回初始位置。下一日出前 6 min 仪器将自动运行到适当位置，开始新的跟踪过程。

(2)技术指标

灵敏度：7～14 μV/(W·m^{-2})；

响应时间：≤25 s(99%)；

内阻：约 100 Ω；

信号范围：－25～＋25 mV；

跟踪准确度：±1°(24 h 内)；

光谱范围：0.27～3.20 μm；

稳定性：±1%；

重量：5 kg；

电源电压：DC 9 V±15%；AC 220 V±10%；

工作环境温度：－50～＋50℃；

相对湿度：0～100%RH。

2.2.8.5 净全辐射表

净全辐射表又称净辐射表，是用于测量由天空（包括太阳和大气）向下投射和地表（包括土壤、植物、水面）向上投射的全波段辐射通量差额的仪器，净辐射是研究地球热量收支状况的主要指标。净辐射为正表示地表增热，即地表接收到的辐射大于发射的辐射，净辐射为负表示地表损失热量。净辐射用净辐射表测量。

常用的净辐射表为 FNP-1 型净辐射表传感器，它的测量范围为 0.27～3 μm 的短波辐射和 3～100 μm 的长波辐射。

（1）工作原理

净辐射表由感应件、薄膜罩和附件等组成（图 2.26）。该表的工作原理为热电效应，感应部分是由康铜镀铜组成的热电堆，热电堆的外面紧贴着涂有无光黑漆的上下两个感应面，由于上下感应面吸收辐照度不同，因此热电堆两端产生温差，其输出电动势与感应面黑体所吸收的辐照度差值成正比。为了防止风的影响及保护感应面，该表装有既能透过长波辐射（3～100 μm），又能透过短波辐射（0.27～3 μm）的聚乙烯薄膜罩。薄膜罩上放橡皮密封圈，然后用压圈旋紧，以防漏水。

图 2.26 净全辐射表

公式为：$E=V/K$

式中，E 为辐射（W/m^2）；V 为信号电压；K 为灵敏度系数（昼和夜系数不同）。

由于测量 0.3～100 μm 波长的全波段的光辐射，所以感应面外罩为上下两个半球形聚乙烯薄膜罩，能透过短波辐射和长波辐射，为保持罩的半球形，用充气装置向罩内充入干燥气体，排出湿气。薄膜罩上放置橡胶密封圈，然后用压圈旋紧，使得薄膜罩牢牢固定住。

配件有表杆、干燥器、低板、上下水准器与调节螺旋、接线柱以及橡皮球等。干燥器装在表杆内与感应件相通，用橡皮球打气，通过干燥器使上下薄膜罩充成半球形，并提供干燥气体，排除罩内潮气。此外还有上下两个金属盖和固定压圈用的金属环等。

（2）技术指标

①电气特性：

额定电阻：2.3 Ω；

响应时间：<20 s；

额定灵敏度：10 $\mu V/(W \cdot m^{-2})$；

信号范围：－25～＋25 mV；

稳定度：<±2%每年；

非线性：<1%（2000 W/m^2）。

②光谱特性：

光谱范围：0.2～100 μm；

测量类型：热电堆。

③方向性：

方向误差：(0～60℃,1000 W/m^2)；<30 W/m^2；

不对称性：±20%；

重量：200 g；

环境温度：−30～+70℃。

2.3 外围设备

2.3.1 电源

自动气象站采用12 V直流供电，使用220 V市电转换为12 V直流电。当前交直流转换设备主要有线性稳压电源和开关稳压电源。

线性电源主要包括工频变压器、输出整流滤波器、控制电路、保护电路等。线性电源是先将交流电经过变压器变压，再经过整流电路整流滤波得到未稳定的直流电压，要达到高精度的直流电压，必须经过电压反馈调整输出电压，这种电源技术很成熟，可以达到很高的稳定度，波纹也很小，而且没有开关电源具有的干扰与噪音。但是它的缺点是需要庞大而笨重的变压器，所需滤波电容的体积和重量也相当大，而且电压反馈电路是工作在线性状态，调整管上有一定的电压降，在输出较大工作电流时，致使调整管的功耗太大，转换效率低，还需要安装很大的散热片。这种电源不适合微型电子设备的需要，正逐步被开关电源所取代。

开关电源主要包括输入电网滤波器、输入整流滤波器、逆变器、输出整流滤波器、控制电路、保护电路。它们的功能如下。

(1)输入电网滤波器：消除来自电网，如电动机的启动、电器的开关、雷击等产生的干扰，同时也防止开关电源产生的高频噪声向电网扩散。

(2)输入整流滤波器：将电网输入电压进行整流滤波，为变换器提供直流电压。

(3)逆变器：开关电源的关键部分，它把直流电压变换成高频交流电压，并且起到将输出部分与输入电网隔离的作用。

(4)输出整流滤波器：将变换器输出的高频交流电压整流滤波得到需要的直流电压，同时还防止高频噪声对负载的干扰。

(5)控制电路：检测输出直流电压，并将其与基准电压比较，进行放大。调制振荡器的脉冲宽度，从而控制变换器以保持输出电压的稳定。

(6)保护电路：当开关电源发生过电压、过电流短路时，保护电路使开关电源停止工作以保护负载和电源本身。

图2.27所示为开关电源工作原理图。开关电源将交流电先整流成直流电，再将直流逆变成交流电，最后整流输出所需要的直流电压。这样开关电源省去了线性电源中的变压器和电压反馈电路。而开关电源中的逆变电路完全是数字调整，同样能达到非常高的调整精度。

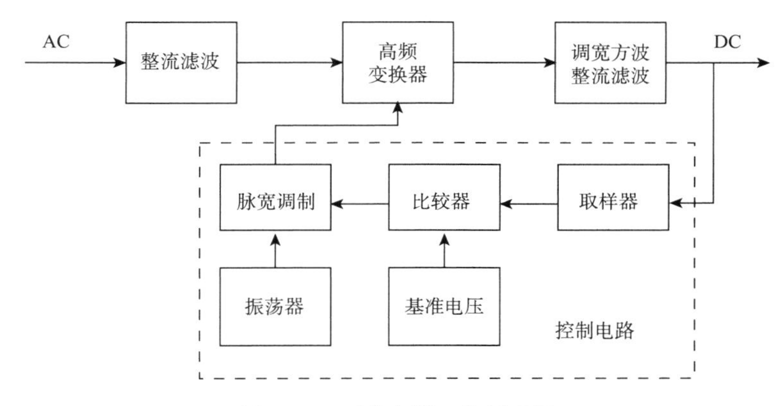

图 2.27　开关电源工作原理图

开关电源的主要优点：体积小、重量轻（体积和重量只有线性电源的 20%～30%）、效率高（一般为 60%～70%，而线性电源只有 30%～40%）、自身抗干扰性强、输出电压范围宽、模块化。

开关电源的主要缺点：由于逆变电路中会产生高频电压，对周围设备有一定的干扰。需要良好的屏蔽及接地。

2.3.1.1　GZPOWER 型开关电源

GZPOWER 型自动气象站电源系统与其他带有后备电池的直流电源不同，它专为自动气象站设计。早期型号的电源电池输出/充电转换电路控制两个电池交替输出、充电。当刚接通市电时，A 电池处于充电状态，而 B 电池处于输出状态；同时转换电路开始计时，当计时达到预定时间时，A，B 两个电池转换角色，B 电池处于充电状态，而 A 电池处于输出状态。当没有市电供应时，两个电池并联输出。在电路设计中电池处于输出状态下是完全与电路物理隔离的，所以不论有没有市电，电源系统都只有电池与采集器是连接在一起的，而电源系统的其他电路是不与采集器连接的，从而达到防止雷电从电源进入采集器的目的。实践表明，电源系统的物理隔离是防御雷击的有效办法，专门设计的供电系统已经被证明是经得起考验的，是保证自动气象站正常运行的基础。

至 2013 年 GZPOWER 型自动气象站电源由 AC/DC 电压转换器、整流滤波电路、输出控制电路、充电电路以及抗干扰电路组成，如图 2.28 所示。

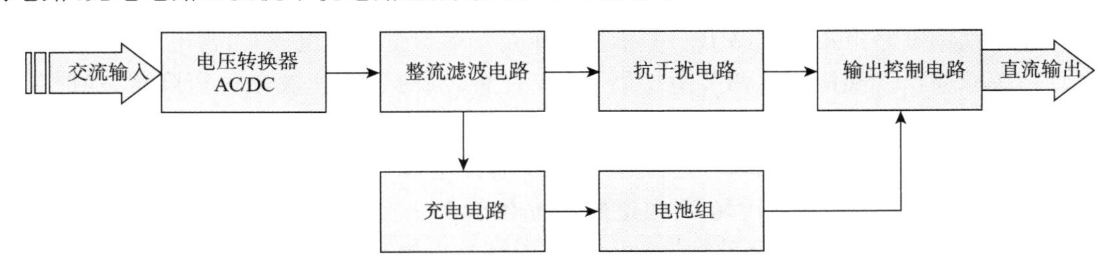

图 2.28　GZPOWER 型开关电源原理框图

图 2.29 所示为 GZPOWER 型开关电源电路原理图。

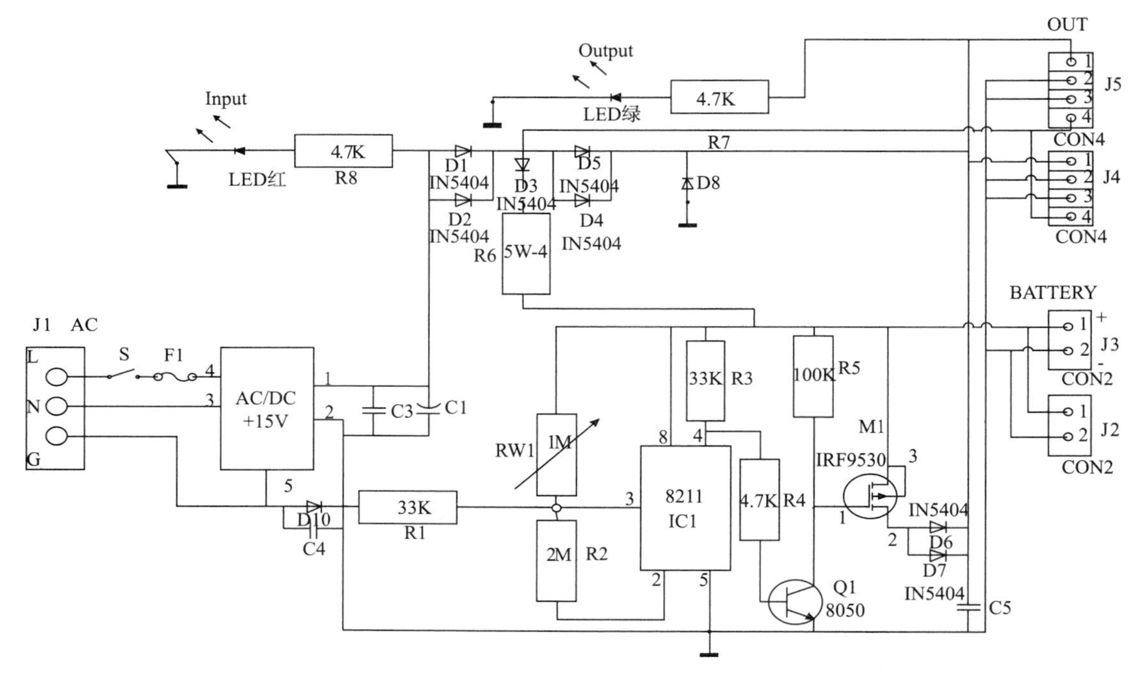

图 2.29　GZPOWER 型开关电源电路图

(1)AC/DC 电压转换器将 220 V 市电转换成 15 V 直流电,最大输出电流 3 A,起变压整流的作用。

(2)整流电路由二极管 D1,D2,D4,D5 和电容 C1 组成,起平滑滤波和降压作用。

(3)充电电路由二极管 D3 及限流电阻 R6 组成,二极管 D3 防止无市电时蓄电池电压反串到电源输出检测线(J4 的 4 脚)上。有市电供电时,蓄电池充电,限流电阻 R6 防止充电电流过大影响蓄电池寿命。

(4)抗干扰电路由电容 C3,C4,C5 组成,将来自市电的高频脉冲或外界干扰脉冲滤掉,确保电源输出电压平稳,满足采集器对高精度电压的要求。

(5)D8 和 D10 为瞬态抑制二极管,受到反向瞬态高能量冲击时,能以 10^{-12} s 量级的速度将两极间的高阻抗变为低阻抗,吸收高达数千瓦的浪涌功率,使两极间的钳位电压于一个预定值,有效地保护电子线路中的精密元器件,起防雷作用。

(6)输出控制电路由集成电路 IC1、三极管 Q1 及场效应管 M1 组成,当蓄电池电压低于设定阈值时,关断输出。阈值通过调节电位器 RW1 设置,顺时针旋扭关断电压降低,逆时针升高,一般设为 10.8 V(此时 RW1 接入电路电阻约为 270 kΩ)。

(7)集成电路 IC1 为 MAX8211,是 CMOS 微电源电压检测器,含有一个比较器,一个 1.15 V 的带隙基准电压,一个开漏 N 沟道输出晶体管和一个开漏 P 沟道缓冲输出晶体管。当预置门限输入端 THRESH 端采集的电压小于内部参考电压 1.15 V 时,MAX8211 提供一个 7 mA 的输出灌电流,可以直接驱动 LED 指示灯。MAX8211 管脚定义及其内部电路见图 2.30。

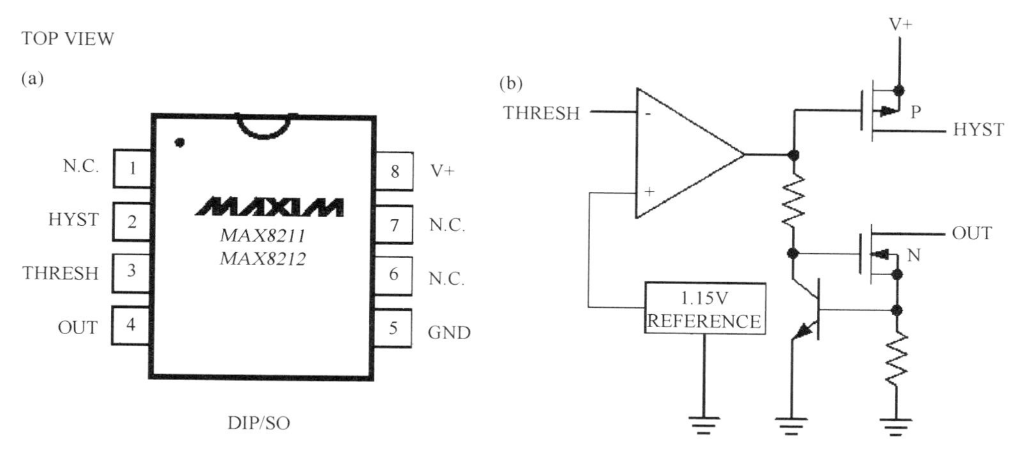

图 2.30　MAX8211 管脚定义(a)和内部电路原理(b)

2.3.1.2　太阳能供电系统

太阳能供电系统采用太阳能电池板将太阳能转换为直流电，除了节能环保，最大的优点就是避免了交流电易感应雷电，防雷效果好。随着光伏技术的发展，太阳能供电系统的造价在不断降低，市面上已有许多成熟的产品，有条件的地方可以采用这种供电方式。

太阳能电池是根据特定材料的光电性质制成的。太阳辐射出不同波长(对应于不同频率)的电磁波，如红外线、紫外线、可见光等。当这些射线照射在不同的导体或半导体上，光子与导体或半导体中的自由电子相互作用产生电流。电磁波的波长越短，频率越高，所具有的能量就越高，例如紫外线所具有的能量要远远高于红外线。但是并非所有波长的电磁波的能量都能转化为电能，光电效应与辐射的强度大小无关，只有频率达到或超越可产生光电效应的阈值时，才能产生电流。能够使半导体产生光电效应的光的最大波长同该半导体的禁带宽度相关，譬如晶体硅的禁带宽度在室温下约为 1.155 eV，因此，必须波长小于 1100 nm 的光线才可以使晶体硅产生光电效应。

采用太阳能供电必须保证足够的日照，如日照太弱或时数太短，均不适宜采用太阳能供电。经实测，晴天正午日照强烈时，太阳能电池板开路电压可达 18～35 V，而采集器仅需要最高 15 V 电压，过高电压将导致设备烧坏，所以不可用太阳能电池板直接为采集器供电。夜间无日照时，太阳能电池板不发电，但设备运行依然需要供电，故需蓄电池供电。太阳能充电控制器用太阳能电池板产生的电能为蓄电池充电，同时为设备供电。夜间无日照时，太阳能充电控制器则自动调整为用蓄电池为设备供电。

图 2.31 所示为太阳能供电系统原理框图和实物图，右边太阳能电池板下方为配电箱，内装太阳能充电控制器和蓄电池。太阳能充电控制器有三组接口，每组接口分“＋”“－”两个脚。三组接口分别连接太阳能电池板、蓄电池组和负载设备，太阳能电池板通过太阳能充电控制器为蓄电池充电。为保证驱动能力，该系统采用了两块太阳能电池板各自通过一块太阳能充电控制器为并联的两块 100 AH 铅酸蓄电池充电，两块太阳能充电控制器的带负载端并联输出。

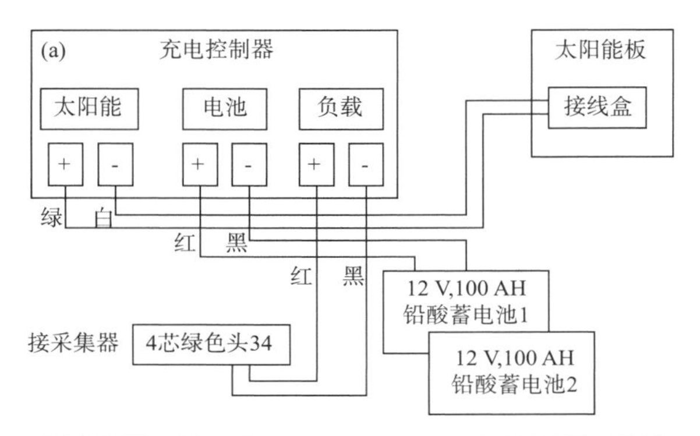

图 2.31　太阳能供电系统系统框图(a)和实物图(b)

注意事项：

①两块蓄电池不直接相连，应分别连接一个太阳能充电控制器；

②太阳能充电控制器和蓄电池、太阳能电池板之间用 1 条二芯 5 m 长的电缆连接；

③因太阳能电池板时刻有电压输出，故须严防短路，接线过程中悬空的线头应该用绝缘胶布缠绕；

④太阳能电池板背面有一个接线盒，接线端子分正负极，不可接反；

⑤蓄电池和太阳能电池板接好后须在所有螺丝上涂 704 硅胶防锈；

⑥系统全部接好后，在有太阳的情况下，太阳能充电控制器的充电指示灯亮，并显示蓄电池容量；

⑦安装太阳能供电系统时，应多带太阳能充电控制器保险丝备份。

2.3.1.3　混合供电系统

对于遥测站、区域站、交通站和舒适度站等陆地站，采用市电供电，即市电通过 GZPOWER 型开关电源为设备供电。

2.3.1.4　海岛自动气象站供电

广东省的海岛自动气象站大部分在无人海岛上，无市电供应，设备供电仅能采用太阳能供电，太阳能供电系统及连接方式完全同(2.3.1.2)节太阳能供电系统。

部分海岛自动气象站位于有人海岛、半岛上，能够取到市电，对这部分海岛站采用了太阳能电池和市电双模供电。图 2.32 为市电太阳能电池双模供电的系统结构图。与图 2.31 不同的是，该双模系统增加了一路市电充电，市电可通过市电转换板(GZPOWER 型开关电源)为蓄电池充电，但负载输出依然从太阳能充电控制器的负载端子接出。

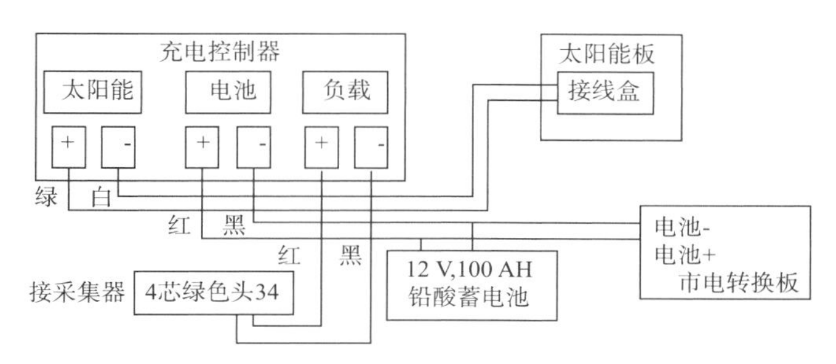

图 2.32　市电、太阳能电池双模供电系统

2.3.1.5　船舶和石油平台自动气象站供电

船舶自动气象站和石油平台自动气象站是新设置的I型气象自动站。由于船壳、平台不能接地，其电力系统与陆地的不同。船舶和石油平台生活用电多为 110 V，经过升压后可达 195 V。船舶自动气象站和石油平台自动气象站均为单纯船电供电，因维护不便，采用了双开关电源热备份降低维护概率，如图 2.33 所示。

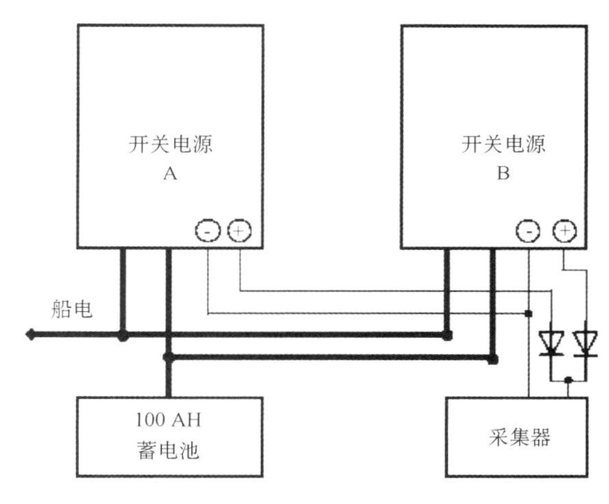

图 2.33　双开关电源热备份

图 2.33 中，采用了两个不同品牌的开关电源并联热备份。开关电源并联输出时，因两电源输出端口网络参数不一致，一台电源会成为另一台电源的负载，被反向充电。若电源 A 损坏后短路，则电源 B 也不能正常工作，即不能起到预期的备份功能。本供电系统在两台开关电源输出端正极分别接入了肖特基二极管 SR560，然后再并联输出，保证了电流单向通过，防止对开关电源反充，起逆止作用。SR560，肖特基二极管，正向耐压 42 V，反向耐压 60 V，正向耐受电流5 A，5 A 时压降为 0.7 V。

开关电源并联还应考虑均流问题。即因为两电源输出网络参数不匹配，导致功率分配不均衡，单个电源输出功率过大而烧坏。本供电系统采用的开关电源最大输出电流为 6 A，逆止用二极管 SR560 正向耐受电流为 5 A，单个开关电源的供电能力远远超过设备需求，每个电源都可满足单独供电，所以本系统不必考虑均流问题。图 2.34 为采用的开关电源之一及其输入输出接口，开关电源具备输出电压调节功能，在输出并联前，需要调节 V_{ADJ} 将两个开关电源的输出电压调整到相同。

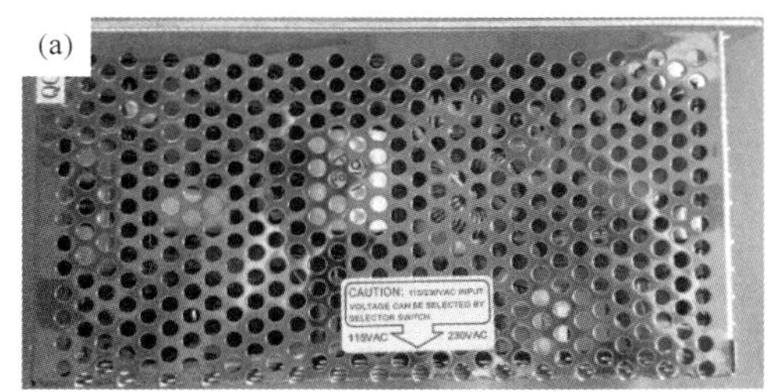

图 2.34　开关电源(a)和其 I/O 接口(b)

2.3.2　终端计算机

即微型计算机，常用作采集器的终端实现对采集器的监控、数据处理和存储，按照业务规范完成地面气象观测业务，终端计算机必须具有 RS232 接口。

2.3.3　通信接口及组件

2.3.3.1　通信隔离盒

通信隔离盒是为了提高通信距离而开发的电流环串行数据接口，如图 2.35 所示。通过通信隔离盒，自动气象站与计算机端的传输距离可达 200 m。通信隔离盒由自动气象站端的电流环接口电路和计算机端的电流环接口电路组成。电路如图 2.36 所示。

图 2.35　通信隔离盒实物图

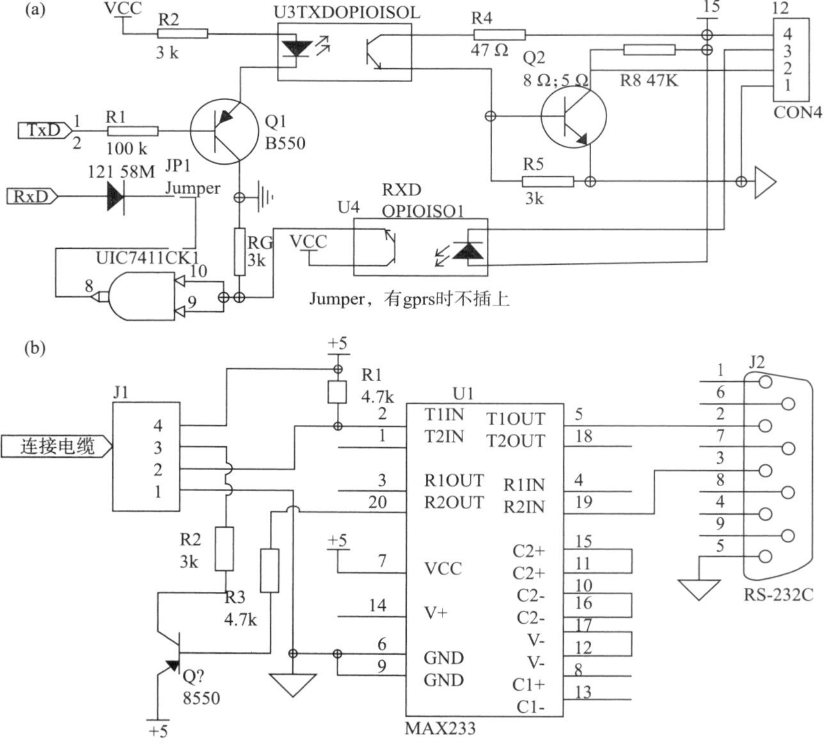

图 2.36　通信隔离盒电路图

电路工作原理：当采集器不发送数据时，TxD 保持高电平，Q1 截止，光耦 U3 不导通，Q2 截止，J2 的 2 脚保持高电平，通过电缆连接后，J1 的 2 脚同样为高电平。当采集器发送数据时，TxD 首先发送低电平的起始位，这时 Q1 导通，光耦 U3 导通，Q2 饱和导通，J2 的 2 脚变低电平，J1的2脚同样为低电平。MAX233是转换TTL电平和RS-232C标准电平的专用集成电路，电路使用简单，没有外接元件，经过电平转换后可以和计算机的串口连接。

2.3.3.2　无线通信终端DTU

DTU(Data Transfer Unit)称为无线数据调制解调器，由它和GPRS数据SIM卡、电源及连接线组成数据传输单元，是广东省区域自动气象站与省局数据采集中心进行通信的重要单元。DTU由GSM(GSM Baseband Processor)基带处理器、电源模块(ASIC)、GSM射频部分、存储部分、ZIF连接器及天线接口等6部分组成，框图如图2.37所示。基带处理器是整个模块的核心，它由一个C166CPU和一个DSP处理器内核控制着模块内各种信号的传输、转换、放大等处理过程。其作用相当于一个协议处理器，用来处理外部系统通过串口发送过来的AT指令。GSM射频部分是一个单片收发的SMARTi型电路，由一个上变频调制环路发送器、一个外差式接收器、一个射频锁相环路和一个全集成中频合成器四个功能块组成。电源ASIC部分是利用线形电压调节器将输入电压稳压处理后，供GSM基带处理器和GSM射频部分使用，另外还有一路输出2.9 V，70 mA的电压供模块外的其他电路使用。FLASH模块用来存储一些用户配置信息。天线连接器是一个GSC类型的50 Ω连接器。ZIF连接器提供控制数据、音频信号和电源线的应用接口。

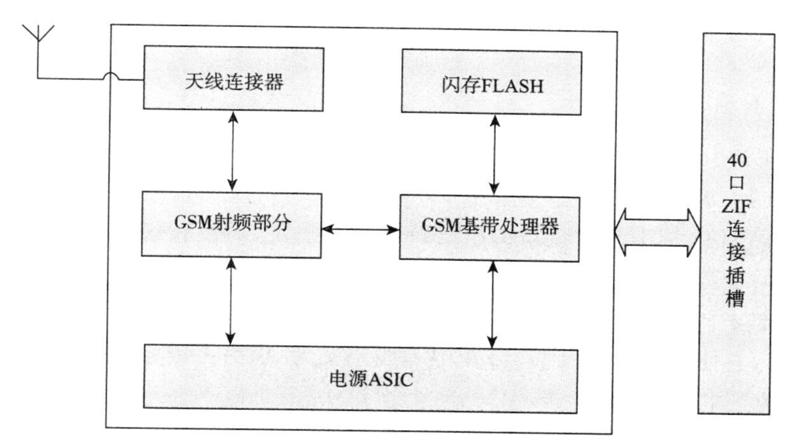

图2.37　DTU结构框图

广东省区域自动气象站网基于GPRS组网采集探测数据，组网拓扑图如图2.38所示。DTU负责连接GPRS网络，接收发送自动气象站资料，在自动气象站与通信处理中心的数据交互中起着桥梁的作用。其工作过程如下。

(1)DTU上电后，读出内部FLASH中保存的工作参数(包括GPRS拨号参数、串口波特率、远程服务器IP地址、网络接入口APN、用户名、用户密码、心跳周期、应答标志、本地模块ID、远程主机UDP端口等)。

(2)DTU登陆GSM网络，然后进行GPRS PPP拨号，通过移动网关实现与省局数据采集中心建立通信连接。通信连接建立后，当长时间没有数据通信时，DTU以心跳设置参数为时间周期向中心发送心跳包来保持连接不被断开，也就是常说的永远在线。

(3)DTU建立了与数据采集中心的双向通信后，一旦接收到自动气象站的气象探测数据，DTU就立即把气象探测数据封装在一个UDP包里，发送给数据中心。反之，当DTU收到数据中心发来的 UDP 包时，从中取出命令数据内容，立即通过串口发送给自动气象站。

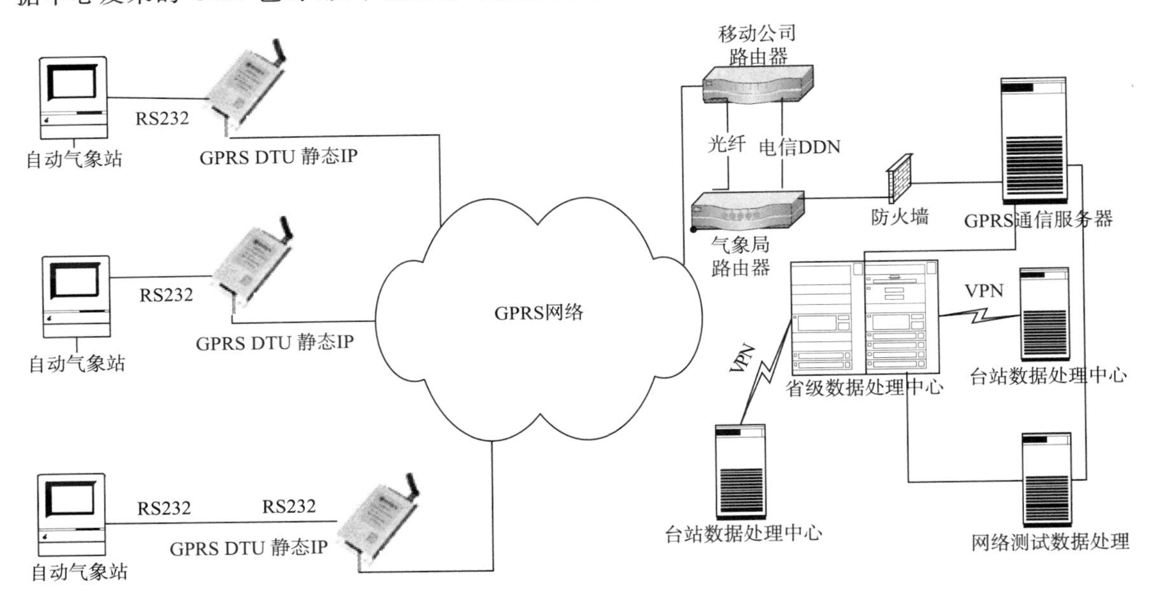

图 2.38 自动气象站数据采集组网拓扑图

2.3.3.3 RS-485 接口

RS-485 标准是为了弥补 RS-232 通信距离短、速率低等缺点而产生的。RS-485 标准的最大传输距离约为 1219 m，最大传输速率为 10 Mbps。

RS-232 与 RS-485 标准只对接口的电气特性做出规定，而没有规定接插件、传输电缆和应用层通信协议。

RS-485 标准与 RS-232 不一样，数据信号采用差分传输方式(Differential Driver Mode)，也称作平衡传输，它使用一对双绞线，将其中一线定义为 A，另一线定义为 B。通常情况下，发送器 A，B 之间的正电平在 +2～+6 V，是一个逻辑状态；负电平在 −2～−6 V，是另一个逻辑状态。另有一个信号地 C。在 RS-485 器件中，一般还有一个“使能”控制信号。“使能”信号用于控制发送器与传输线的切断与连接，当“使能”端起作用时，发送器处于高阻状态，称作“第三态”，它是有别于逻辑“1”与“0”的第三种状态。对于接收发送器，也做出与发送器相对的规定，收发端通过平衡双绞线将 A—A 与 B—B 对应相连。当在接收端 A—B 之间有大于 +200 mV 的电平时，输出为正逻辑电平；小于 −200 mV 时，输出为负逻辑电平。在发送器的接收平衡线上，电平范围通常在 200 mV～6 V。

定义逻辑 1(正逻辑电平)为 B>A 的状态，逻辑 0(负逻辑电平)为 A>B 的状态，A，B 之间的压差不小于 200 mV。

RS-485 标准通常被用作为一种相对经济、具有相当高噪声抑制和相对高的传输速率、传输距离远、宽共模范围的通信平台。

RS-485 在自动气象站中的应用，自动气象站和计算机端的 RS-232C 接口通过 RS-232/485 转换器，将 RS-232C 信号转换为 RS-485 信号，即中间长距离传输部分用 RS-485，如图 2.39、图 2.40 所示。

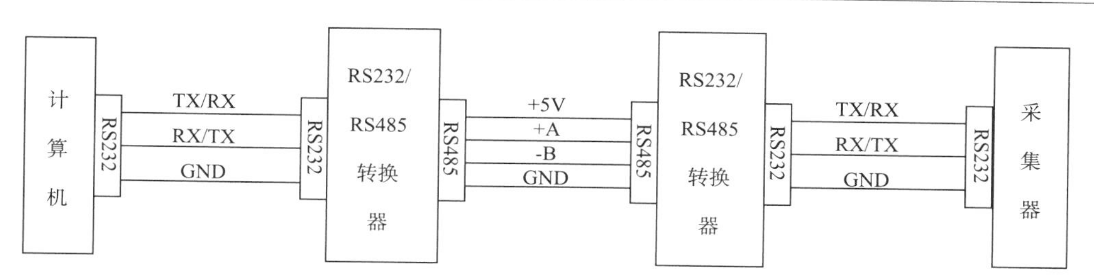

图 2.39　RS485 接口通信连接示意图

2.3.3.4　光纤通信模块

图 2.40　RS-232/485 转接头

光纤通信是利用光作为信息载体，以光纤作为传输的通信方式。光纤原材料是由石英制成的绝缘体材料，不易被腐蚀，绝缘性好，且光波导对电磁干扰的免疫力强。因不受电磁干扰，具有绝缘隔离作用，光纤传输系统适用于地势较高、传输距离较远、雷电灾害严重的观测场，主要使用多模光纤。

自动气象站采用 RS-232 转光纤通信，实现长距离通信。自动气象站和计算机分别通过 RS-232 与光端机连接，两台光端机间通过尾纤与光纤连接，如图 2.41、图 2.42 所示。光端机是通过信号调制、光电转化等技术，利用光传输达到远程传输的目的。光端机一般成对使用，分为光发射机和光接收机，光发射机完成电/光转换，并把光信号通过光纤传输到光接收机，光接收机把从光纤接收的光信号还原为电信号，完成光/电转换。

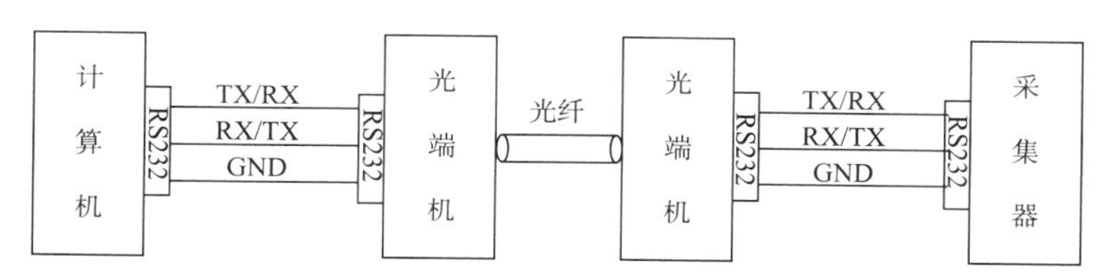

图 2.41　光纤通信连接示意图

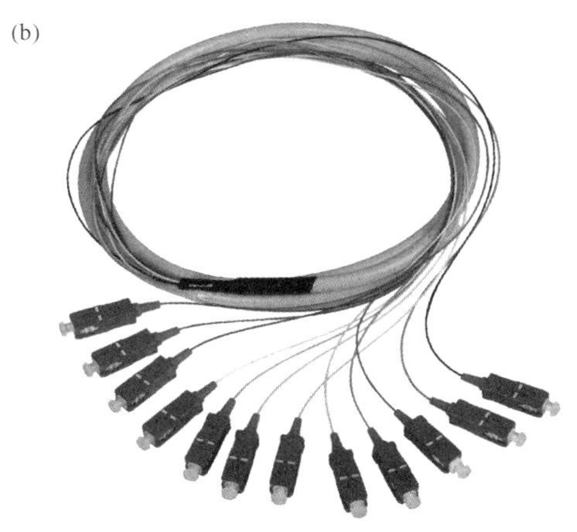

图 2.42　光端机(a)和尾纤实物图(b)

光纤的标准接口有 ST 头、FC 头、SC 头，可通过标准转接头或转换尾纤进行转换。

2.3.3.5 外部存储器

采集器具备通过外扩存储器（卡）的方式扩大本地数据存储能力，并将采集数据以文件方式进行存储。

第 3 章　架设安装与调试

本章重点阐述自动气象站系统安装、调试与运行所必须遵循的技术规范要求和辅件支持。站点运行环境、观测场规范等业务管理内容请参见第 7 章，设备安装基础规格等见附录基础设施规定，在此不再赘述。

3.1　硬件架设安装

硬件架设安装包括采集器的安装、各要素传感器固定安装以及对应的信号线连接及铺设等。

3.1.1　DZZ1-2 自动气象站采集器

3.1.1.1　主采集器安装

(1)按照 DZZ1-2 自动气象站安装规范在观测场指定的位置安装采集器支架。在已经预制好的水泥基座上，按照倒“T”字形支架两边东西方向(水泥基座预制时必须按照南北方向制作)钻 4 个直径 10 mm 螺丝孔，打 4 个直径 8 mm 爆炸螺丝，紧固好采集箱支架。如图 3.1 所示。

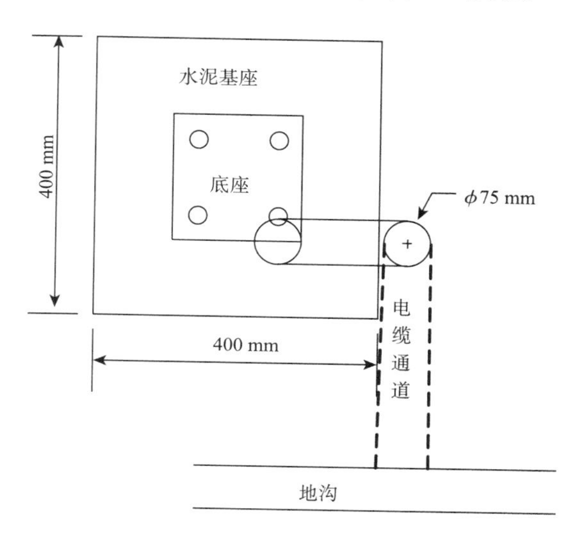

图 3.1　DZZ1-2 自动气象站主采集器实物图和基础尺寸图

(2)把采集箱安装在支架上(侧悬挂式)，紧固 2 个螺丝，注意遮阳罩高度与支架一样高。

(3)把风电缆、雨量电缆、OPT 通信线、CAN 线、POWER 线、220 V 电源线、地线通过预埋水管穿入机箱，电缆连接见 3.1.1.2 节。

3.1.1.2　信号线连接

DZZ1-2 型采集器的接线面板如图 3.2 中所示，其各接口定义如下。

PP：连接气压传感器，信号线连接如图 3.3 中右上图所示，接线按照线码顺序定义：1 白色；2 绿色；3 黑色；4 红色。

Wind：连接风向、风速传感器，如图 3.2 左上图所示，其按照线码定义如下：1. 红橙色：+5 V；2. 黑白色：信号地；3. 浅蓝色：风向 D1；4. 粉红：D2；5. 黄色：D3；6. 绿色：D4；7. 蓝色：D5；8. 棕色：D6；9. 灰色：D7；10. 深蓝或紫色：风速。

Rain：雨量电缆“白、绿”一组接于 1 口，“黑、红”一组接于 2 口，如图 3.3 中左图所示。

OPT：连接通信线，电缆按电线颜色“白、绿、黑、红”顺序连接绿色接头。通信线的测报室端的连线为：“白、绿、黑、红”对应 DB9 公头 1，2，3，4，连接到隔离盒“采集器”端，隔离盒“串口”端连接计算机 RS-232 口。

CAN/COM 1/2：CAN 总线接口，可通用（建议变送器接 CAN/COM 1 口），电缆按电线颜色“白、绿、黑、红”顺序连接绿色接头。

POWER 输入：主机工作电源输入（+12 V）。

POWER 输出：输出电源（+12 V），供变送器（分采集器）工作电源，电缆按电线颜色“白、绿、黑、红”顺序连接绿色接头。电源输入端和输出电源端严禁接反。

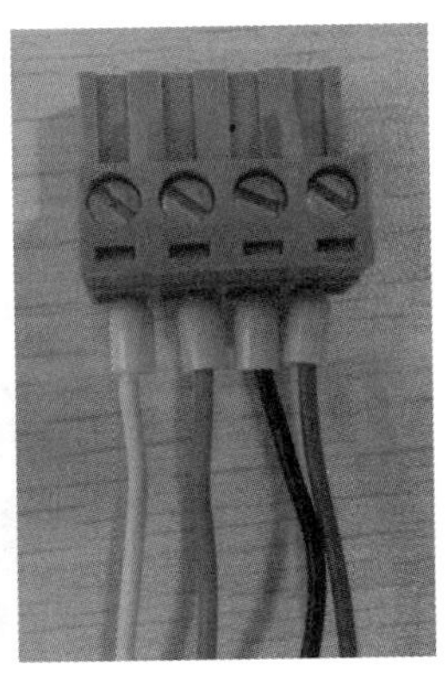

图 3.2　DZZ1-2 型采集器接线面板、风信号线接线及接头实物图

全部电缆连接完成后，将所有屏蔽接地线连接到地网引线上，注意地网引线对地电阻要求小于 4 Ω，电缆的整理参照 3.1.16 节。

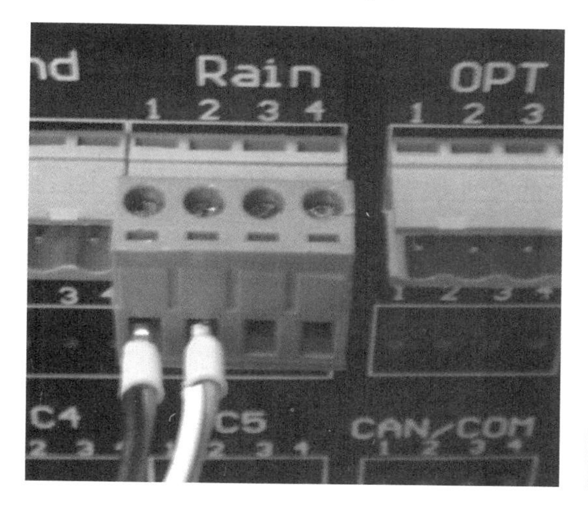

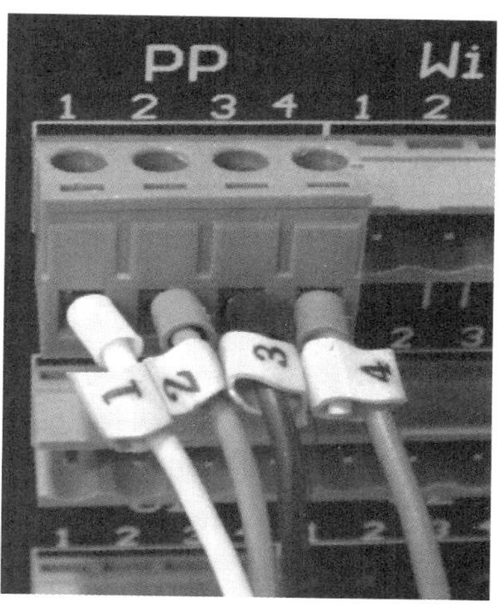

图 3.3　雨量、气压传感器信号接线实物图

3.1.1.3　变送器(分采集器)安装

变送器的安装与主采集箱安装方法类似。

第一步，支架用膨胀螺丝安装在水泥基础上，水泥基础参见附录基础设施规定。

第二步，箱体挂在支架两个螺丝上，紧固即可。

第三步，把所有需要通过预埋水管内的电缆穿好，按照电缆标识插入对应接口，如图 3.4 所示，4P 接头按插入方向自左至右依电线颜色“白、绿、黑、红”顺序连接，注意将电缆屏蔽层接到防雷地线上。

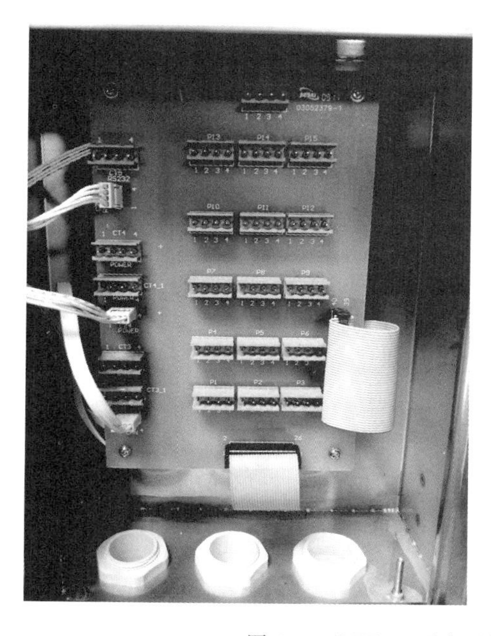

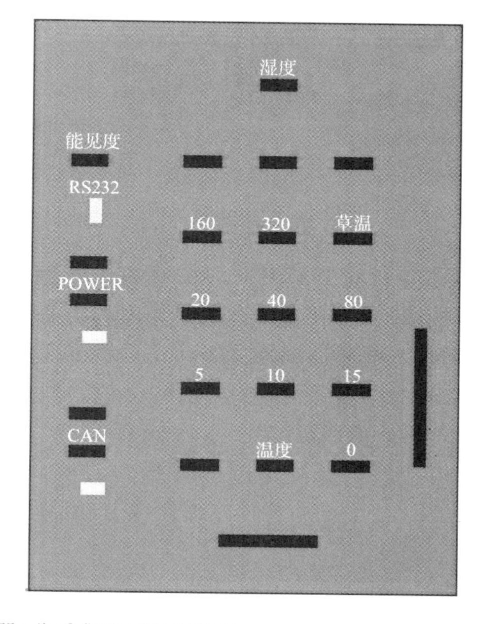

图 3.4　DZZ1-2 型变送器(分采集器)箱安装图

3.1.2 WP3103 自动气象站采集器

3.1.2.1 主采集器安装

(1)按照 WP3103 自动气象站安装规范在观测场指定的位置安装采集器支架。在已经预制好的水泥基座上，按照倒“T”字形支架两边东西方向(水泥基座预制时必须按照南北方向制作)钻 4 个直径 10 mm 螺丝孔，打 4 个直径 8 mm 爆炸螺丝，紧固好采集箱支架。如图 3.5 所示。

(2)把采集箱安装在支架上(侧悬挂式)，紧固 4 个螺丝，注意遮阳罩高度与支架一样高。

(3)把风电缆、雨量电缆、温度电缆、湿度电缆、220 V 电源线、地线通过预埋水管穿入机箱，接好 4P 插头后，插入采集器对应接口。

(4)气压电缆、GPRS 信号线、GPRS 电源线连接 4P 插头后插入采集器对应接口。

全部电缆连接完成后，将所有屏蔽接地线连接到地网引线上，注意地网引线对地电阻要求小于 4 Ω，电缆的整理参照 3.1.16 节。

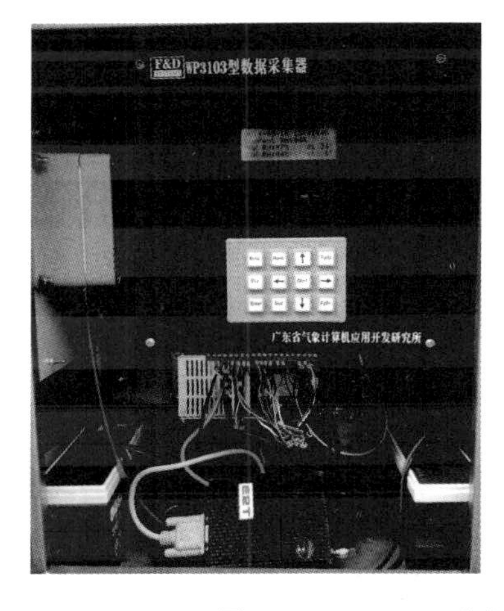

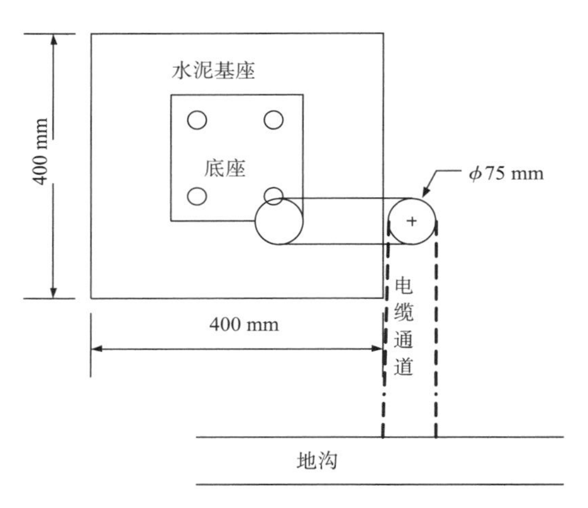

图 3.5 WP3103 型自动气象站主采集器实物图和基础尺寸图

3.1.2.2 信号线连接

WP3103 室外型采集器的接线面板如图 3.6 所示，其各接口定义如下：

PP：气压；Wind：风向、风速；Rain：雨量；OPT：大屏幕或计算机；

GPRS：无线通信终端 DTU；TT：气温；RH：相对湿度；

POWER：主机工作输入电源(+12 V)；

C1：输出电源，供 DTU 工作(+5 V)。

4 芯电缆绿色接头按电线颜色“白、绿、黑、红”顺序连接，如图 3.6 左图。雨量电缆“白、绿”一组接于 1 口，“黑、红”一组接于 2 口，如图 3.6 中图。

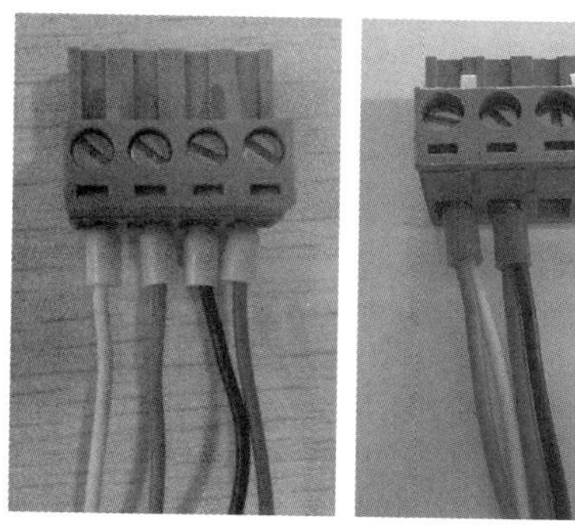
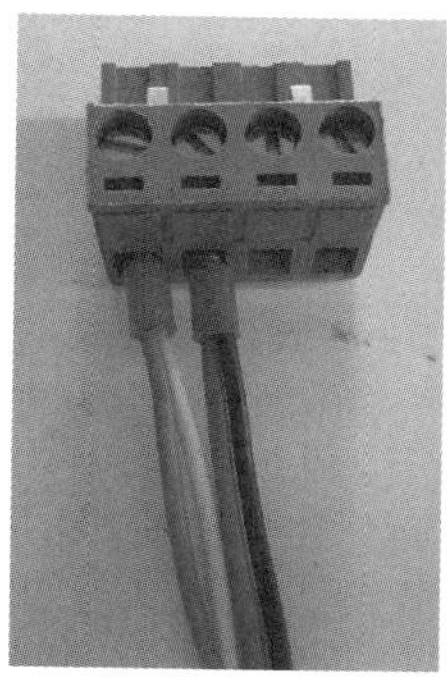
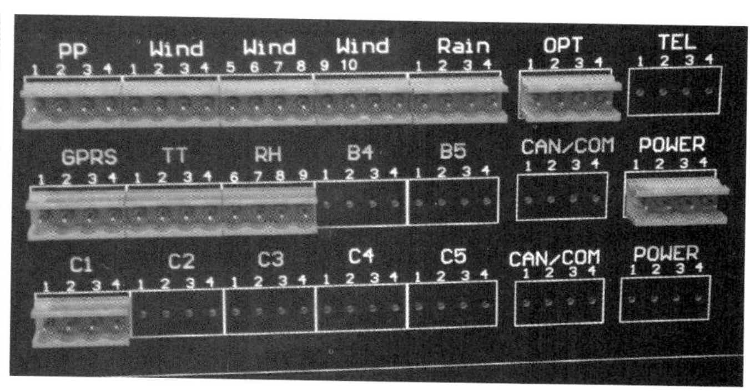

图 3.6　WP3103 接线面板实物图

3.1.3　新型自动气象站采集器

3.1.3.1　主采集器安装

（1）按照 DZZ1-2 自动气象站安装规范在观测场指定的位置安装采集器支架。在已经预制好的水泥基座上，按照倒“T”字形支架两边东西方向（水泥基座预制时必须按照南北方向制作）钻 4 个直径 10 mm 螺丝孔，打 4 个直径 8 mm 爆炸螺丝，紧固好采集箱支架。如图 3.7 所示。

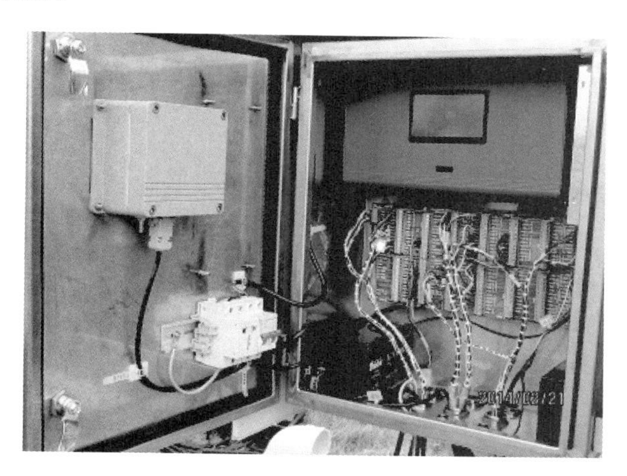
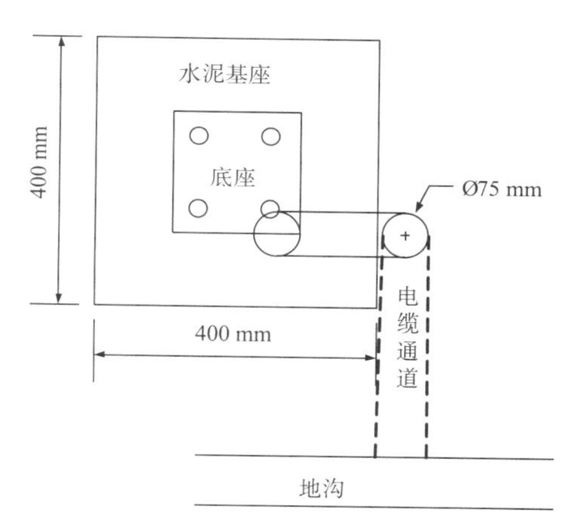

图 3.7　新型自动气象站主采集器实物图和基础尺寸图

（2）把采集箱安装在支架上（侧悬挂式），紧固两个螺丝，注意遮阳罩高度与支架一样高。

（3）把风电缆、雨量电缆（3 条）、气温电缆（3 条）、湿度电缆（3 条）、深层地温电缆、浅层地温电缆、草温电缆、蒸发电缆、能见度电缆、通信电缆、220 V 电源电缆、地线电缆通过预埋水管穿入机箱，电缆连接见 3.1.3.2 节。电缆穿过主机箱底板位置如图 3.8 所示。

全部电缆连接完成后，将所有屏蔽接地线连接到地网引线上，注意地网引线对地电阻要求小于 4 Ω，电缆的整理参照 3.1.16 节。

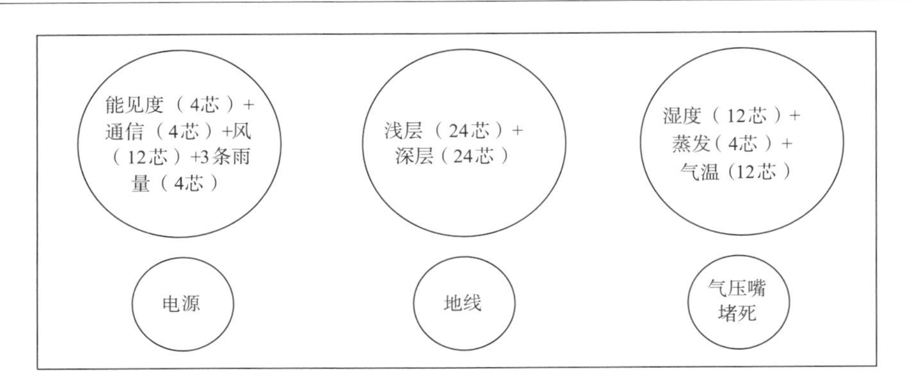

图 3.8　主采集器机箱底板穿线孔示意图

3.1.3.2　信号线连接

新型自动气象站连接线面板实物图如图 3.9 所示。新型自动气象站接口板示意图如图 3.10 所示，其中色块代表电线颜色，按照信号电缆黄色套码标识依次接入接口板对应位置，信号线按与色块颜色一致接入即可。全部接线完成后，须再次检查接线是否正确。

图 3.9　新型自动气象站接线面板实物图

3.1.3.3　集线器安装

集线器的安装与主采集箱安装方法类似。

第一步，支架用膨胀螺丝安装在水泥基础上，水泥基础参见附录基础设施规定。

第二步，箱体挂在支架两个螺丝上，紧固即可。

第三步，把深层地温电缆、浅层地温电缆、草温电缆、地线电缆穿过预埋水管，电缆穿过集线器机箱底板位置如图 3.11 所示。

第四步，按照电缆黄色套码标识接入对应接口，如图 3.12 所示，方向自上到下依信号线颜色“白、绿、黑、红”顺序连接，注意将电缆屏蔽层接到防雷地线上。全部接线完成后，须再次检查接线是否正确。

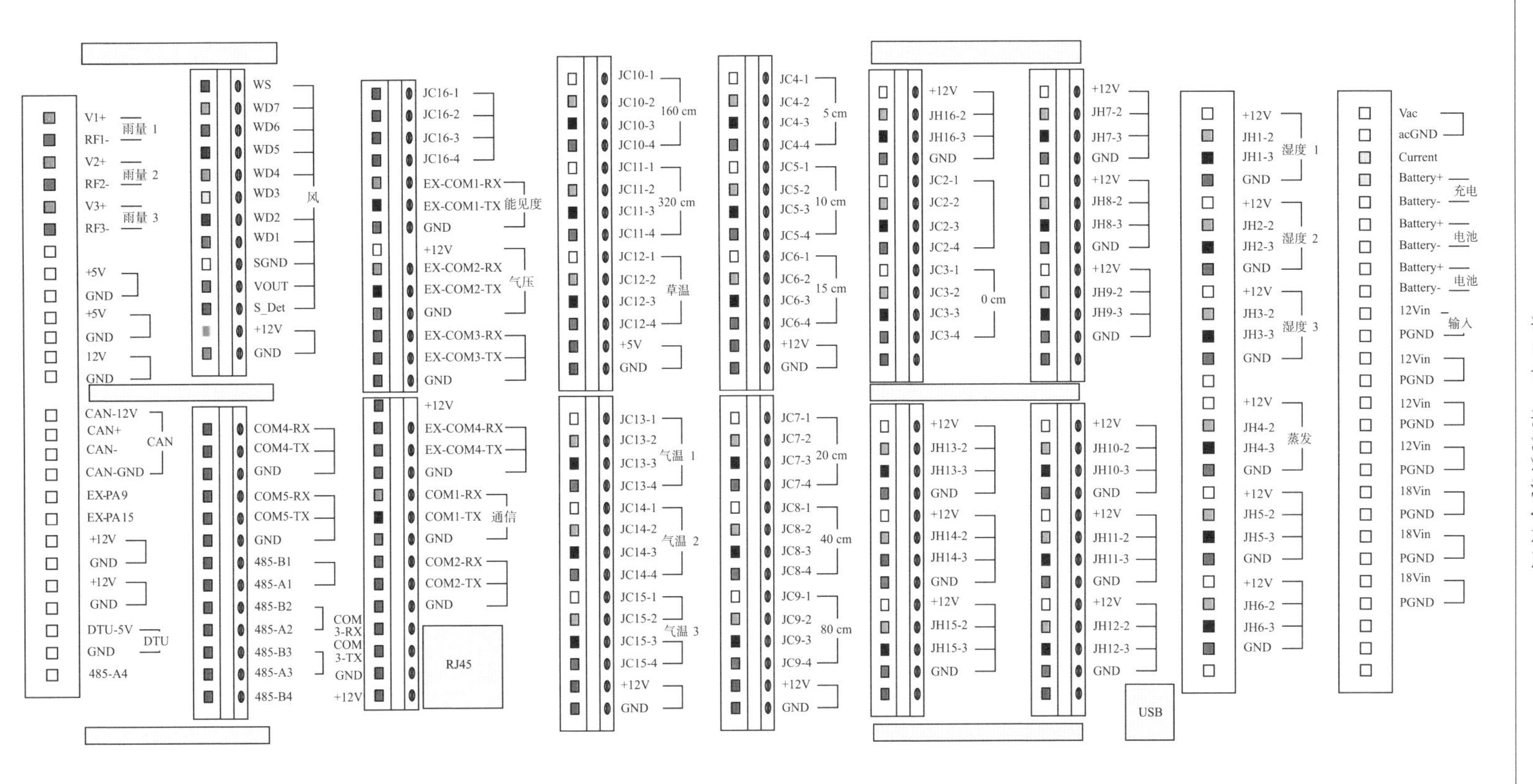

图3.10 新型自动气象站接口板示意图

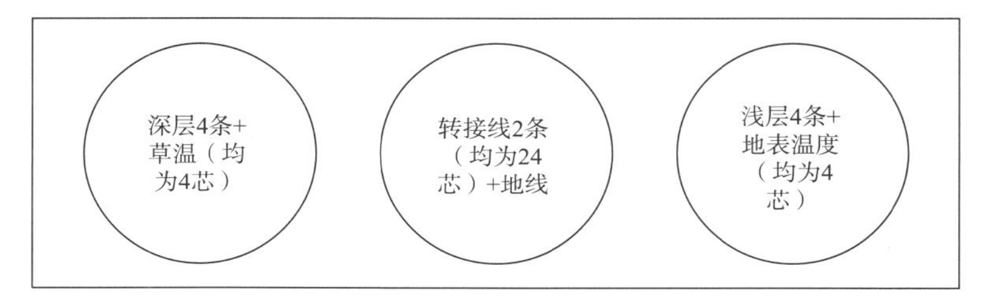

图 3.11　集线器机箱底板穿线孔示意图

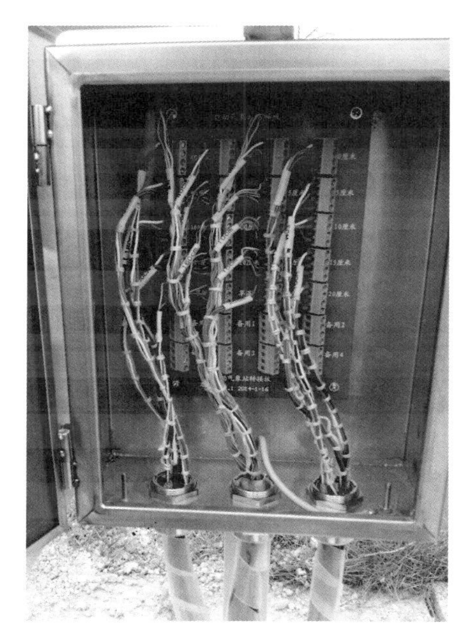

40　40　0　0
80　80　5　5
160　160　10　10
320　320　15　15
草温　草温　20　20

图 3.12　新型自动气象站集线器安装图

3.1.4　生物舒适度采集器

3.1.4.1　采集器安装

(1)按照生物舒适度自动气象站安装规范在观测场指定的位置安装支架，在支架安装前做好市电引入、地线连接地网，注意地网引线对地电阻要求小于 4 Ω。将市电线与地线由支架底座中心通孔穿入，从半米处的侧孔穿出，为采集器供电。

(2)底座安装。十字架的湿球需朝北，且十字架的安装方向受螺孔限制，故须在安装底座的时候即确定好安放方向。确定安放方向后，用冲击钻钻 4 个直径 10 mm 螺丝孔，用直径 8 mm 膨胀螺丝固定底座，调整底座水平！

(3)传感器安装。如图 3.13 所示，在十字架相应位置安装干球温度、湿球温度、黑球温度、风速、辐射传感器。安装辐射计(另备螺栓)，需调水平，采集器需设置辐射计灵敏度，注意单位(标定书上的数值扩大 1000 A 设置采集器)。湿球安装湿度纱套，注意保持清洁。

(4)十字架安装。将十字架的线缆从底座上部穿入，从侧孔穿出。注意在侧孔处抽线不要太紧，在顶部入口处要使线缆富余，以便拆机时十字架可取下。湿球朝北，固定十字架。

(5)采集箱安装。在侧孔一侧略高位置安装，把采集箱安装在支架上(侧悬挂式)，紧固 4 个螺丝。如图 3.13 所示。线缆穿入箱后装小绿头，按照指示插到相应位置。

(6)DTU 竖直插在采集箱内左侧，采用长天线，如图 3.13 所示。水泵位于采集箱内右侧，如图 3.14 所示，靠外侧的水管接口为水泵入水端，内侧的水管接口为水泵出水端。

(7)采集箱安装完成后，应在侧孔处预留一定长度线缆，便于拆机。

图 3.13　生物舒适度自动气象站主采集器实物图

3.1.4.2　信号线连接

生物舒适度自动气象站采集器的接线面板如图 3.14 中所示，接口定义如下。

黑球温度传感器、湿球温度传感器、气温传感器：按信号线颜色“白、绿、黑、红”顺序从左往右安装绿头，插入接线板对应位置。

辐射传感器：接“扩展”接口，信号线红、蓝线分别接 2，3 口“V+”“V−”。

风速传感器：接“风速”接口，棕、蓝、黑线分别接“+5 V”“信号”“地”。

水位传感器：接“罐水位”接口，红、绿、黑线分别接“+5 V”“信号”“地”。

GPRS 信号：接“RS232”接口，棕、黑、白线分别接“RX”“TX”“地”。

DTU 电源：接“DTU 电源”接口，白、黑线分别接“+5 V”“地”。

水泵电源：接“泵电源”接口，红、黑线分别接“+12 V”“地”。

图 3.14 生物舒适度自动气象站接线面板及水泵连接实物图

3.1.4.3 供水箱安装

供水箱安装在采集器支架上，主采集器背后下方，安装方法如下。

第一步，箱体挂在支架两个螺丝上，紧固即可。

第二步，供水箱背部顶端有专门接头套接硅胶水管，用硅胶水管将其与主机箱内水泵入水端连接。

第三步：打开供水箱，背板上的专门接头须连接一段硅胶水管，并将水管插入蒸馏水罐中。

3.1.5 交通(海岛)自动气象站采集器

3.1.5.1 主采集器安装

(1)按照交通(海岛)自动气象站安装规范在指定的位置安装采集器支架。在已经预制好的水泥基座上，按照倒"T"字形支架两边东西方向(水泥基座预制时必须按照南北方向制作)钻 4 个直径 10 mm 螺丝孔，打 4 个直径 8 mm 爆炸螺丝，紧固好采集箱支架。如图 3.15 所示。

(2)把采集箱安装在支架上(侧悬挂式)，紧固两个螺丝，注意遮阳罩高度与支架一样高。

(3)把风电缆、雨量电缆、CAN 线、POWER 线、220 V 电源线、地线通过预埋水管穿入机箱，电缆连接见 3.1.5.2 节。

(4)气压电缆、GPRS 信号线、GPRS 电源线连接 4P 插头后插入采集器对应接口。

全部电缆连接完成后，将所有屏蔽接地线连接到地网引线上，注意地网引线对地电阻要求小于 4 Ω，电缆的整理参照 3.1.16 节。

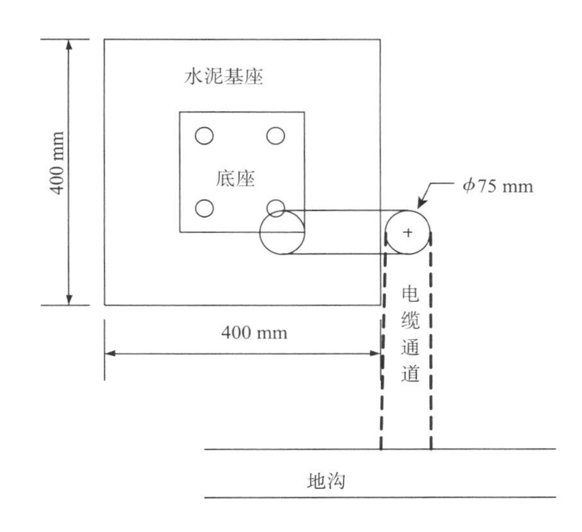

图 3.15　交通(海岛)自动气象站主采集器实物图和基础尺寸图

3.1.5.2　采集器安装注意事项

海岛站数据采集器与 DZZ1-2 型采集器安装调试相同。须注意以下事项。

(1)主机与变送器安装在同一支柱上,需要 1 m 的电源线与 CAN 线各一根;

(2)采集器由电源箱供电,主机箱不需要安装电源板;

(3)气压传感器安装在机箱内,气压连线与遥测站同;

(4)DTU 连线与 WPS3103 同,波特率 9600 Bd;

(5)湿度端口 3,4 脚短接。

3.1.5.3　信号线连接

交通(海岛)自动气象站采集器的接线面板如图 3.16 中所示,其各接口定义如下。

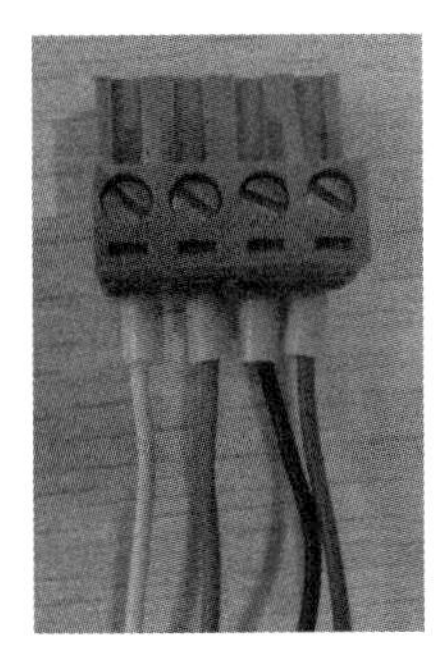

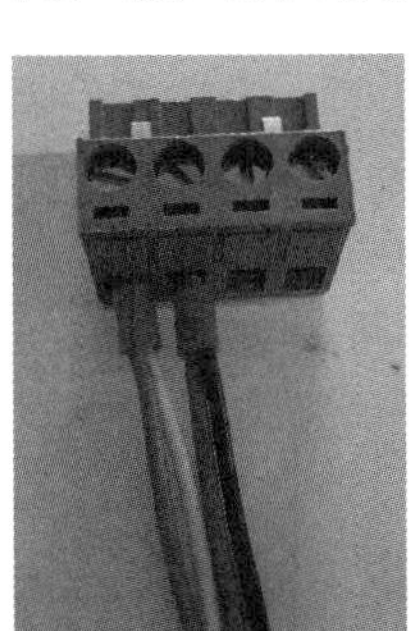

图 3.16　交通(海岛)自动气象站接线面板实物图

PP:气压;Wind:风向、风速;Rain:雨量;

CAN/COM 1/2:CAN 总线接口,可通用(建议变送器接 CAN/COM 1 口),电缆按电线颜色“白、绿、黑、红”顺序连接绿色接头;

POWER 输入:主机工作电源输入(+12 V);

POWER 输出：输出电源(+12 V)，供变送器(分采集器)工作电源，电缆按电线颜色“白、绿、黑、红”顺序连接绿色接头。电源输入端和输出端严禁接反。

GPRS：无线通信终端 DTU；C1：输出电源，供 DTU 工作(+5 V)。

4 芯电缆绿色接头按电线颜色“白、绿、黑、红”顺序连接，如图 3.16 左图。雨量电缆“白、绿”一组接于 1 口，“黑、红”一组接于 2 口，如图 3.16 中图。

3.1.5.4 变送器安装

变送器安装在采集器支架上，主采集器背后下方，安装方法如下。

第一步，箱体挂在支架两个螺丝上，紧固即可。

第二步，把气温电缆、湿度电缆、路面温度(交通站)电缆、能见度电缆、地线电缆穿过预埋水管，接入变送器，按照标识接好电缆，如图 3.17 所示。4P 接头按插入方向自左至右依电线颜色“白、绿、黑、红”顺序连接，注意将电缆屏蔽层接到防雷地线上。

注意：交通自动气象站有路面温度；海岛自动气象站无路面温度，能见度为可选要素。

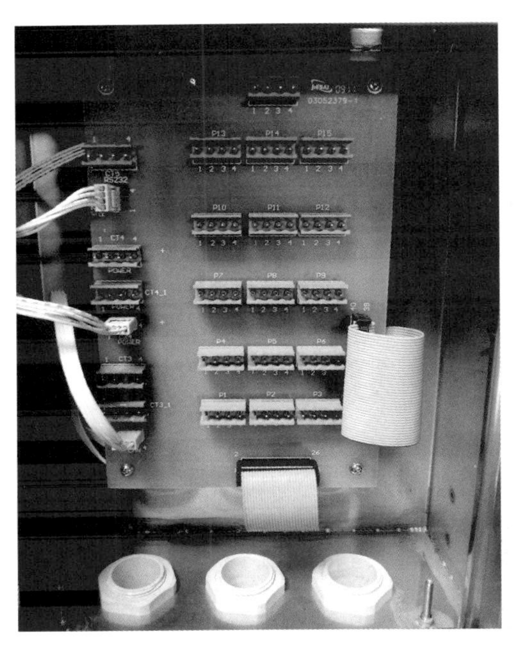

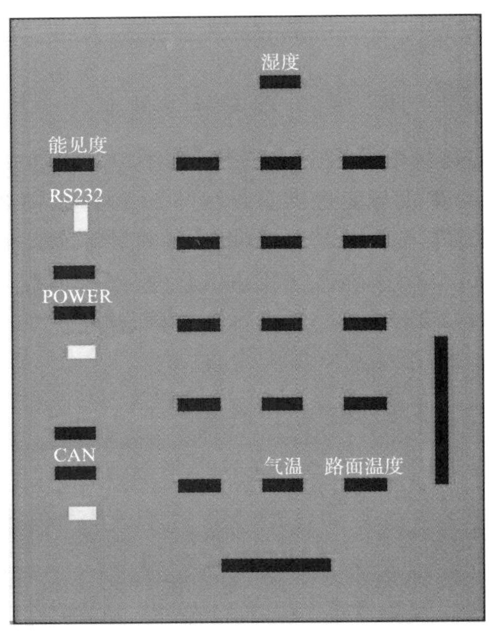

图 3.17 交通(海岛)自动气象站变送器箱安装图

3.1.5.5 供电

交通自动气象站同其他类型采集器相同，采用市电供电。海岛自动气象站有太阳能供电和市电供电两种供电方式。

(1)市电供电

交通和海岛自动气象站都包含能见度要素，能见度供电与采集器供电相互独立，其市电供电安装方式如图 3.18 所示。

(2)太阳能供电

太阳能供电系统及连接方式见 4.3.2 节。

图 3.18　交通(海岛)自动气象站市电供电安装图

3.1.6　回南天自动气象站采集器

3.1.6.1　主采集器安装

回南天自动气象站主采集器安装于室内,参见 3.1.2.1 节 WP3103 型主采集器安装。

3.1.6.2　信号线连接

回南天自动气象站采集器的接线面板如图 3.19 中所示,其中:
气温:室外气温;湿度:相对湿度;
备用 1:室内气温;备用 2:室内地表温度;备用 3:备用接口。
备注:某些批次接线面板以“C3,C4,C5”标识,分别接室内气温、室内地表温度、备用接口。

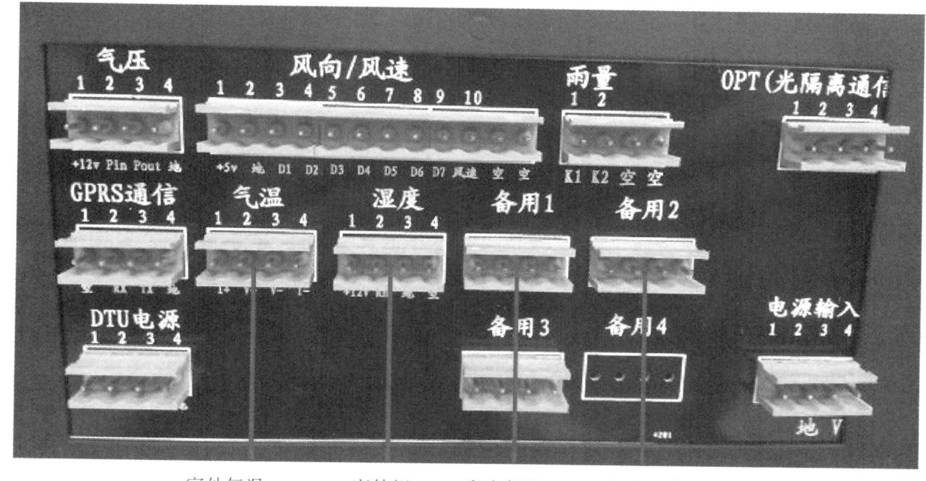

图 3.19　回南天自动气象站接线面板实物图

3.1.7　地温传感器

3.1.7.1　地表温度传感器

首先将连接好的传感器捆绑在一边上方，如图 3.20 所示，传感器置于地温场中线左或右侧 20 cm 处，感应头指向正南，埋入土中。感应体下面的一半应该置于地表泥土中，并与泥土紧密接触，另一半露出地面，连接电缆全部埋入地下。

3.1.7.2　浅层地温和草温传感器

(1)浅层地温传感器支架是一个由环氧板做成的倒“T”字形，已经加工了 5 cm，10 cm，15 cm，20 cm 四个安装孔，首先把温度传感器同一方向插进安装孔、固定(图 3.20)。将浅层地温传感器支架埋入地表温度传感器支架正下方，支架顶端与地面刚好齐平。注意埋土时传感器保持水平，连接电缆全部埋入地下。将各层传感器电缆转接头连接好后置于 PVC 弯头处，如图 3.20 所示。

(2)草温传感器安装于浅层地温场西面 0.50 m 处，固定于支架上，感应头朝向正南，将传感器电缆转接头连接好后置于 PVC 弯头处，如图 3.20 所示。

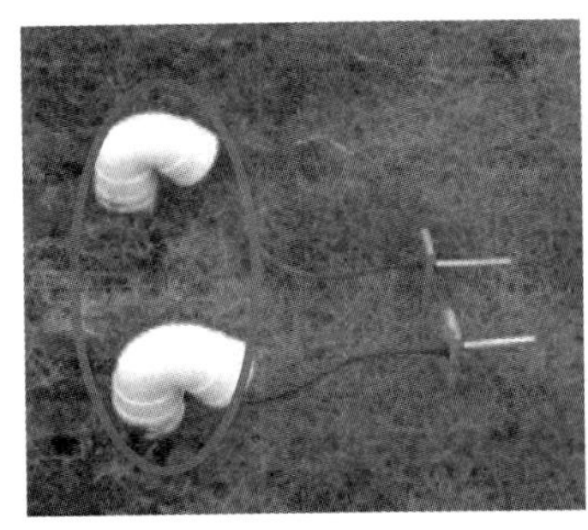

图 3.20　草温和浅层地温传感器安装实物图

3.1.7.3　深层地温传感器

(1)在深层地温场分别钻 40 cm，80 cm，160 cm，320 cm 深度的地温管安装孔。

(2)将套管连接成 120 cm，200 cm，360 cm 长度，其中 120 cm，200 cm 各有一处连接，360 cm 有三处连接，均用 AB 胶水封紧，防止漏水。

(3)将 80 cm，120 cm，200 cm，360 cm 套管分别插入 40 cm，80 cm，160 cm，320 cm 地温管安装孔，套管顶端高出地面 40 cm，红线标记恰与地面齐平。

(4)将温度传感器放入塑料管中，用电工胶布固定温度传感器，使得感应头与塑料管前端金属接触良好。参见图 3.21。

(5)用木螺丝将 160 cm，320 cm 所需的木棒连接好(40 cm，80 cm 无须连接)，将塑料管与相应深度的木棒用木螺丝连接成为 75 cm，115 cm，195 cm，355 cm 的深层地温棒，分别对应 40 cm，80 cm，160 cm，320 cm 的地温传感器。将传感器电缆置入木棒凹槽，在木棒环绕槽用电工胶布缠绕固定。

(6)深层地温棒顶端拧入调节螺栓后插入对应的地温套管中，调节螺栓使得顶端与套管齐平，电缆从套管缺口出线，将各层地温的塑料盖分别拧在相应的调节螺栓顶部。

(7)将各层传感器转接头连接好后置于深层地温场旁直径50 mm PVC弯管处。

3.1.7.4　地温信号线连接

所有地温信号线全部接入集线器(地温变送器),参见3.1.3.3节集线器(3.1.1.3节变送器)安装。

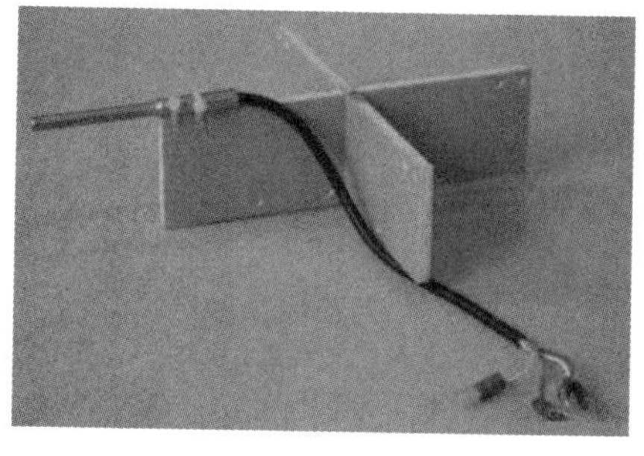
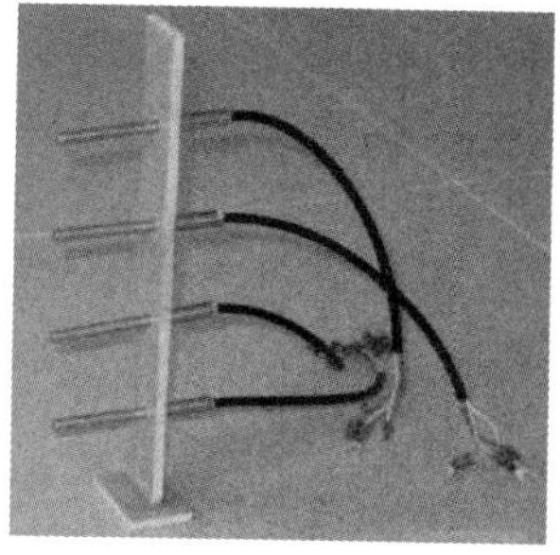

图3.21　地表、浅层与深层温度传感器安装

3.1.8　气温、湿度传感器安装

气温和湿度传感器分别安装在塑料支架上,按照气象观测规范要求,用螺丝钉固定在离地面1.5 m的百叶箱内适当位置上,接好电缆即可。如图3.22所示。

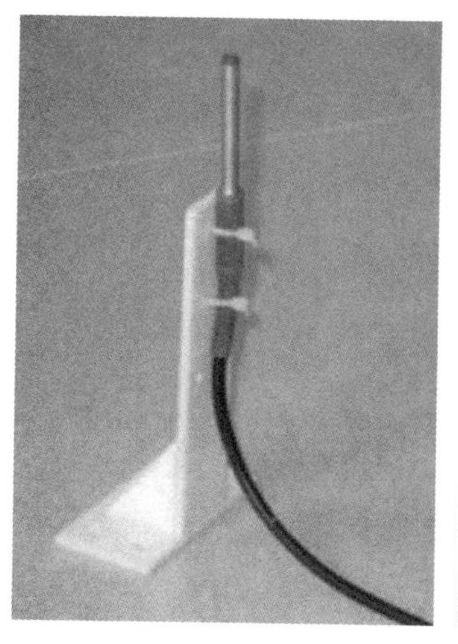
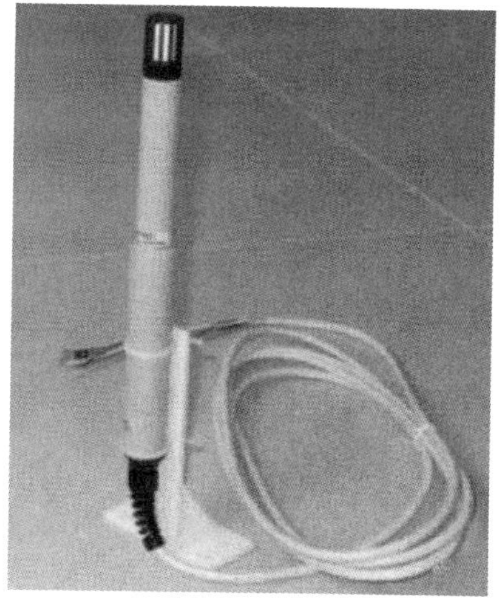
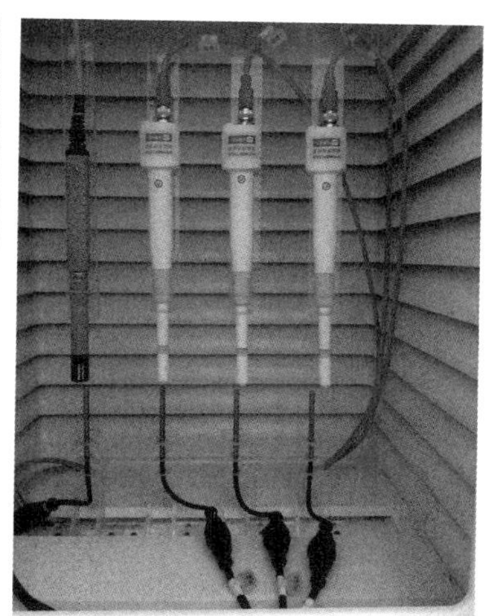

图3.22　温度、湿度传感器安装实物图

3.1.9　雨量传感器安装

雨量传感器安装在预制好的水泥基座上。首先安装底座,按照底座螺孔位置钻4个直径10 mm螺丝孔,打4个直径8 mm爆炸螺丝并拧紧,再把雨量筒固定在底座上,见图3.23左图。两芯电缆没有正负极性,任意连接好即可。

雨量传感器水平调整和固定方法:在雨量地脚座固定好情况下,首先将雨量传感器底座三个水平调整螺丝帽放松,调整这三颗螺丝,使雨量水平水泡在小圆圈正中,将三颗固紧螺丝和螺帽拧上，并且轮流来回用手拧紧，同时保持水平水泡不动，不断拧紧这三颗螺丝，直至手拧不动为止，这时候用螺丝扳手来回慢慢拧紧三颗水平调整螺丝，保持水平水泡不动，直至这三颗螺丝拧紧为止，将三个水平调整螺丝上的螺丝帽拧紧，防止水平调整螺丝松动，这时雨量传感器水平调整和固定同时完成。

图 3.23　雨量传感器和风传感器安装

3.1.10　风传感器安装

风传感器由三部分组成，即风速传感器、风向传感器和支架。首先在地面上操作，按照风传感器附带的说明书的方法连接并固定好传感器。接着爬上风塔将支架与铁塔上的三角底座用螺丝紧固，连接电缆。

风向标校：用指南针指示正北方向，将风向传感器的“0°”标线的朝向转到与指南针正北方向相一致，再上紧风向传感器的固定螺丝即可。此时，注意验证一下采集器的读数是否为 0°，在 LCD 屏幕直接显示出来。

3.1.11　气压传感器安装

气压传感器出厂时已经安装在采集器机箱内部，架设后离地面高度大约 0.9 m，通气管经由过滤风嘴与机箱外部连通。

3.1.12　能见度传感器安装

3.1.12.1　传感器安装

前向散射能见度仪应安装在对周围天气状况最具代表性的地点，应不受干扰光学测量的遮挡物和反射表面的影响，远离大型建筑物，远离产生热量及妨碍降雨的设施，避免闪烁光源、树荫和污染源的影响。

仪器安装位置：仪器安装在观测场时，应在观测场西北角与风杆东西成行，与百叶箱南北成列。若观测场分别布设三个百叶箱，能见度仪距西侧围栏 7.5 m。如图 3.24 所示。

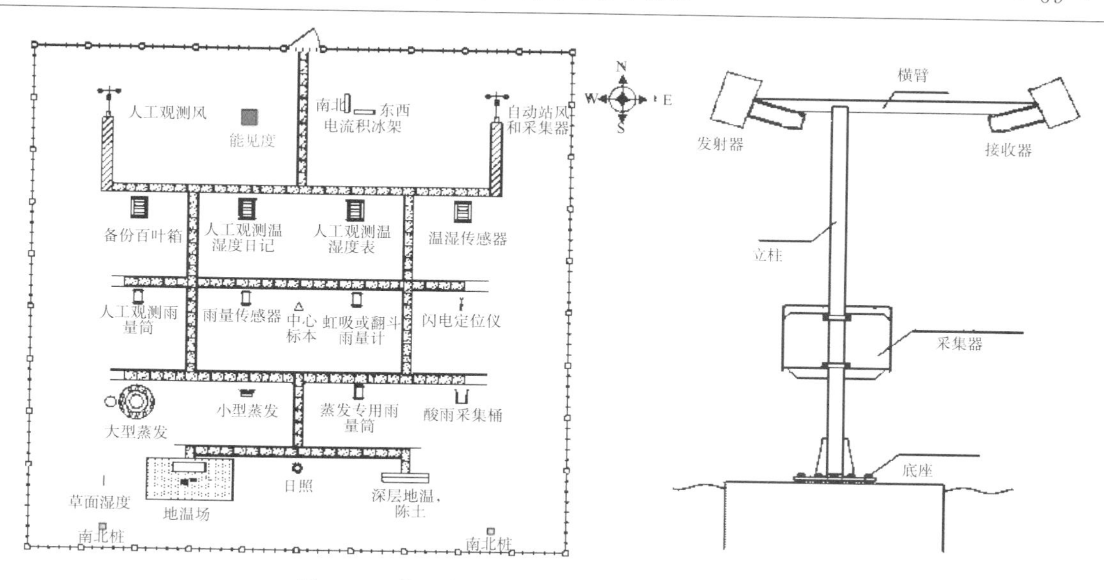

图3.24 能见度传感器的安装位置及组成示意图

地基基本要求30 cm×30 cm×30 cm，能见度仪接收端和发射端分别在南北方向，采样区中心高度2.8 m(±0.1 m)。为防鼠、防雷、防水，能见度采集器电源及CAN通信电缆应放入电缆沟内金属线槽中。能见度机箱必须防雷接地以及安装电源防雷器。使用OSSMO2004，安装新驱动程序，即可采集显示能见度数据。

3.1.12.2 信号线连接

(1)能见度分采集器接线

至2013年，全省能见度传感器尚未实现串口服务器接入计算机，而是接入能见度分采集器进CAN总线接入主采集器，将数据通过通信线传输到计算机。能见度分采集器内部结构如图3.25所示，包括：采集板，4P接线柱4个，电源板，后备电源(蓄电池)。

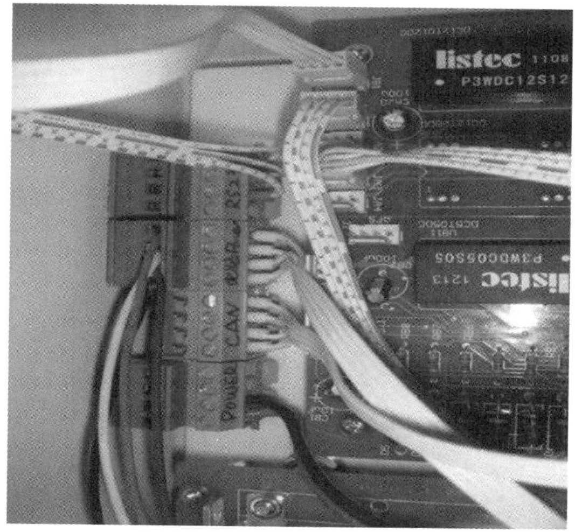

图3.25 能见度分采集器内部结构及4P接线柱排列顺序

进入采集箱的线一共有 5 根，分别是交流电源、地线、能见度电源、能见度信号、CAN 总线信号。

①采集板的接线有 4 条，从下往上分别是能见度供电电源（POWER）、CAN 总线（接主采集器）、采集板工作电源（电路 POWER）和能见度信号（RS232），顺序如图 3.25 右图。接线柱分左右两面，右面通往采集板电路的连线已经固定，一般不需要动，左面使用常用的 4P 高正头插拔。如果需要更换采集板，先把各 4P 排线的位置记录好，使用十字螺丝刀将采集板卸下来，安装新采集板，重新插上 4P 排线时必须再三确认电源线不要插错，否则将烧毁采集板。

提示：能见度采集板与Ⅱ型站风雨板使用相同的硬件电路，当采集板发生故障时，备份风雨板换上能见度采集板程序存储器芯片即可。

②电源板接线方法与Ⅱ型站、区域站完全一样，电源板 DC 12 V 分两路输出，黑、蓝、白、红四线插头给采集板供电，一般情况下不需要拆卸。另外红、黑 2 芯的直流供电接到 POWER 接线柱，给能见度传感器供电。如图 3.26 所示，交流电源进入机箱后使用 3P 接线头直接连接到电源板底部的插口。地线与机箱外壳、CAN 总线屏蔽线、电源屏蔽线连接。能见度电源线、信号线与 CAN 总线分别拧上 4P 高正头插入对应的接线柱插槽中。

提醒：给能见度供电的红、黑 2 芯电源线不能插到电池红、黑 2 芯线的插口上，因为正负刚好是相反的，否则将烧毁传感器内部电子元件。

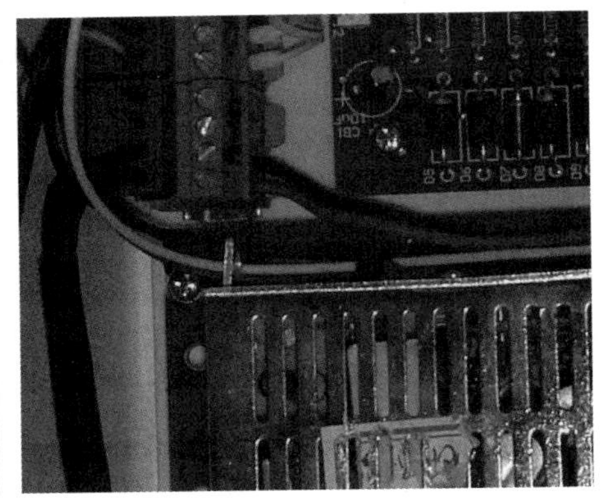

图 3.26　能见度分采集器电源接线

（2）能见度传感器接线

能见度信号线连接如图 3.27 所示，接线按照线码顺序定义：2 红：TXD；3 黑：RXD；4 地线。

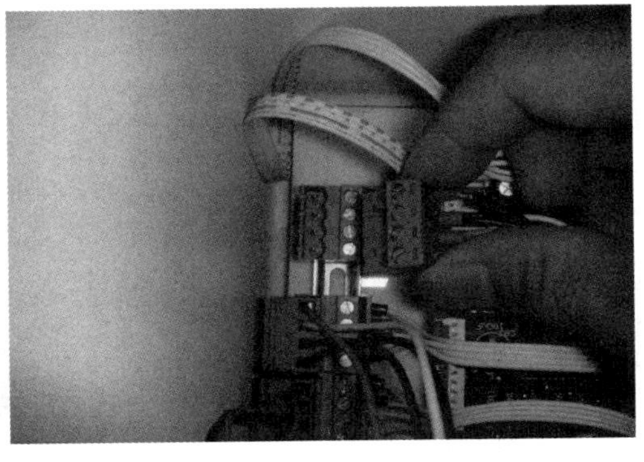

图 3.27　能见度信号线接线顺序及安插位置

3.1.13　蒸发传感器安装

超声波蒸发传感器与 E-601B 型蒸发筒、水圈等配套使用。

3.1.13.1　E-601B 型蒸发筒安装要求

安装时，力求少挖动原土。蒸发筒放入坑内，必须使器口离地 30 cm，并保持水平。筒外壁与坑壁间的空隙，应用原土回填并压实，水圈与蒸发筒必须密合，水圈与地面之间，应取与坑中土壤相接近的土料填筑土圈，其高度应低于蒸发筒口缘约 7.5 cm。在土圈外围，还应有防坍设施，可用预制弧形混凝土块拼成，或用水泥砌成外围。如图 3.28 所示。

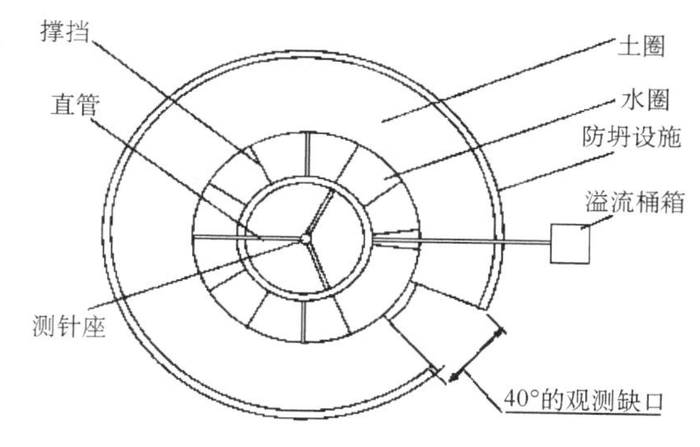

图 3.28　E-601B 型蒸发筒基础俯视图

3.1.13.2　AG2 超声波蒸发传感器的安装

AG2 超声波蒸发传感器的安装包括百叶箱、不锈钢测量筒、铝塑管及管件的安装。

(1)百叶箱安装

百叶箱放置在混凝土平台上(混凝土平台的尺寸见附录基础设施规定)，用弯角和地脚螺丝固定。如图 3.29 所示，固定百叶箱之前，在百叶箱底部正中开一个直径 50 mm 管孔，作为穿铝塑管之用，在旁边开一个直径 10 mm 管孔，作为穿蒸发信号线之用。

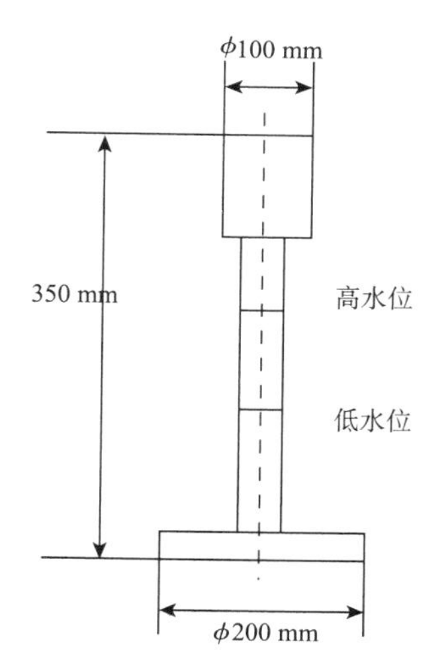

图 3.29　蒸发传感器尺寸及基座、百叶箱示意图

(2)铝塑管及管件的安装

蒸发筒上边沿向下 400 mm 处，朝向正北开一个直径 26 mm 孔，用 3/4 英寸* 螺母和 O 型圈固定连接管，连接管用生料带固定 3/4 英寸铝塑内丝。不锈钢测量筒用生料带固定 3/4 英寸铝塑外丝，两者之间用 3/4 英寸铝塑管连接，中间装 3/4 英寸铝塑阀门，如图 3.30 所示。

* 1 英寸＝2.54 cm，下同。

图 3.30 蒸发筒开孔及水管安装示意图

(3)不锈钢测量筒

不锈钢测量筒放置在百叶箱内，底盘上有 3 个支撑螺钉用于调节高度和校正水平。调节高度时，要求不锈钢测量筒高水位刻度线和蒸发筒溢流口下沿相一致，或不锈钢测量筒高水位刻度线高于蒸发筒溢流口下沿 5 mm 以内。

调节方法是用长乳胶管灌入 90％水，两端两个水位应分别与高水位刻度线，溢流口下沿一致。也可将蒸发筒装满水，分别测量蒸发筒内水位和不锈钢测量筒内水位，调节 3 个支撑螺钉使高度达到要求位置同时保持水平，用 3 个木螺丝将不锈钢测量筒紧固在百叶箱内，同时拧紧支撑螺钉上的螺母。

注意：超声波蒸发传感器测量精度高，安装尺寸要求非常严格，切勿撞击或用手接触摸超声传感器的探头。

(4)信号线连接见 4.2.7.2 节。

3.1.14 后备电源(电池组)安装

3.1.14.1 电源板及电源线

GZPOWER 电源板上有保险丝(FUSE)，220 V AC 电源开关，“ON“位置为电源开，“OFF“位置为电源关，如图 3.31 所示。平常 220 V AC 直接转换供给采集箱器，一旦 220 V 交流电停电，自动转为电池供电。电源板输出为 J4 端口与 J5 端口，J4 端口输出线(带 1 A 保险丝)如图 3.32(a)所示，线码顺序定义如下：1 红：＋12 V；2 白：电源地；3 蓝：电源地；4 黑：＋12 V。J5 端口输出线采用与图 3.32(b)中相同的白色接头红黑线，但输出正负极恰好左右相反，必须

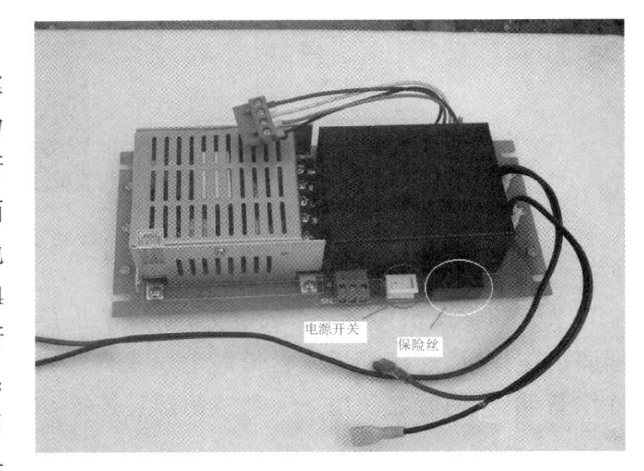

图 3.31 GZPOWER 电源板及其输电线连接实物图

小心不可插错，详见 4.3.1.6 节。

3.1.14.2 区域自动站后备电源

区域自动站后备电源采用一块 7 AH，12 V 的铅酸蓄电池，蓄电池通过图 3.32(b)所示连接线与 GZPOWER 电源板相连，电源板继而通过图 3.32(a)所示连接线与采集器相连。蓄电池直接放置于采集器所在的主机箱中。图 3.33(a)所示为区域站电源系统连接方式，另外，舒适度自动站、土壤湿度自动站等站型也采用该方式。

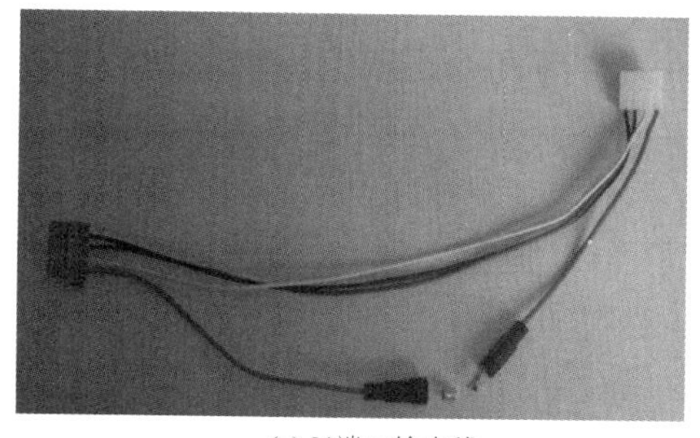

(a) J4端口输出线

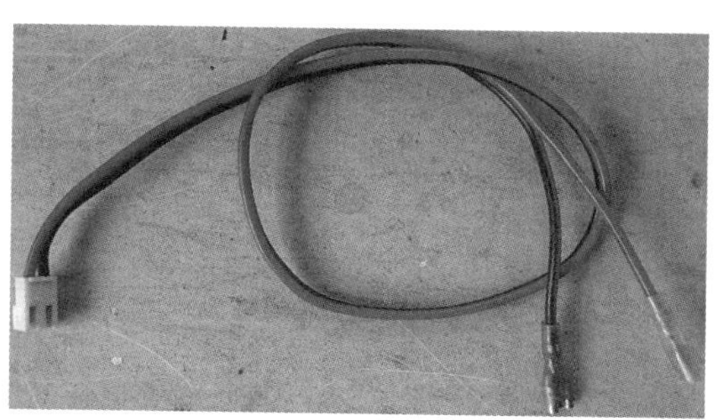

(b) 蓄电池连接线

图 3.32 GZPOWER 电源板输出线

3.1.14.3 交通(海岛)自动站后备电源

交通(海岛)自动站采用了一块 100 AH，12 V 的铅酸电池作为后备电源，蓄电池单独置于电池箱中，如图 3.33(b)所示。安装时与区域自动站不同的是，该模式需要长约 1 m 的 2 芯电缆连接电池箱中的 GZPOWER 电源板 J4 口 1(+12 V)，2 脚(地)和主机箱中的采集器，为采集器供电。电池箱中 GZPOWER 电源板和 100 AH 蓄电池的连接方式同区域站。对于有能见度要素的自动站，电池箱中需要安装两套如上供电系统，为能见度仪和采集器分别供电。安装时需要再准备一条电池箱到能见度仪的 2 芯电缆。

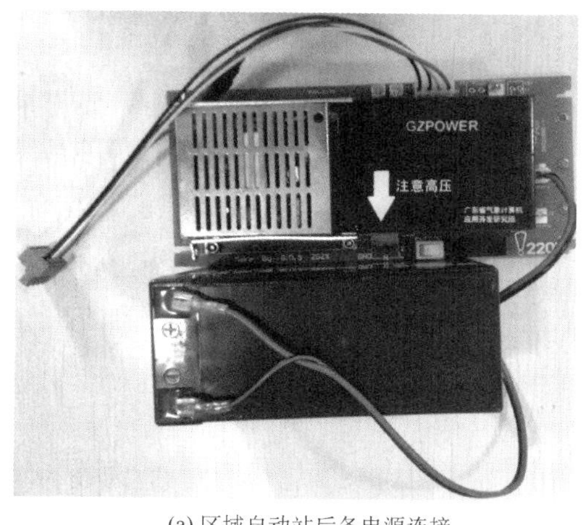

(a) 区域自动站后备电源连接

(b) 交通(海岛)站后备电源连接

图 3.33 后备电源连接方式

3.1.15　通信组件安装

3.1.15.1　通信隔离盒的连接

计算机的连接主要针对国家级地面气象观测站中 DZZ1-2 型自动气象站，计算机终端安放在环境条件好的值班房间，通过隔离的 RS232 通信线连接自动气象站采集器，光电隔离盒的后面板 9 芯接口（公头）通过 4 芯专用电缆与计算机的 RS232 连接，前面板的 9 芯光耦接口 OPT（母头）通过通信电缆与采集器连接（图 3.34）。交流 220 V 市电通过外接电源电压转换器转换成 9～15 V 向光电隔离盒供电，插上即通电。

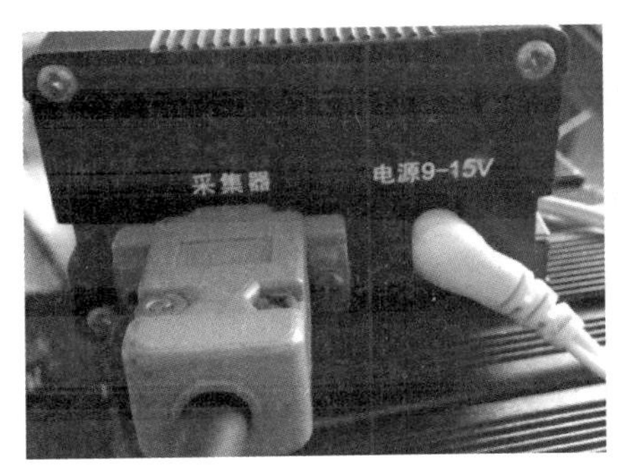

图 3.34　隔离盒前后面板与通信线连接采集器实物图

3.1.15.2　无线通信终端（DTU）的安装

（1）参数设置

DTU 在安装使用前必须使用 SetMod.exe 程序设置相关参数方能正确传输数据。

①在 DTU 设置相关参数时，注意不要把 GPRS 数据传输卡插入。启动 SetMod.exe 程序，程序界面见图 3.35，会提示对模块用户串口的波特率进行测试，找出匹配的速率，以便进行下一步的设置操作。点击“模块串口波特率测试”按钮即可，等待一会查看测试结果，如果找到则显示在“串口波特率”参数项上面，否则会提示请检查连接是否正确。

②点击每个参数项的“读出”按钮，查看缺省设置，根据需要修改参数项内容（选择或者直接输入），然后点击“写入”按钮写入新的参数。如果你不清楚如何修改参数，可以移动鼠标将光标停在参数编辑框内，就可得到帮助提示信息。

③修改完毕后，须逐项读出每项参数，验证设置是否成功。为保证可靠，应断电后再加电读出检查一次，注意各个参数末尾不得有空格。最后退出程序。

④DTU 设置参数定义：

（a）本地模块 ID：为自动气象站站号，不包括字母 G，如 G8888，则只填 8888。远程主机 ID、远程主机 TCP 端口为缺省；

（b）远程主机 UDP 端口：省局统一按地区分配，如广州端口为 5010。本地区设为本地区号，详见附录自动气象站 GPRS 网台站服务中心软件端口表；

（c）远程服务器 IP 地址：192.168.1.11；

（d）网络接入口（APN）：1，IP，GZQXJR.GD；

（e）拨号号码：＊99＊＊＊1＃；

(f)用户名:为空;

(g)用户密码:为空;

(h)串口波特率:区域站 1200 Bd,回南天自动气象站 1200 Bd,海岛站、交通站、土壤站、舒适度站等均设置 9600 Bd;

(i)心跳周期:5 s;

(j)应答标志:1。

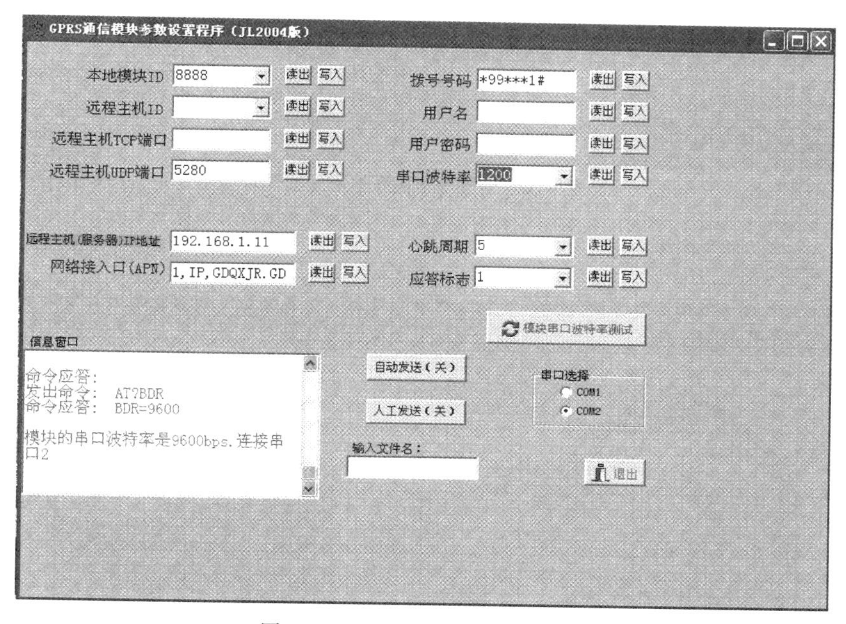

图 3.35　SetMod.exe 程序界面

(2)GPRS 信号线

无线通信终端可直接连接 DZZ1-2 型或 WP3103 型采集器,其安装与信号连接定义相同。出厂时,已经分别配备 DTU 电源和信号连接线,分别连接 DTU 与采集器,如图 3.36 所示。

GPRS 信号线的连接如图 3.36 所示,按照线码顺序定义如下:

2 棕:RXD;3 黑:TXD;4 红:地。

信号线缆为 RS232 接口形式,室外机接面板 GPRS 口;室内机接 PS 口,PS 口为一口二用,其中 2,3,5 为 GPRS 信号用,6,7,8,9 为气压用,信号接口定义见表 4.2。

(3)DTU 电源线

DTU 电源线的连接如图 3.37 所示,按照线码顺序定义如下:

1 黑白:+5 V;2 黑:地。

DTU 的工作电压为+5 V,由小圆头线缆供电,内正外负。室外机接面板 C1 口,1 脚为正,4 脚为负;室内机供电端为 3 端子母头,1,2 脚来自电源 12 V 供电(见图 4.41),3 脚为室内机内部产生的 5 V 输出,为 DTU 供电,供电接口定义见表 4.1。

(a) 室外机DTU信号线

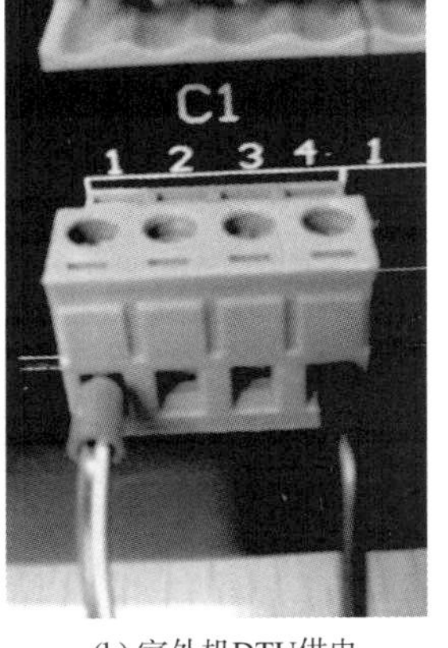

(b) 室外机DTU供电

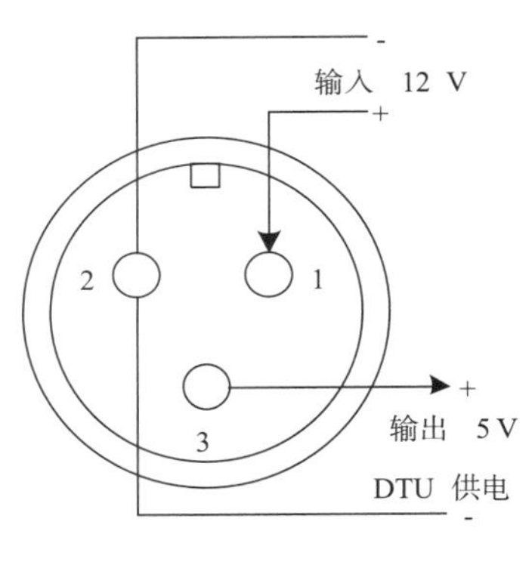

(c) 室内机DTU供电

图 3.36　DTU 和信号连接实物图

注意：DTU 信号线随生产批次不同颜色不一定固定，不确定时，首先确定 4 脚地：和另一边 D 型 9 针头的 5 脚相连的一定是地，和 D 型 9 针头的 3 脚相连的是 RXD，和 D 型 9 针头的 2 脚相连的是 TXD。连接无误时，2，3 脚相对 4 脚的电压都应该是－8 V 左右，可用万用表检查。

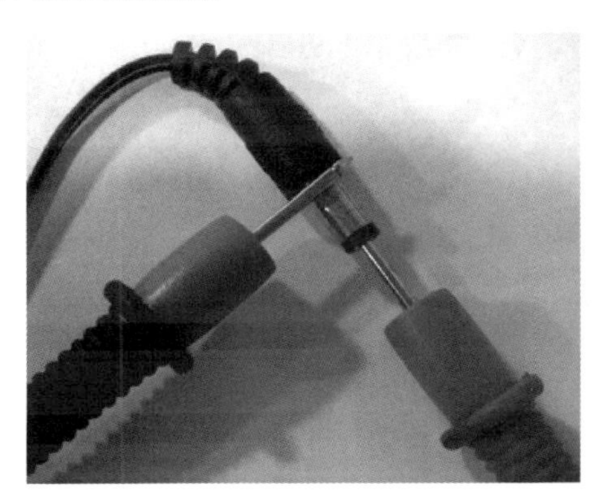

图 3.37　DTU 电源线输出电压检查实物图

注意：安装或维修自动气象站时，把电源接入 DTU 之前，一定要用万用表测量其电压，表笔的接法如图 3.37 所示，外皮是负极，芯是正极，一看正负极是否接错，二检查电压是不是＋5 V。

3.1.16　电缆的铺设和整理

3.1.16.1　电缆的铺设

不管安装什么样的自动气象站后，都要求将电缆放入电缆槽，有条件的情况下，信号电缆和交流强电电缆最好分开两个电缆槽，线缆放入电缆槽和电缆管里时，不要求将多条电缆用扎线固定捆绑在一起，因为万一出现某条电缆被老鼠咬坏，需要更换时，将无法拉动这条电缆。电缆在电缆槽内均匀、平面铺设即可，不要将电缆在某处集中堆在一起，造成某段电缆槽内电缆很满，老鼠无法通过，就增加了被咬坏的可能。最后电缆槽顶端要用槽板封死。在盖电缆槽盖板时，如果螺丝拧不紧或拧不上，可以用细铁丝绕线槽一、二圈扎紧，效果也是一样，关键是不要留有间隙。

3.1.16.2　电缆的整理

从采集器、变送器进入 PVC 管前的外露电缆，需要用塑料缠绕管将电缆缠绕，百叶箱下端到固定柱圆孔之间电缆也要用塑料缠绕管缠绕，为了有效防鼠，利用洗碗用钢丝球（较硬的那种）塞住 PVC 管口。一般一个新安装观测场需要 30 个左右钢丝球塞孔，需要特别注意塞孔的地方：百叶箱到地沟出线孔，采集器、变送器、浅层地温、草温、每条深层地温、雨量、能见度电缆出地沟的管口，蒸发传感器百叶箱下方进入地沟处，草温连接传感器管口处，采集器、变送器电缆入口处，总之有电缆出入口的管口都要塞孔。

3.2　数据采集软件安装

本节主要针对国家级地面气象观测站 DZZ1-2 型自动气象站业务运行采集处理监控软件、各地市县 WP3103 型区域自动气象站业务运行数据采集处理软件、生物舒适度测量仪数据采集软件等进行安装设置说明。

3.2.1　ISOS 业务软件的安装及设置

台站地面综合观测业务软件（ISOS）是根据中国气象局自动化观测系统发展需求，立足于自动化观测和自动化业务流程，开发能对多种地面观测设备进行统一管理且灵活配置的综合集成业务软件，以充分发挥自动化观测设备功能，节约台站人力资源，加强基层台站气象服务保障能力，提升自动探测网的建设效益。其主要功能有数据收集显示、质量控制、综合判别、数据传输功能、业务监控功能、工作管理功能等。ISOS 业务软件包括采集软件和数据监控显示软件 SMO、人工观测业务软件 MOI、存放数据和报文上传工具软件 MOIFTP。

3.2.1.1　ISOS 软件的运行环境

（1）硬件环境：本软件运行环境为工作站，其配置选用高性能个人计算机，IntelCore Duo 以上 CPU，1 G 以上内存，10/100 M 网卡，100 G 以上硬盘。

（2）软件环境：Windows xp SP3/Win7；.Net Framework 4.0。

3.2.1.2　ISOS 软件的安装

（1）运行软件需要安装 .Net Framework，若没有安装则提示如图 3.38 所示对话框。则需要安装 .Net Framework，在网上下载 .Net Framework 安装即可。双击下载好的 .Net Framework 安装包，点击下一步。勾选我接受许可协议中的条款，点击安装。

图 3.38　.Net Framework 缺失

(2)在.Net Framework 安装完成后，才能安装台站地面综合观测业务软件(ISOS)。双击打开台站地面综合观测业务软件安装文件，出现安装向导对话框，如图 3.39 左图所示，点击“下一步”。

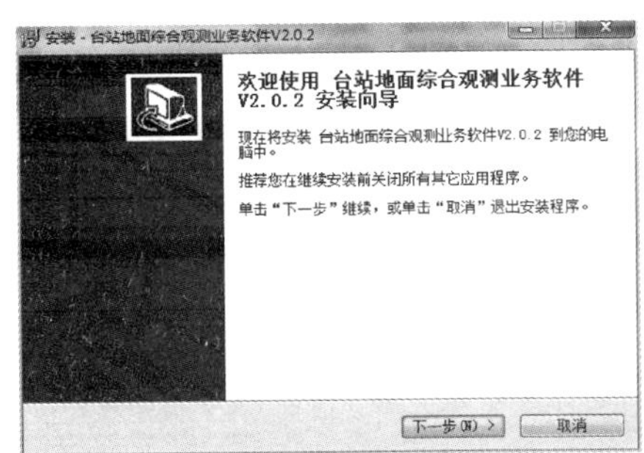

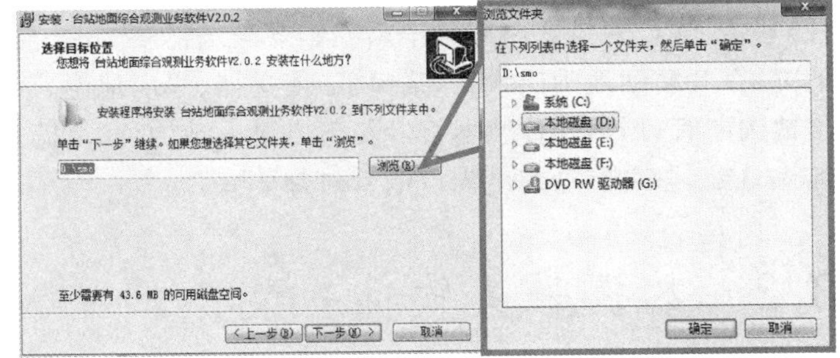

图 3.39　安装台站地面综合观测业务软件

(3)点击“浏览”，出现浏览文件及对话框，选择想要安装的位置，点击“确定”，如图 3.39 中图、右图所示。选择好安装位置，点击“下一步”。选择相应的省份，点击“下一步”。填写相应的台站号，点击“下一步”，如图 3.40 所示。

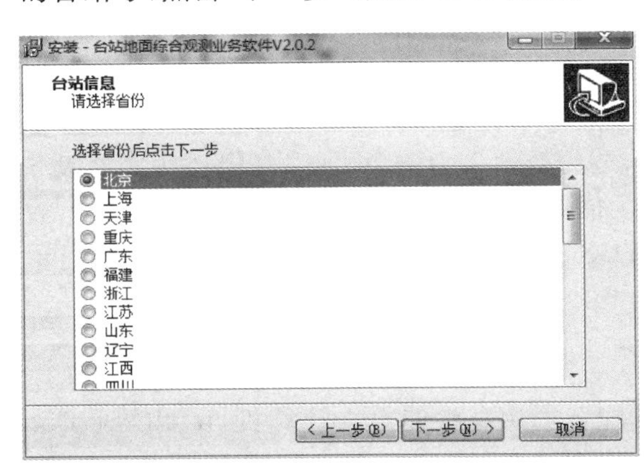

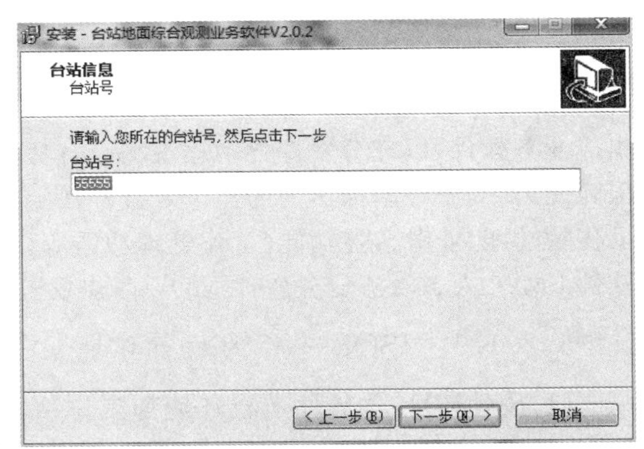

图 3.40　选择省份与输入站号

(4)选择相应的组件，点击“下一步”；选择开始菜单文件夹，点击“下一步”，如图 3.41 所示。

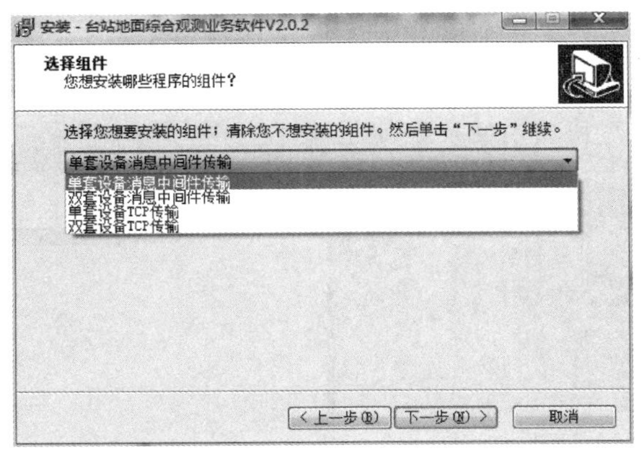

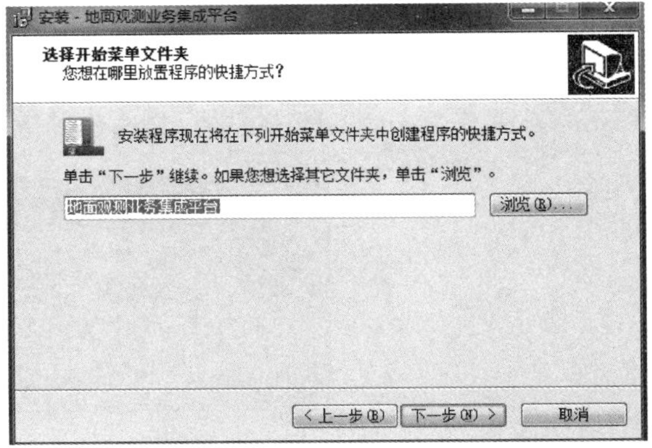

图 3.41　组件选择与选择开始菜单文件夹

（5）软件准备安装，点击“安装”，软件正在安装到您的电脑，进度条显示安装的进度，点击“取消”将取消安装。安装完成后，选择是否直接打开台站地面综合观测业务软件，点击“完成”即可，如图 3.42 所示。

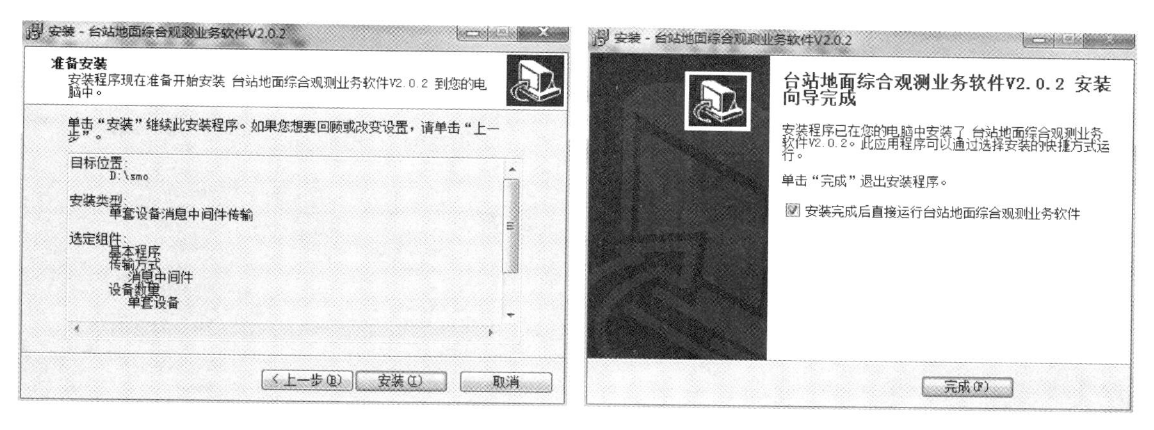

图 3.42　开始安装软件

（6）打开软件存放目录或桌面快捷方式。双击程序图标，在所有参数都正确配置下，系统会自动运行所有现象的观测程序，界面如图 3.43 所示。

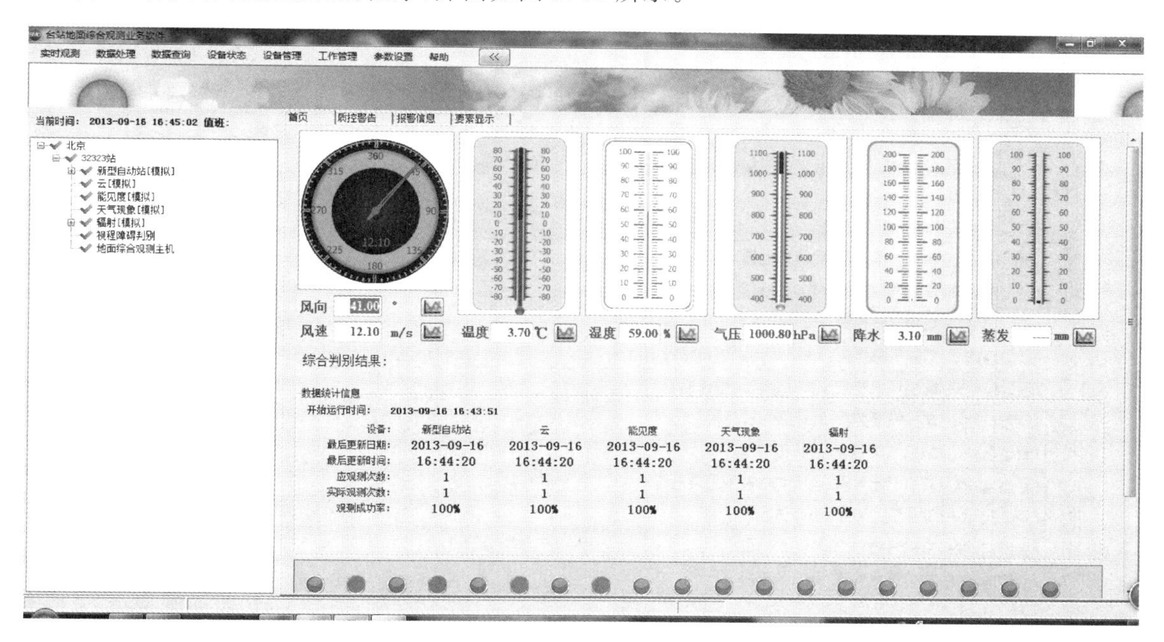

图 3.43　ISOS 软件界面

3.2.1.3　ISOS 软件的设置

（1）ISOS 参数设置

①本系统已内置大多数默认参数，但仍有些参数是必须配置的，但只需要配置一次即可，第一次运行本系统，会出现如图 3.44 左图所示的提示。

②点击“下一步”后，会进入区站参数设置界面，如图 3.44 右图所示。点击“保存”后，会进入观测项目挂接设置界面，如图 3.45 所示。

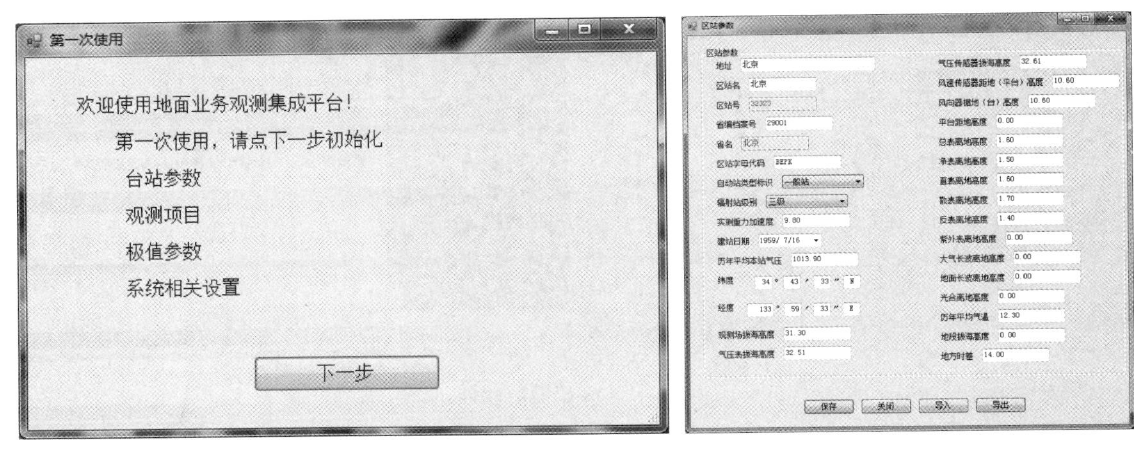

图 3.44　ISOS 第一次运行的提示

图 3.45　观测项目挂接设置界面

③点击“保存”后，会进入分钟极值参数设置界面，点击“保存”后，会进入小时极值参数设置界面，如图 3.46 所示。

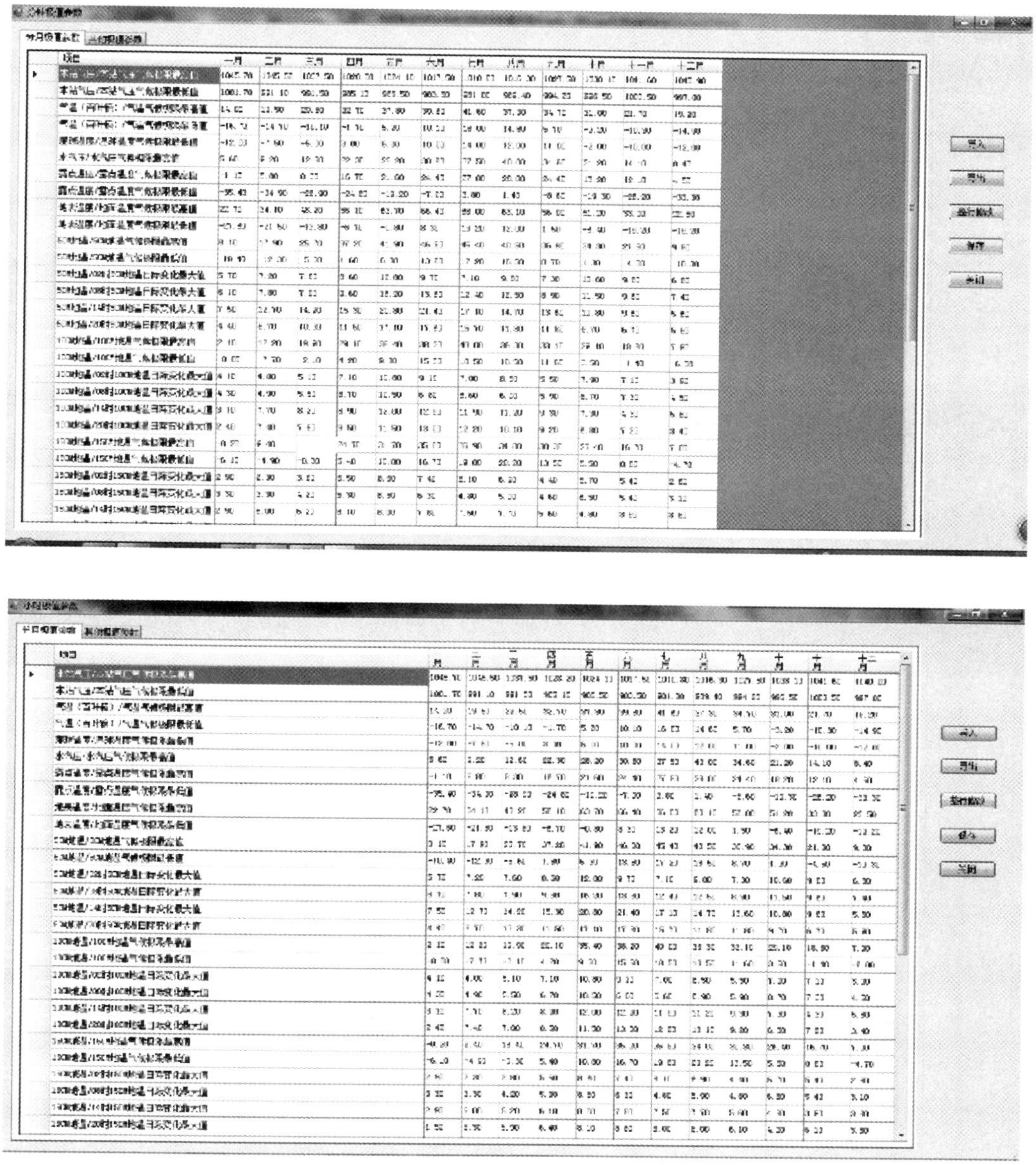

项目	一月	二月	三月	四月	五月	六月	七月	八月	九月	十月	十一月	十二月
[illegible]	1045.70	[illegible]	1007.50	1080.70	1024.10	1017.50	[illegible]	[illegible]	1087.50	[illegible]	[illegible]	1047.90
[illegible]	1001.70	991.10	980.50	985.12	983.50	983.50	991.00	986.40	994.23	996.50	1001.50	997.00
[illegible]	15.02	11.50	20.80	32.72	37.80	39.83	41.60	37.30	34.72	31.00	21.70	19.20
[illegible]	-16.70	-14.10	-11.10	-1.70	5.80	10.[illegible]	20.00	14.60	5.10	-2.20	-10.90	-14.90
[illegible]	-12.20	-7.60	-6.30	3.00	6.30	10.00	14.00	12.00	11.00	-2.00	-10.00	-12.00
[illegible]	5.60	6.90	19.30	29.20	55.90	[illegible]	77.50	40.00	[illegible]	[illegible]	[illegible]	8.47
[illegible]	[illegible]	5.00	[illegible]	16.72	[illegible]	24.43	27.00	20.00	24.42	17.90	[illegible]	[illegible]
[illegible]	-35.43	-34.90	-28.90	-24.83	-13.20	-7.03	2.00	1.43	-8.62	-19.30	-28.20	-33.30
[illegible]	22.72	24.10	46.20	56.12	62.70	66.43	68.00	65.10	56.02	51.20	35.30	22.50
[illegible]	-27.50	-21.60	-12.80	-6.72	-1.80	8.32	13.20	12.00	1.60	-5.40	-15.20	-18.20
[illegible]	9.10	17.90	25.70	37.90	41.90	46.53	45.40	40.90	36.62	31.30	21.30	9.62
[illegible]	10.40	12.20	5.70	1.60	6.70	13.53	7.90	16.30	0.70	1.30	4.70	10.30
[illegible]	5.70	7.20	7.52	3.60	12.00	9.72	7.10	9.50	7.30	12.60	9.82	6.82
[illegible]	6.10	7.80	7.52	3.60	15.20	13.53	12.40	12.90	8.90	11.50	9.62	7.42
[illegible]	7.50	12.70	14.20	15.50	21.80	21.43	17.10	14.70	13.62	11.80	9.62	5.62
[illegible]	4.40	6.70	10.30	11.60	17.10	15.63	15.70	11.80	11.62	6.70	6.72	5.62
[illegible]	2.10	17.90	18.20	29.10	36.40	38.53	40.00	26.30	30.17	59.10	18.30	7.67
[illegible]	0.02	7.70	2.10	1.90	9.30	15.53	10.50	10.30	11.62	2.90	1.43	6.30
[illegible]	4.10	4.00	5.12	7.10	10.60	9.12	7.00	8.50	5.50	7.90	7.12	3.62
[illegible]	4.30	4.90	5.52	8.70	11.90	6.82	5.60	6.20	5.90	6.70	7.32	4.52
[illegible]	3.10	7.70	8.22	5.90	12.00	12.53	11.90	11.20	9.30	7.90	4.52	5.62
[illegible]	2.40	7.40	5.62	9.60	11.90	18.03	12.20	10.10	9.20	6.80	5.82	3.42
[illegible]	0.97	6.40		24.72	26.70	35.03	[illegible]	28.00	[illegible]	27.40	16.70	7.07
[illegible]	-6.42	-1.90	-0.30	5.40	10.00	16.73	19.00	20.20	13.52	5.90	0.02	-4.70
[illegible]	2.90	2.30	3.82	5.50	8.90	7.42	2.10	6.20	4.40	5.70	5.42	2.62
[illegible]	3.30	2.90	4.22	9.90	8.90	6.32	4.80	5.20	4.60	6.90	5.42	5.32
[illegible]	2.90	5.00	6.22	4.10	8.30	7.62	7.60	7.70	5.60	4.80	3.62	3.62

项目	一月	二月	三月	四月	五月	六月	七月	八月	九月	十月	十一月	十二月
[illegible]	1049.10	1018.50	1031.90	1028.20	1024.10	1017.50	1010.80	1016.90	1021.50	1038.10	1041.60	1040.20
[illegible]	1001.70	991.10	981.50	983.10	985.50	980.20	981.30	979.40	984.50	993.50	1003.50	997.00
[illegible]	15.30	19.60	24.50	32.10	37.80	39.80	41.60	37.30	34.10	31.00	21.70	16.20
[illegible]	-16.70	-14.70	-10.10	-1.70	5.20	10.10	16.00	14.60	5.70	-3.20	-10.30	-14.90
[illegible]	-12.00	[illegible]	[illegible]	[illegible]	[illegible]	[illegible]	[illegible]	[illegible]	[illegible]	[illegible]	[illegible]	[illegible]
[illegible]	5.62	2.20	12.60	22.90	28.20	30.50	27.50	43.00	34.60	21.20	14.10	8.40
[illegible]	-1.10	[illegible]	8.30	18.50	21.60	[illegible]	[illegible]	[illegible]	[illegible]	10.90	12.10	4.30
[illegible]	-35.40	-34.30	-28.00	-24.82	-12.20	-7.30	2.00	1.40	-5.60	-12.70	-28.20	-33.30
[illegible]	29.70	[illegible]	47.90	57.10	60.70	66.40	70.00	83.10	57.00	51.90	33.30	25.50
[illegible]	-27.60	-21.90	-13.80	-6.70	-0.80	5.20	13.20	12.00	1.50	-6.40	-15.20	-13.20
[illegible]	3.12	17.80	23.72	27.60	-1.80	46.20	45.40	43.50	30.90	34.30	21.30	9.30
[illegible]	-10.90	-12.90	[illegible]	1.80	6.30	18.50	27.20	19.60	8.70	1.30	-4.50	-11.30
[illegible]	5.72	7.20	7.60	8.30	12.00	9.72	7.10	6.00	7.30	10.60	9.53	6.30
[illegible]	[illegible]	[illegible]	[illegible]	[illegible]	[illegible]	[illegible]	[illegible]	[illegible]	[illegible]	[illegible]	[illegible]	[illegible]
[illegible]	7.52	12.72	14.52	15.30	20.80	21.40	17.20	14.72	12.60	10.80	9.52	5.30
[illegible]	[illegible]	[illegible]	[illegible]	[illegible]	[illegible]	[illegible]	[illegible]	[illegible]	[illegible]	[illegible]	[illegible]	[illegible]
[illegible]	2.12	12.80	13.00	22.10	35.40	38.20	40.00	33.30	32.10	25.10	18.50	7.20
[illegible]	[illegible]	[illegible]	[illegible]	[illegible]	[illegible]	15.30	[illegible]	[illegible]	[illegible]	[illegible]	[illegible]	[illegible]
[illegible]	4.12	4.00	5.10	7.10	10.80	[illegible]	7.00	8.50	5.50	7.20	7.20	3.20
[illegible]	4.20	4.90	5.50	6.70	10.20	[illegible]	7.60	8.90	5.90	0.70	7.20	4.20
[illegible]	3.12	7.70	8.20	8.30	12.00	12.30	11.10	11.20	9.90	9.30	4.20	5.50
[illegible]	2.42	7.40	7.00	9.20	11.20	13.30	12.20	13.12	9.80	6.30	7.20	3.40
[illegible]	-40.20	[illegible]	[illegible]	24.50	31.50	[illegible]	[illegible]	[illegible]	[illegible]	29.90	16.70	[illegible]
[illegible]	-6.10	-4.50	-1.30	5.40	10.00	16.70	19.00	22.50	12.50	5.20	0.02	-4.70
[illegible]	[illegible]	[illegible]	[illegible]	[illegible]	[illegible]	[illegible]	[illegible]	[illegible]	[illegible]	[illegible]	[illegible]	[illegible]
[illegible]	3.32	3.30	4.20	5.30	8.50	6.12	4.02	5.90	4.60	6.30	5.42	5.10
[illegible]	[illegible]	[illegible]	[illegible]	[illegible]	[illegible]	[illegible]	[illegible]	[illegible]	[illegible]	[illegible]	[illegible]	[illegible]
[illegible]	1.52	3.30	5.50	6.40	8.10	5.62	5.02	5.00	6.10	4.20	6.12	5.50

图 3.46　分钟和小时极值参数设置

④点击“保存”后，会出现系统设置对话框；点击“保存”后，弹出对话框。如图 3.47 所示。

⑤点击“确定”运行软件，如图 3.48 所示。软件运行成功后，并不能够立刻采集到数据，我们还要设置各个观测项目的通信参数，右键点击要设置参数的观测项，在弹出的菜单中选中“通信参数”，根据各站串口服务器映射情况，设置通信端口，如图 3.49 所示。

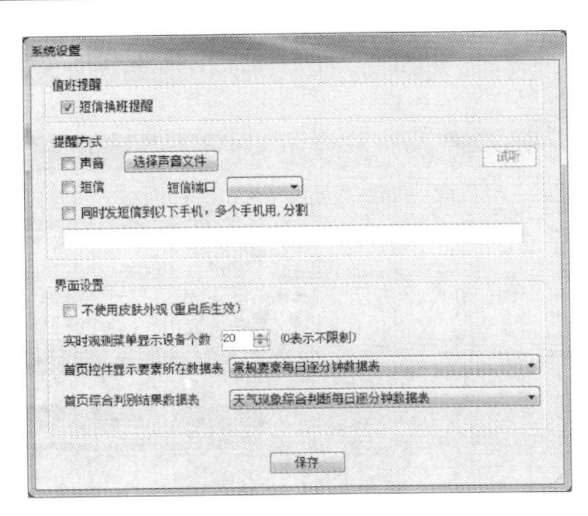

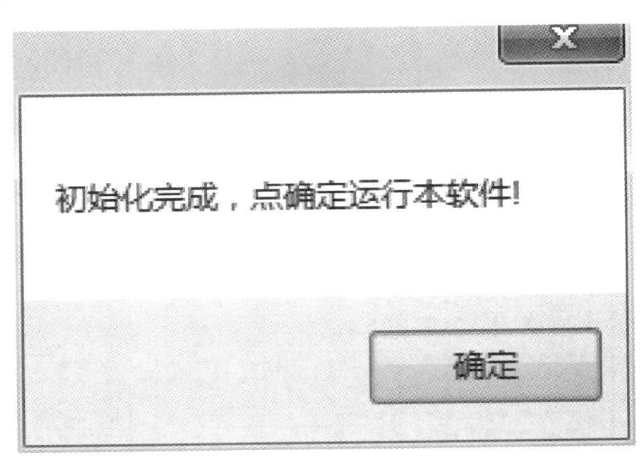

图 3.47　系统设置和 ISOS 软件初始化完成

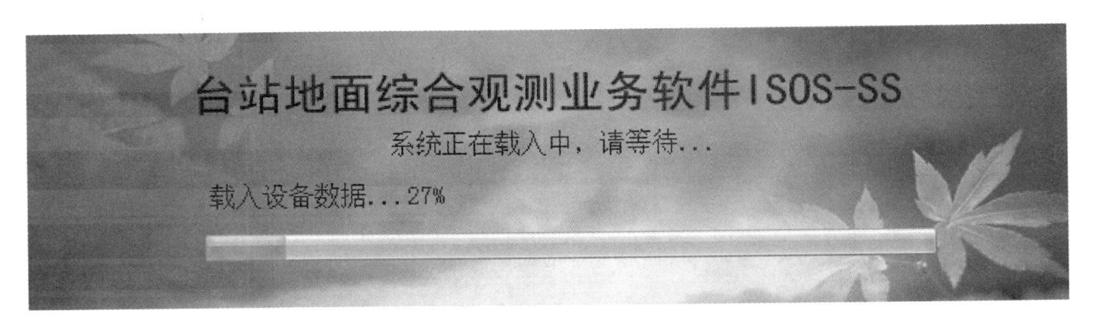

图 3.48　ISOS 软件开始运行

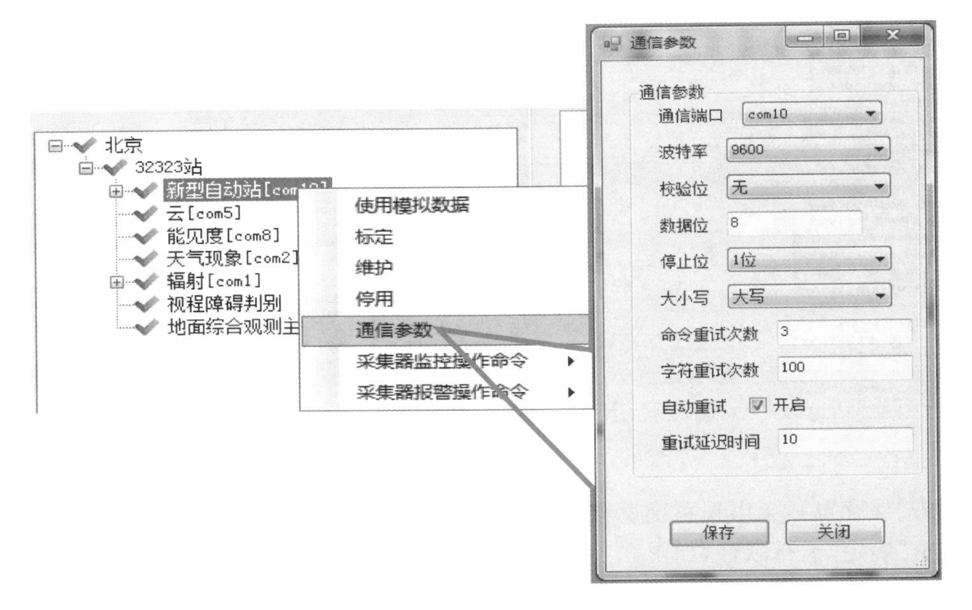

图 3.49　通信参数设置

(2)MOIFTP 通信业务软件设置

MOIFTP 业务软件的主界面及参数设置如图 3.50 所示。

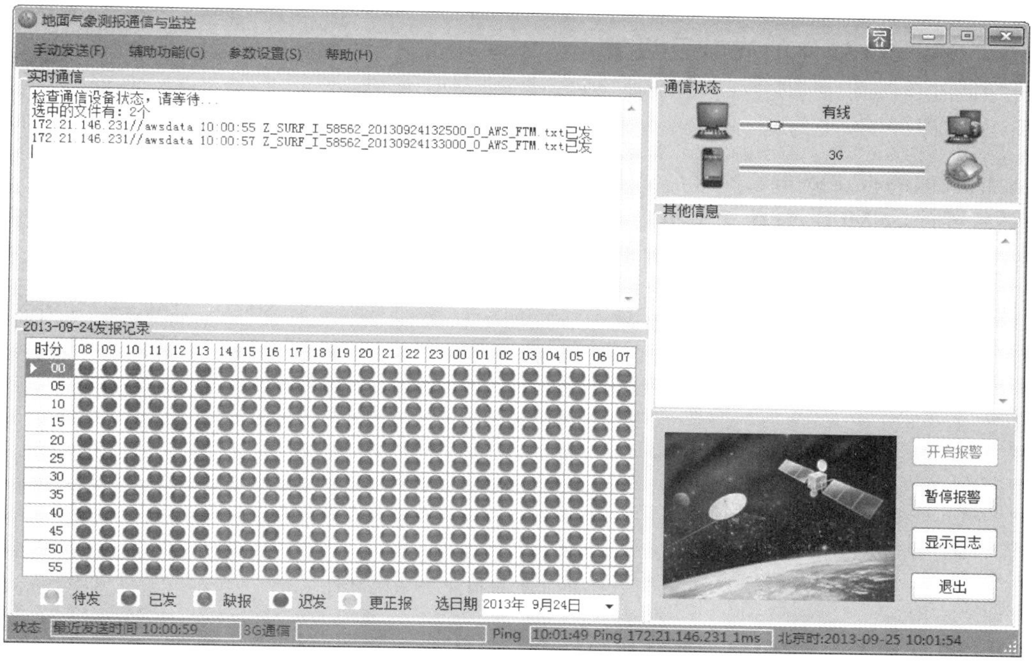

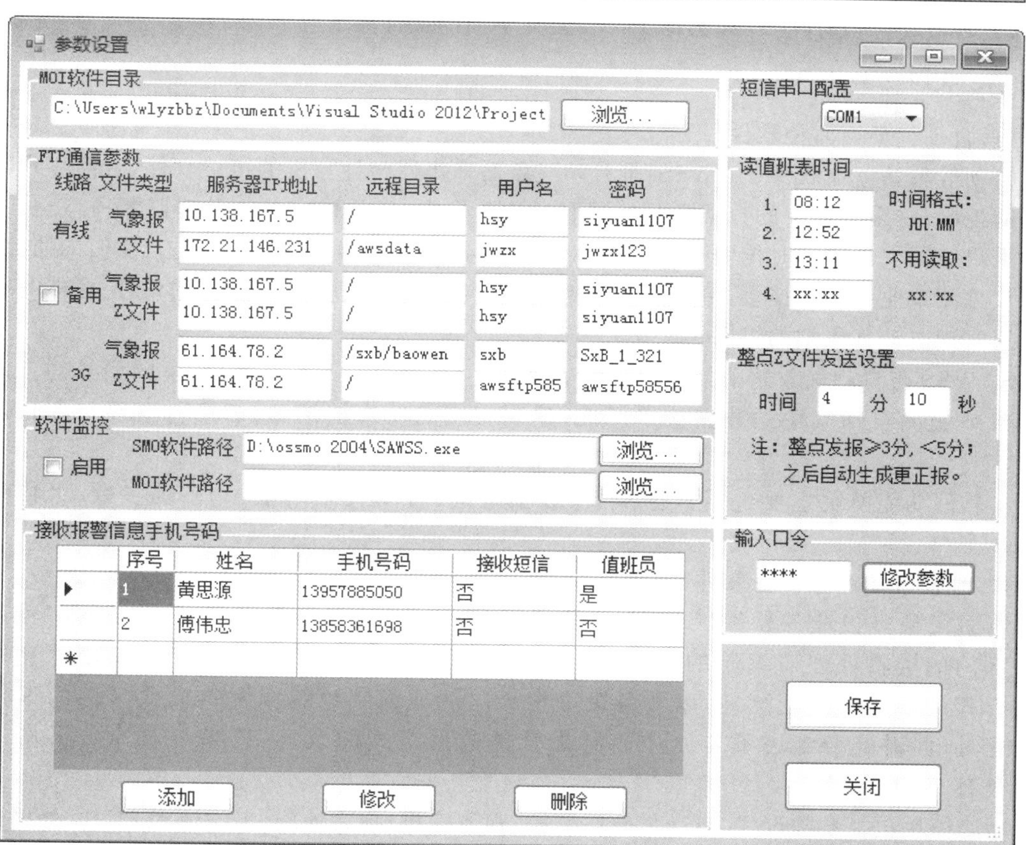

图 3.50　MOIFTP 业务软件及基本参数设置

3.2.2 OSSMO软件的安装及设置

3.2.2.1 软件的组成

地面气象测报业务系统软件(2004版)包括自动气象站监控软件(SAWSS)、地面气象测报业务软件(OSSMO)、自动气象站接口和通信组网接口软件(CNIS),另有自动气象站数据质量控制(AWSDataQC)和地面气象测报业务软件报警器(OSSMOClock)两个辅助软件。总体结构如图3.51所示。

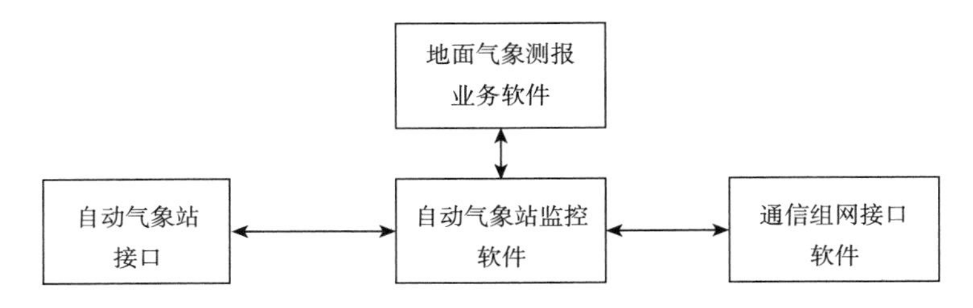

图3.51 地面气象测报业务系统软件

除主执行程序文件外,各功能模块软件采取程序控件和动态链接库编写,按照软件功能的不同,将参数文件、程序文件和数据文件安装在不同的文件夹下。

3.2.2.2 软件的功能

(1)自动气象站监控软件

自动气象站监控软件(SAWSS)是自动气象站采集器与计算机的接口软件,它能实现对采集器的控制;将采集器中的数据实时的调取到计算机中,显示在实时的数据监测窗口;写入规定的采集数据文件和实时传输数据文件;对各传感器和采集器的运行状态进行实时的监控;与地面气象测报业务软件挂接,可以实现气象台站对各项地面气象测报业务的处理;还能与中心站相连实现自动气象站的组网。

SAWSS与自动气象站采集接口采用ActiveX DLL的方式进行连接,不同型号的自动气象站只要遵循自动气象站数据接口标准,建立相应的动态链接库,即可以实现与本软件的挂接。

本软件功能模块主要包括数据采集、数据查询、自动气象站维护、系统参数、工具和帮助等。

(2)地面气象测报业务软件

地面气象测报业务软件(OSSMO)是针对各类气象站地面气象测报业务工作和各级审核部门的资料处理而编制的一套综合业务应用软件。适用于人工观测和自动气象站观测方式的各类气象观测站,以及各级审核部门对地面气象观测资料模式文件的审核及信息化处理,并充分考虑了与原地面测报软件数据格式的兼容,以满足对原数据格式文件的处理。

功能模块包括参数设置、自动气象站监控、观测编报、报表处理、工作管理、工具、外接程序管理和帮助9个部分。

(3)自动气象站接口

自动气象站接口是自动气象站监控软件与采集器通信软件的驱动程序，各类型的自动气象站按照统一的《自动气象站控制接口设计规定》，以ActiveX DLL动态链接库的方式形成，实现对自动气象站的数据采集、自动气象站与计算机的对时、参数设置、计算机终端对自动气象站的控制等功能。

(4)通信组网接口软件

通信组网接口软件(CNIS)是自动气象站采集计算机与中心站服务器的接口软件。它可以作为自动气象站监控软件的子软件，实现自动气象站数据文件的自动上传，中心站对自动气象站的远程控制，包括采集器终端控制、通信命令的接收及解析执行等，提供对网络状况的监视和通信传输情况的查询。

(5)自动气象站数据质量控制软件

自动气象站数据质量控制软件(AWSDataQC)是为了满足台站级对自动气象站采集数据文件进行质量控制的需要而编写的，它既可以作为地面气象测报业务软件的组成部分，又可作为一个完整独立软件。软件包括文件、质量控制、要素曲线、工具和帮助等功能。软件功能的实现由文件开始，并支持多文档打开，通过打开的文档能够实现数据审核，定位错误或疑误数据，指导对数据文件的维护，达到质量控制的目的。

(6)地面气象测报业务系统软件报警器

地面气象测报业务系统软件报警器(OSSMOClock)是极光多能闹钟在地面气象测报业务系统软件中的专用版，以实现对定时观测、固定时间发报、自动气象站大风记录和各种要素阈值的报警。

3.2.2.3 软件的安装与卸载

自动气象站的业务软件由于不断的升级以及故障等原因，经常需要卸载和安装，但是如果卸载或者安装不当，就会卸载不完全或者是安装不完全，造成业务软件不能正常工作的情况出现。

自动气象站的业务软件通常都安装在D盘D:\下，软件一般都在目录D:\OSSMO2004\下，在安装新版本或新安装业务软件时，如果曾经安装过业务软件，就要在卸载旧的业务软件后，再安装新的业务软件，否则会导致安装好的软件运行不正常。

卸载的方法有两种，一种是通过“开始”—“程序”—“地面气象测报业务系统软件2004”—点击“卸载测报业务系统软件”来完全卸载该软件；另一种方法是“控制面板”—“添加删除程序”—选择“地面气象测报业务软件2004”—点击“更改删除”进行删除。如图3.52所示。

完成卸载后，即可安装新软件。在安装地面气象测报业务软件的时候，安装程序默认是安装在C盘(C:\)下的，建议台站在安装的时候，点击“浏览”，将软件安装路径改为D盘(D:\)或者是其他的分区里，不要安装在系统分区内，更改见图3.53所示。

安装完成后，软件会提示重启计算机，选择立即重启，重新启动计算机。启动完成后软件就安装完成了。

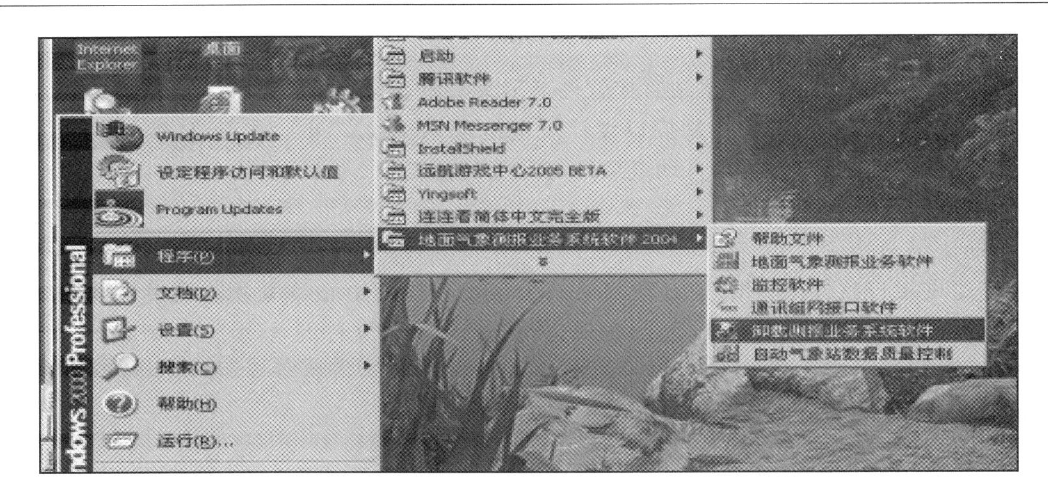

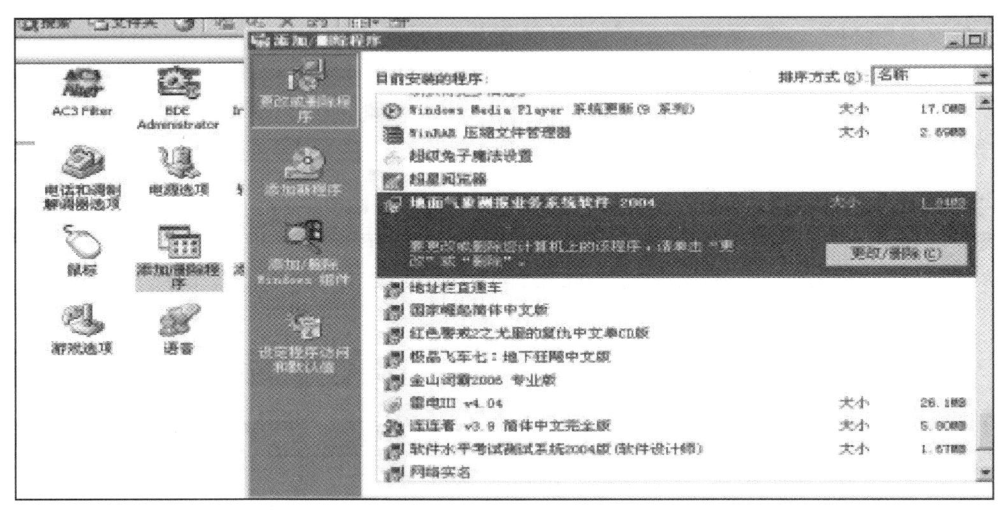

图 3.52　从开始菜单或控制面板卸载软件

3.2.2.4　软件的设置

如果以前安装过地面气象测报业务软件，可以将原来备份的配置文件夹\SysConfig\覆盖新安装程序的同名文件\OSSMO 2004\SysConfig，覆盖后即可启动地面气象测报业务软件，正常工作。如果没有备份的配置文件，那么就要手工设置。一般需要手工设置的有以下几个内容。

(1)自动气象站驱动程序的设置

启动程序后，在系统初始化到30％的时候系统会出现提示框“警告！自动气象站配置文件不存在。”不用理会，直接点击“确定”跳过即可。接下来在菜单“自动气象站维护”中，选择“自动气象站参数设置”，在弹出的用户登录窗口中直接点击“确定”按钮，就会出现自动气象站参数设置的窗口，如图 3.54 所示。

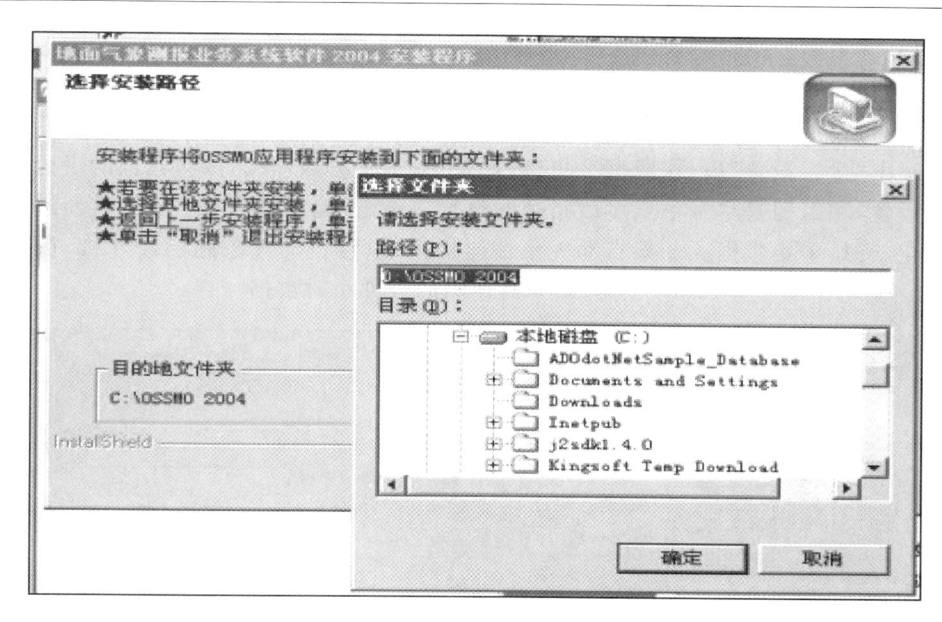

图 3.53　软件更改安装路径

在“基本参数”设置中的自动气象站驱动程序的下拉框中选择本站的自动气象站型号，在“端口设置”中，com 口选择，计算机与采集器相连的那个串口；波特率设置：2005 年新建的华创 CAWS600SE_N 型的选择“9600”，其他型号的选择“4800”；奇偶检验选择“无”；数据位选择“8 位”；停止位为“1 位”；控制位选择“无”。设置完成后，点击“确定”，系统出现初始化，达到 40％的时候提示：自动气象站采集关闭，出现“实时数据与状态”窗口。

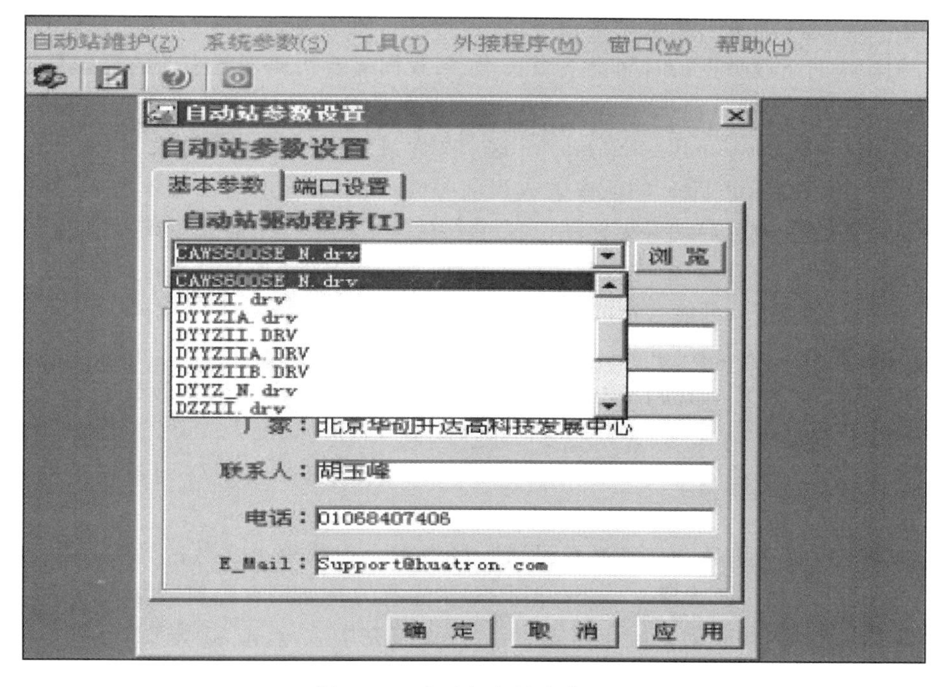

图 3.54　自动气象站参数设置

(2)自动气象站的采集设置

接着进行自动气象站采集数据的设置，点击菜单“系统参数”，在菜单中点击“选择”弹出选项窗口，用户可以按照对采集软件的采集进行设置，如图 3.55 所示。

在选项卡“运行设置”里，在数据采集，数据备份，系统参数前面打钩，其他的设置用户可以自行进行设置，注意的是尽量不要更改路径的设置。点击“确定”后，程序就会重新进行自动气象站初始化，开始采集数据。如果自动气象站连接正常，且自动气象站已经开机，在进行初始化达到 60%后会下载当前时间以前的采集器存储的分钟小时数据。

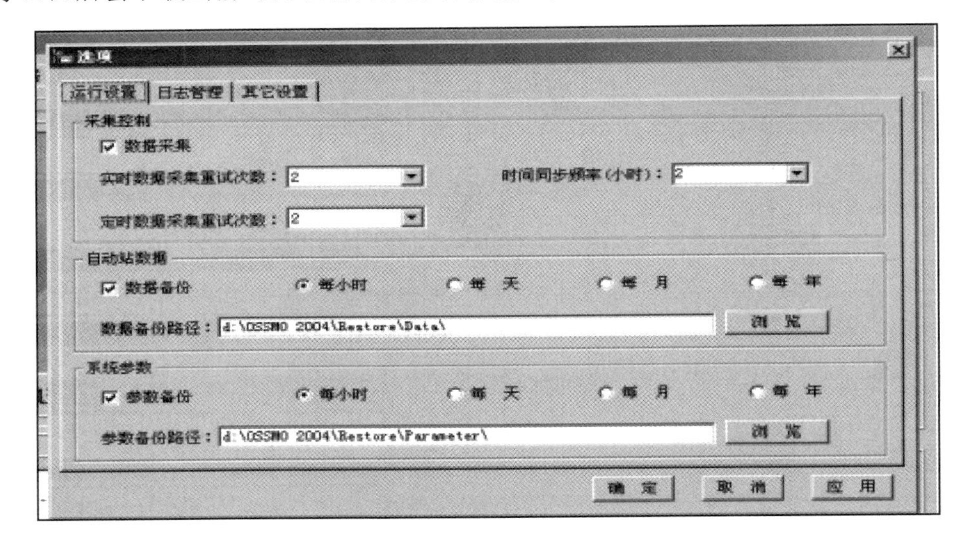

图 3.55　自动气象站采集设置

这里有一点要说明的是，如果采集程序长时间关闭，而采集器一直工作，在重新打开采集软件时，进行初始化时下载数据的时间会很漫长，如果我们需要快速下载当前的采集数据，或者是要判断采集器或者传感器是否正常的情况下，长时间的等待是让人不能接受的。这种情况下可以打开\OSSMO 2004\SysConfig\SysPara.ini 这个文件，打开方式选择文本文件(*.txt)，将第四行 StartTime 和第五行 RunTime 的值修改成当前时间，两个时间的时间差不要超过 30 s 即可。修改完成后保存文件，重新启动采集软件，就会直接采集数据。如果需要下载以前的分钟小时数据，在菜单“数据采集”中选择“常规数据卸载”，在弹出窗口中选择卸载需要的数据即可。

注意：使用这种方式，可能会造成分钟数据的丢失，但是不影响正点数据。

(3)自动气象站组网设置

在菜单“系统参数”中选择“自动气象站组网设置”，在弹出的窗口中设置自动气象站的组网，见图 3.56。

通信方式的设置按照各地市的通信方式进行，具体的参数可以咨询各地市的网络部门即可。

在主辅通道设置完毕后，点击“高级设置”，将主辅通道的重试次数改为 2 次以上，启动时间不要更改，最大延时一般选择 15 min 即可，需要注意的是如果有辐射数据的台站，要把最大延时设置为 59 min，因为辐射数据 45 min 上传。设施完毕后，点击“确定”即可。

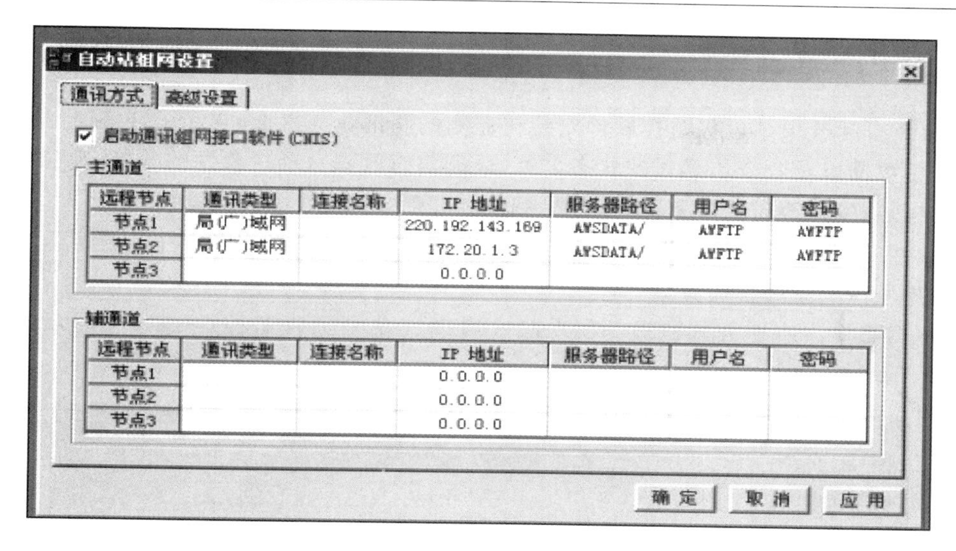

图 3.56　自动气象站组网设置

3.2.2.5　软件的备份

由于业务程序 24 h 运行，因此，发生软件故障的概率特别高，从保障业务正常运行和保护数据的角度来说，数据和程序配置的备份很重要，而且在程序出现故障，要进行重装的时候，也要进行一次备份。OSSMO 2004 程序，可以备份的文件如下：\AwsNet\，\AwsSource\，\BaseDate\，\Log\，\ReportFile\，\Restore\，\SYNOP\，\SysConfig\，\WorkQuality\，其中系统的配置信息都在\Sysconfig\中，其余的为数据和系统日志文件，如图 3.57 所示。

需要说明的是，除上面列出的文件夹，余下的文件和文件夹均不要备份或覆盖新安装的程序，否则仍然会存在错误。

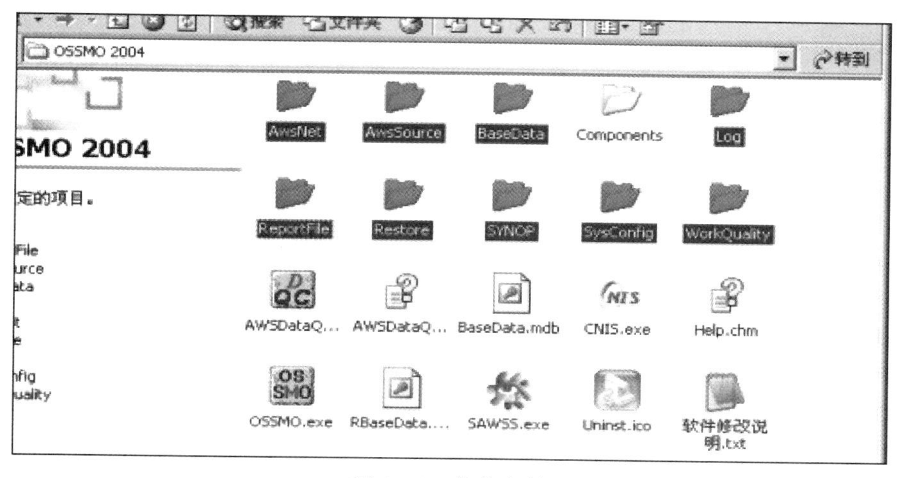

图 3.57　软件备份

3.2.3　DZZ1-2 自动气象站远程监控软件

DZZ1-2 自动气象站远程监控软件安装在遥测站测报业务机上，它除了能实时显示自动气象站的采集数据以及各个传感器的状态之外，还能实时收集自动气象站的数据(观测数据和设备状态数据)并发送至省局服务器进行统一监控。

(1)软件安装：直接拷贝 zdz2main.exe 软件到指定目录，无须安装，打开便可运行。可对其右击选择发送到桌面快捷方式。

(2)在桌面将该快捷方式修改为“DZZ1-2 自动气象站远程监控 .exe”，然后双击打开软件，如图 3.58 所示。

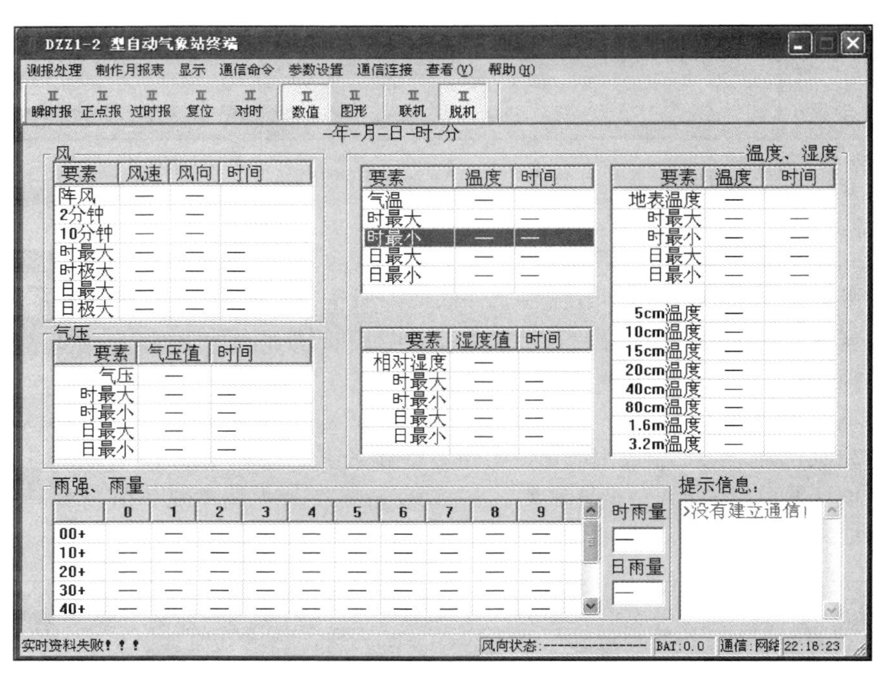

图 3.58　软件主界面

(3)口令设置

提供口令设置的目的是为了防止业务参数的误修改，也就是说只有持有口令的人才有权修改系统的参数。软件初始密码是空的，建议安装后立即设置密码。从“参数设置”菜单启动“设置口令”子菜单，出现如图 3.59 左图所示窗口。

输入正确的旧口令和新口令以及验证口令，然后单击“确定”完成口令设置。第一次设置口令时，不需要输入旧口令，因为旧口令为空。

(4)通信参数设置

点击“通信参数”按钮，进入 UDP 参数设置界面，如图 3.59 右图所示。其中，“UDP 信息服务”设置为 172.22.1.95，“端口”设置为 2998，“本地主机 IP”设置为运行遥测站测报业务机的 IP，“服务主机端口”设置为 2998。

正常运行后，桌面右下角状态栏有“大风车”形状的图标转动，如果此图标退出，监控中心会发送故障报警短信，台站应及时打开。

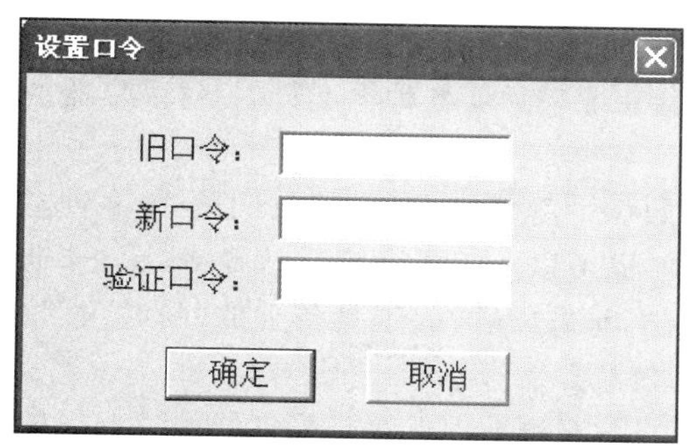

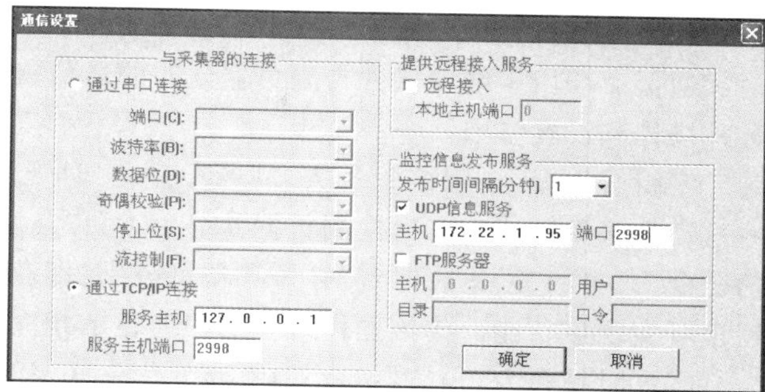

图 3.59　口令设置与通信参数设置界面

(5)测站参数设置

从“参数设置”菜单启动“站点参数”子菜单，参数输入要求如下。

①经度和纬度的分保留两位数，高位不足补“0”，如北纬 23°02′输入“2302”。

②海拔高度保留 1 位小数，扩大 10 倍存入。

③如果选择“暂停雨量观测”，那么采集器将停止对雨量的观测，直到下一次取消该设置为止。

④如果选择“观测项目”中的某一项，那么“Z 文件”中对应的项将被置位。所有的参数输入完成以后，单击“确定”按钮，参数被保存并写入采集器。如果与采集器的通信有什么问题，可以看到相应的提示。

⑤图 3.60 左图所示的“下载”按钮是下载采集器保存的站点参数，按一下立即下载参数，根据实际修改后，按“确认”则同时保存在采集器和计算机。

(6)传感器订正参数设置

能设置订正值的传感器如图 3.60 右图列表所示。温度传感器全程只有一个订正值，即是 0℃误差订正值。湿度传感器最多可有 9 个订正值，将检定证书记录的数据输入所有订正值以后，单击“保存”按钮，订正值被写入采集器和计算机里，如果通信有什么问题，将会给出提示。

按“读采集器”，就会下载采集器的订正参数，根据实际修改后，按“保存”则同时保存在采集器和计算机。

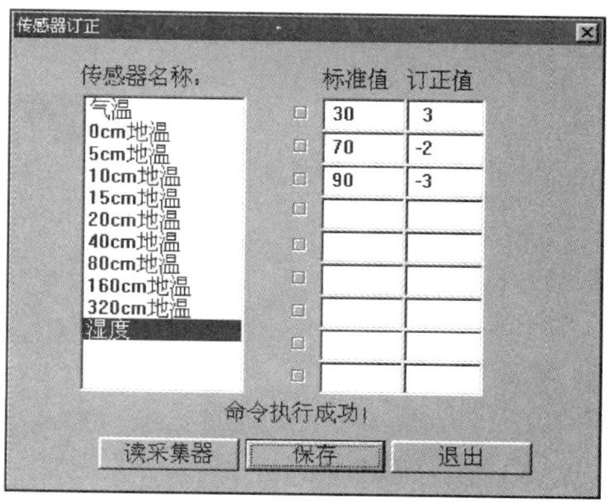

图 3.60　测站参数设置和传感器订正值设置

(7)常用通信命令

通信命令用于终端软件与采集器之间的通信,包括获取采集器各种类型数据,对采集器的各种操作和设置参数。

①瞬时报命令:用该命令从采集器读入实时观测数据。程序启动以后,每间隔 20 s 钟左右自动从采集器读入实时观测数据并显示,可以从菜单也可以从工具条启动该命令,单击“通信命令”菜单的“采集瞬时资料”子菜单,程序立即获取当前采集数据,工具条上的“瞬时报”按钮也可实现该功能。作该操作时状态栏会显示相应的信息。

②过时报命令:采集器每小时 0 min 作一次定时观测,观测数据保存于采集器的掉电保护存储器中,过时报命令就是用来从采集器中读取这些定时观测数据。程序启动以后,会自动读入采集器每个时次的定时观测数据,如果想成批读入采集器的定时观测数据,可以从“通信命令”菜单的“采集过去资料”子菜单或工具条“过去报”按钮启动该功能,主窗口左边出现如图所示小窗口,输入起始时间和终止时间,然后单击“开始”按钮,开始从采集器读入数据,读入的数据及其当时采集器的状态同时显示出来,状态栏也显示相应的状态信息。结束后单击“取消”按钮退出此次操作,如果读入过程中间单击“取消”按钮,则终止本次操作。读入的数据存入“Z 文件”中。

③正点报命令:这里“正点报”指的是每 10 min 形成的观测报,它的观测间隔是 10 min,该功能与广东省建设的中尺度站相兼容。正点报资料不保存,只提供显示用。读入正点报的操作方法与以上两种方法相似,从“通信命令”菜单的“采集正点资料”子菜单启动或从工具条按钮“正点报”启动。

④复位命令:复位命令是用软件方法使采集器复位,一般不轻易复位采集器,只有在发现采集器工作不正常时才需要复位。

⑤对时命令:对时就是给采集器校对时间,采集器时钟采用北京时,从“通信命令”菜单的“校对时间”子菜单或从工具条的“对时”按钮启动对时功能,显示如图 3.61 所示窗口,该窗口提供了两个选择项,第一个是用微机当前的时间去校对采集器的时钟,第二个是用上面显示的时间修改微机和采集器的时钟。日期的修改可以用鼠标点击日期右边的箭头,弹出日历窗口,选择正确的日期,时间的修改使用键盘输入,先用鼠标分别选中小时、分钟、秒钟对应的数字,然后从键盘输入相应的值。完成所有操作之后,单击“确定”按钮,窗口关闭,同时在状态栏显示相应的状态信息。

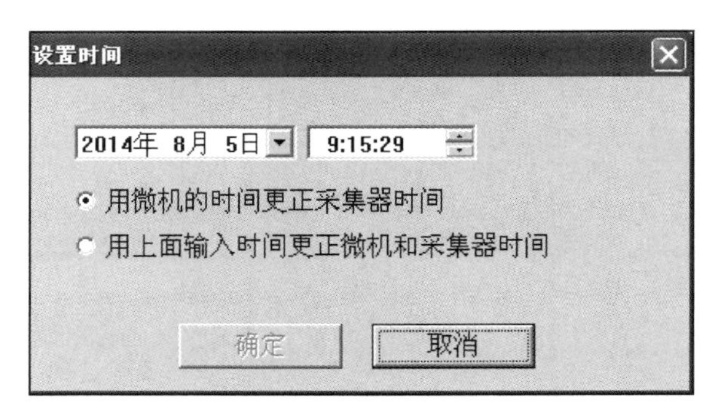

图 3.61　测站参数设置和传感器订正值设置

⑥清除数据命令:从“通信命令”菜单的“清除数据”子菜单中选取。一旦执行该命令,弹出对话框,选择下一步操作。

注意:这是清除采集器保存的所有数据,如果按确认“Y”键,数据立即被删除,因此,不要轻易使用该命令。

⑦获取监控信息命令:从“通信命令”菜单的“获取监控信息”子菜单中选取。它获取采集器系统的电源电压、市电 220 V 何时开何时关、温度 AD 转换通道电流、节点(分板)重新启动起始时间、雨量传感器的干簧管是否不正常的长期接通以及风向 7 位码电路是否正常等,如图 3.62 左图所示,可以从中了解系统的运行状态。

⑧获取系统信息命令:从“通信命令”菜单的“获取系统信息”子菜单中选取。主要查看系统由多少节点(分板)组成、各节点数据块长度、主板和分板程序版本号等。如图 3.62 右图所示。

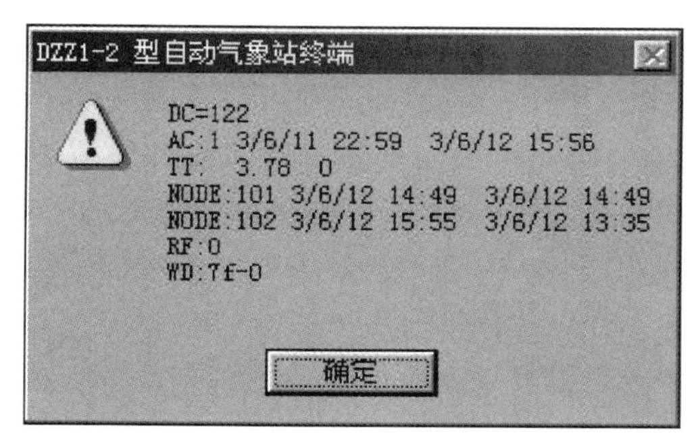

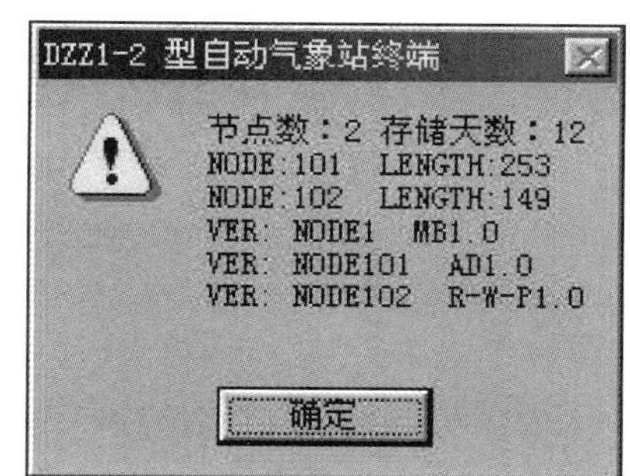

图 3.62　监控信息界面

3.2.4　新型自动气象站监控终端软件

新型自动气象站监控终端是对应于 ISSOS 的一款自动气象站运行监控软件,它除了能实时显示自动气象站的采集数据以及各个传感器的状态之外,而且能通过 UDP 协议将各个台站的监控数据流收集到广东省大气探测技术中心进行统一监控。

(1)本软件是免安装绿色版本,解压新型自动气象站监控终端压缩包后,找到“新型自动站监控终端 .exe”后,对其右击选择发送到桌面快捷方式。

(2)在桌面将该快捷方式修改为“新型自动站监控终端 .exe”,然后双击打开软件,如图 3.63 所示。

(3)点击“数据路径”按钮,进入状态文件设置界面,如图 3.64 上图所示。其中“源文件路径”为 ISSOS 存放常规数据文件的所在路径,可点击“……”,选择到“设备”这一级即可;“长 Z 文件路径”为设置为要上传的长 Z 文件的目录;站号直接填写本站的站号即可。

(4)点击“通信参数”按钮,进入 UDP 参数设置界面,如图 3.64 下图所示。其中“远程主机 IP”设置为 172.22.1.95,“远程端口”设置为 3000,“本地主机 IP”设置为运行 OSSMO 2010 软件电脑的 IP,“本地端口”设置为 3000。

(5)设置完毕后,待软件检测到最新一份数据后,软件主界面则会有自动站数据以及传感器状态的显示,如图 3.63 所示。

(6)可点击“日志查询”按钮查询报文读取、传感器状态以及 UDP 数据发送情况,如图

3.65 所示。

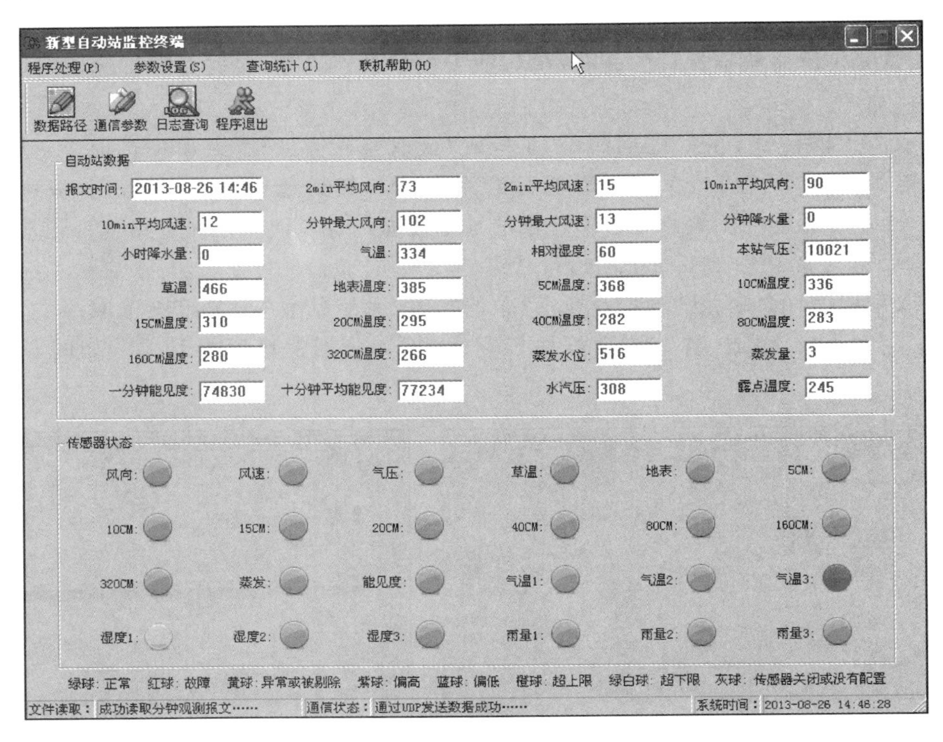

图 3.63 软件主界面

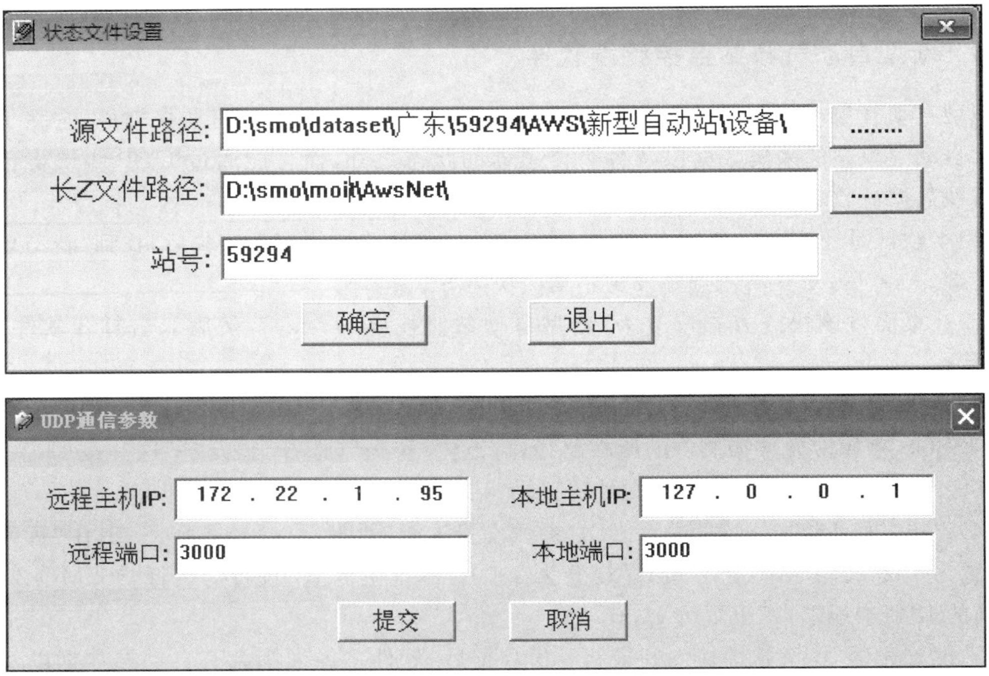

图 3.64 状态文件设置和通信参数设置界面

图3.65　日志查询

3.2.5　自动气象站GPRS网台站服务中心

3.2.5.1　软件适用范围

软件适用范围：市级气象局，将本市自动站资料转发给所属县局站。

3.2.5.2　软件安装

软件安装：直接拷贝TZDataCenter.exe软件到指定目录，无须安装，打开便可运行。

3.2.5.3　软件设置

(1)密码设置

首次使用时，需要对密码进行设置。设置方法：点击“系统服务”菜单，选择“本地密码设置”，如图3.66所示，会弹出“请输入旧密码”文本框，输入密码，点击回车，密码设置完成。如果要修改密码，在图3.66右图界面中要正确输入旧密码，接着回车，然后输入新的密码，再回车，如果没有错误提示，则表示修改成功。

(2)本地端口设置

第一步：首先激活，才能进行本地端口设置，方法：进入“中心设置”菜单，点击“本地设置激活”，如图3.67(a)所示。

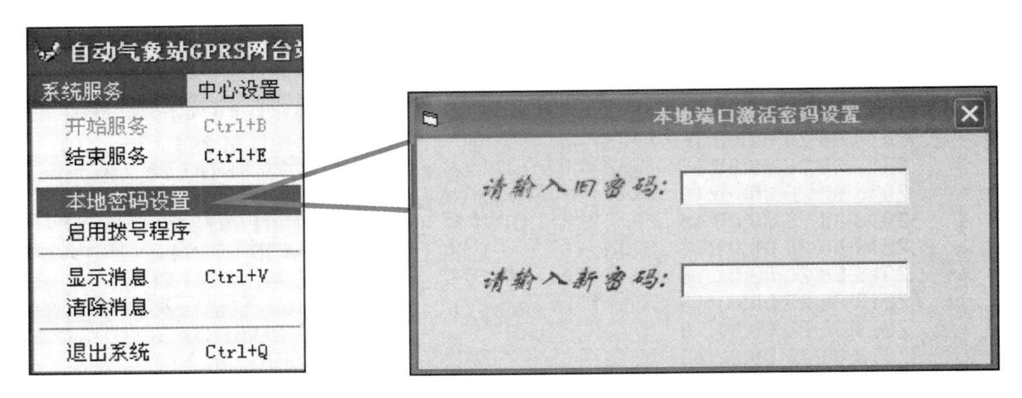

图 3.66　本地密码设置

第二步：在弹出的界面中输入密码(图 3.67(b))，然后回车，弹出图 3.68(a)所示对话框。TCP 端口号按各个市局的“自动气象站 GPRS 网台站服务中心”——端口设置，见附录 C。其他 4 项按图 3.68(a)中的设置即可，设置完成后点击“保存”按钮。

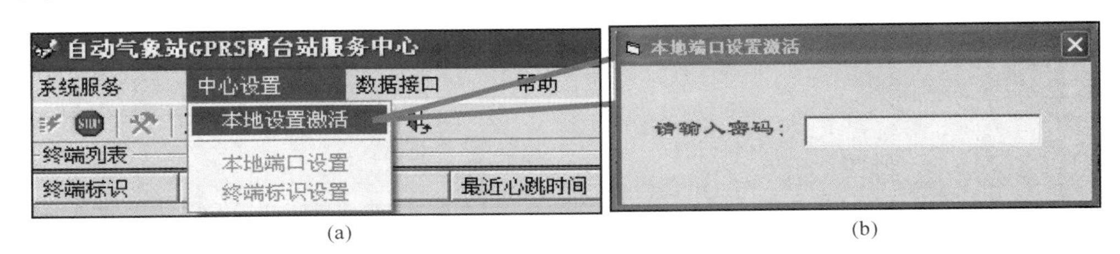

图 3.67　本地端口设置激活

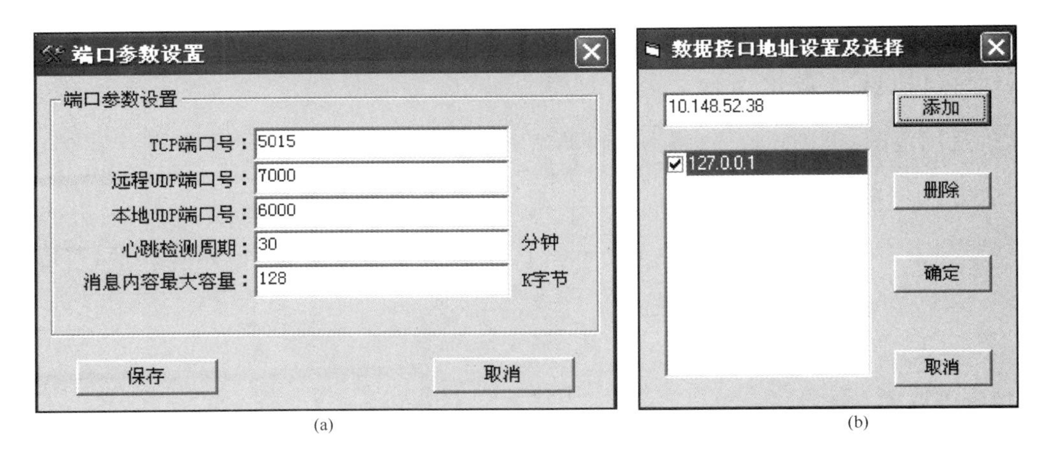

图 3.68　本地端口设置和数据接口设置与选择

(3)网络通信接口设置

第一步：首先激活，才能进行网络通信接口设置，方法：进入“数据接口”菜单，点击“接口选择激活”，如图 3.69(a)所示。

第二步：在弹出的界面图中输入密码，如图 3.69(b)所示，然后回车，弹出图 3.68(b)所示对话框。添加需要转发的计算机 IP 地址，最多可以添加 8 台计算机，添加完成后需要在 IP 地址前面打钩才会转发，否则不会转发，设置完成后点击“确定”按钮。

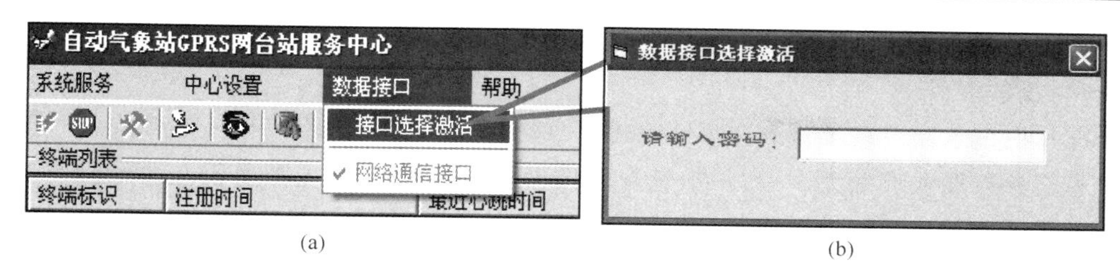

(a) (b)

图 3.69 接口选择激活

第三步:查看状态。图 3.70(a)所示为正常状态,“网络通信接口”项前面打钩,数据才进行转发;图 3.70(b)所示为错误状态,网络通信接口项前面没打钩,数据不会转发。

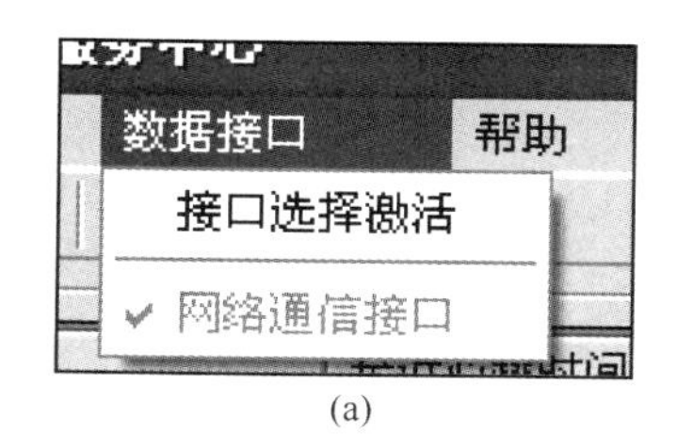

(a)

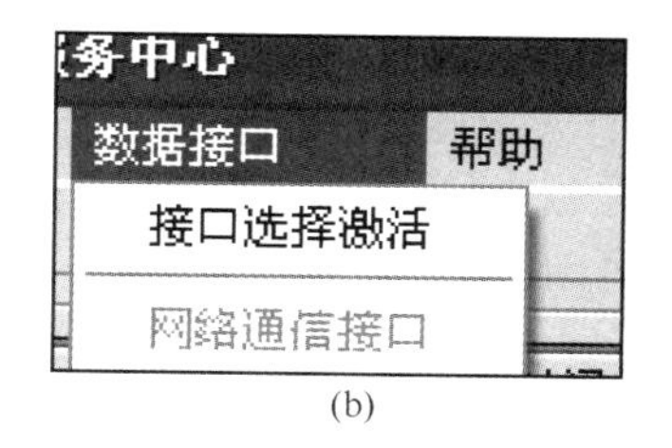

(b)

图 3.70 查看状态

3.2.6 区域自动站数据处理与显示终端软件

3.2.6.1 软件概述

为了适应业务发展的需要,在继承旧版采集软件优点的基础上,重新设计开发了“自动站数据处理与显示终端”软件。

(1)软件特点

①运行稳定,功能完善,界面美观大方。

②数据显示丰富多样:包括单站数据显示、多站数据显示、单站曲线显示、土壤湿度显示、暑热压力显示及应急显示,显示方式易于切换。

③新版软件在内核中使用了缓存技术,对数据的接收和处理更加可靠、稳定。

④加强了对自动站资料统计的应用,如增加了月资料统计、任意时间段多站点雨量统计、资料预警等功能。

⑤增加了资料的曲线显示,使数据的显示更加直观,同时利于判断数据的可靠性。

⑥修改了旧版的生成月报表文件,D,A 文件时存在的错误,同时增加了数据质量控制的功能,减少人工干预,降低了台站人员做报表的负担。

⑦增加了特殊项目观测功能,把站点设置为特殊项目观测站后,该站会另外生成 XML 数据格式的文件,这种格式的文件使用浏览器可以直接浏览,既方便数据的查看,也方便台站的二次开发。

⑧删去了旧版软件多余的功能,如电话拨号、无线 MODEM 拨号等,减少冗余,使程序运行更加流畅。

(2)运行环境

硬件环境:微机基本配置 CPU P4 或以上,内存 256 M,硬盘 10 G,至少有 100 M 的可用空间，显示器分辨率推荐使用1024×768。操作系统：推荐使用Windows xp操作系统。

(3)注意事项

①推荐把显示器分辨率调到1024×768。

②通信参数设置准确无误后，一般情况下按默认设置，就可以与服务器正常通信。

③建议把自动站参数设置完整，尤其是站号、中文名等参数要设置准确，否则可能无法正常调报、无法正常生成D文件等。

④合理设置报警、监控等参数，可以对数据及自动站运行状况进行有效监控。

⑤查看完历史资料后如果没有退出，那么当前界面将停留在查看历史数据的状态，不再更新实时数据。

⑥关于特殊项目观测设置项，除了特殊项目观测要素和土壤湿度站或是用于数据的二次开发外，一般无须生成XML文件。

⑦关于调取过时资料，推荐使用FTP从省局信息中心数据库调取，可以调到1天(以信息中心保存资料的时间为准)内的数据，如果要调取大于1天的资料，可以从采集器调取。

⑧如果第一次安装新版软件，只需把旧版采集软件的自动站参数文件ZXSTATION.DAT复制到新版采集软件Parameter文件夹下即可，新版软件会自动识别并转换成新的参数文件ZDZParameter.dat，以保持软件的兼容性。

⑨S文件或者X文件可以作为二次开发应用，如果用不到，则没必要生成，否则既浪费磁盘空间，又增加维护成本。

3.2.6.2　参数设置

(1)自动站参数设置

自动站参数设置密码为“zxzdz”(“中心自动站”首字母)，不分大小写。站号为5位字符，中间不能有空格。中文名长度不超过10个字符(汉字或数字均算作一个字符)。要素设置涉及月报表文件和单站曲线显示，因此，要准确设置，如图3.71所示。

(2)通信设置

采集软件与服务器之间通信的设置，如图3.72所示界面。

串口设置：自动站与软件之间通过标准串口线直连的通信方式，WP3103型自动站(包括室内机和室外机)波特率设置为1200 Bd，其他型号(土壤湿度站、海岛站)波特率设置为9600 Bd，如果使用串口通信则需要在“选用”复选框前打钩，并单击“确定”。

网络通信设置：自动站与软件之间通过网络的通信方式，采用的是UDP协议，只需正确设置端口号即可通信，按默认的本地端口：7000，远程端口：6000设置即可，如果使用网络通信则需要在“选用”复选框前打钩，并单击“确定”。

数据路径设置：①数据备份路径：用来把数据备份到本机其他目录或者局域网内的其他电脑，例如要把数据备份到局域网内其他机器上，先从“网上邻居”中的“映射网络驱动器”，盘符取名Z：，映射到一个共享文件夹BAK，应设置为：Z:\BAK\。②查看数据的路径：用来远程查看局域网内其他电脑上的数据，先把数据文件夹共享，然后同上面的方法映射驱动器，设置数据源的路径即可。

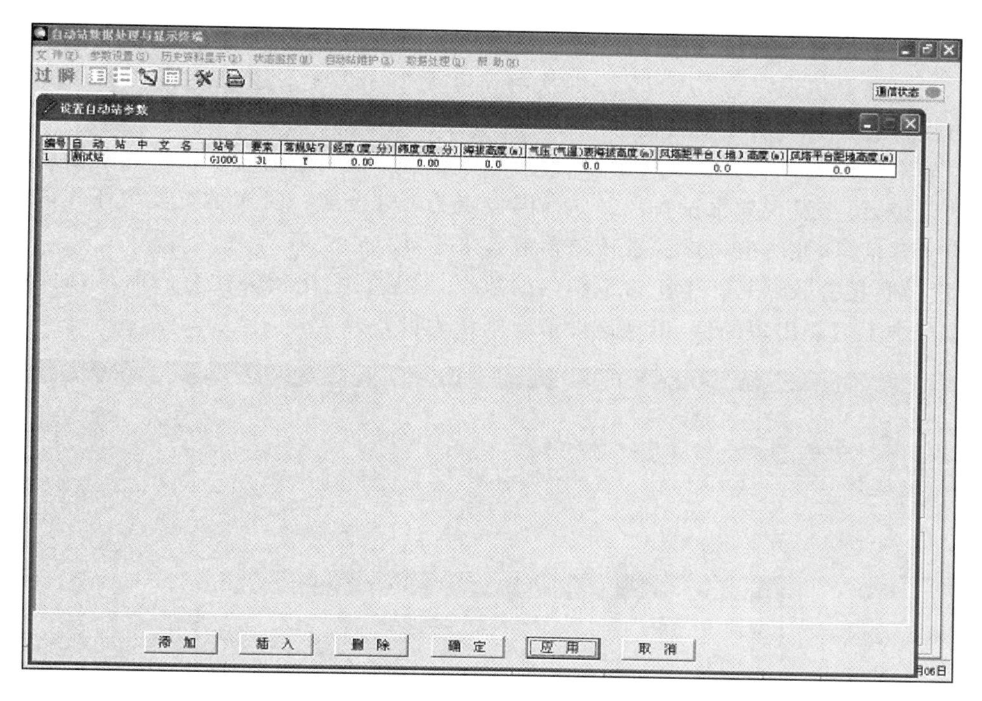

图 3.71　自动站参数设置界面

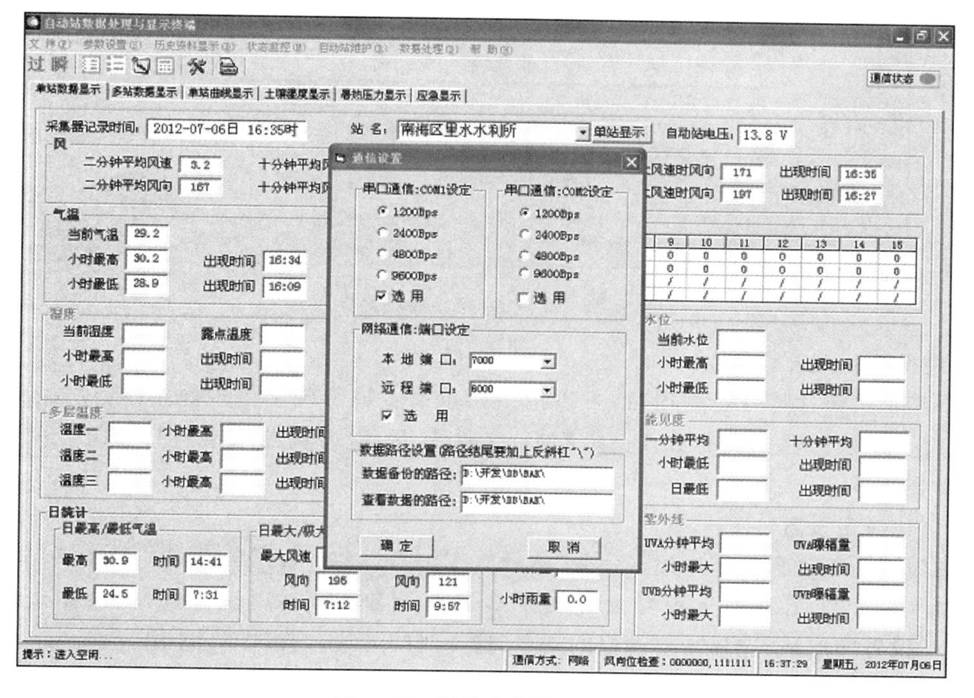

图 3.72　通信参数设置界面

(3)报警、监控设置

数据报警值设置，是指当数据超出所设定的值时便会报警，主要目的是对数据监控，如高温预警。如果高温值设定为 37，当某一时次的温度大于 37℃时便会产生报警记录，查看报警记录的方法：点击菜单“历史资料显示”中的“超过报警值显示”。

数据异常值设置，如图 3.73 所示，是指当数据超出所设定的值时便认为数据异常，目的是对设备的监控，便于发现异常设备。例如高温设定为 45，当某一时次的温度大于 45℃时便会产生相应异常信息，此时应考虑温度传感器或者采集器是否故障。

二者区别：报警数据是一个正常范围内的数据，只是我们比较关注它们而已；而异常数据是指现实当中不可能出现的值，出现这种情况则认为设备异常。

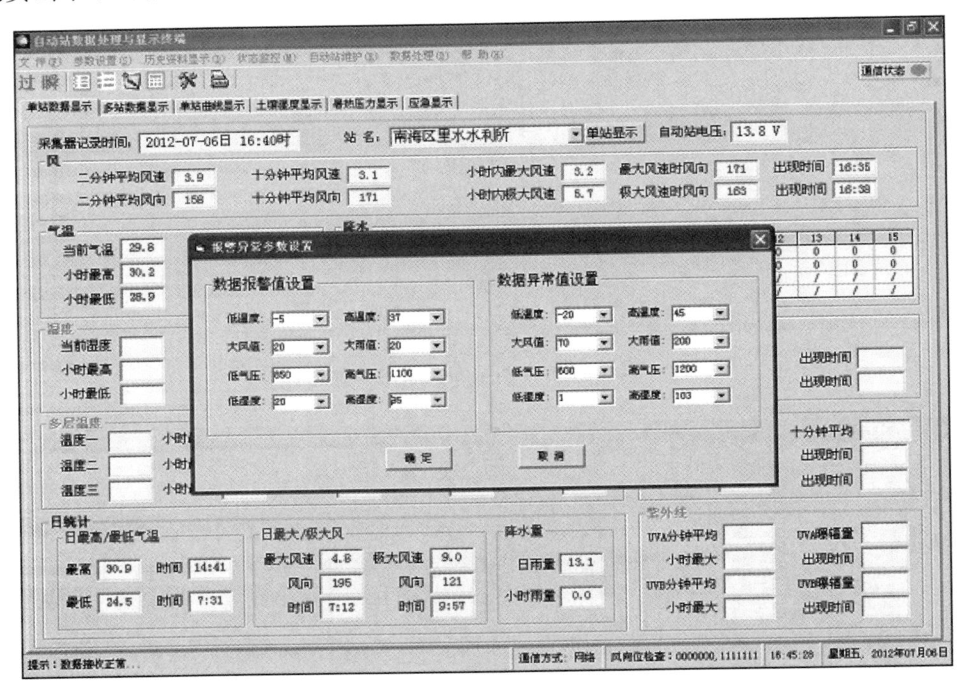

图 3.73　报警、监控参数设置界面

(4)特殊项目观测设置

如果某个站包含特殊观测项目，可以把该站点设置成特殊项目观测站，则该站点会生成 XML 文件。生成的数据保存在 Data_XML 文件夹下，用浏览器双击直接查看。如图 3.74 所示。

(5)调过时报设置

调过时报需正确设置本地地区代码(本地区车牌号，广州 A，深圳 B 等)，以及 FTP 服务器的 IP 地址(172.22.1.15)、远程目录(/x25/awsdata/本地区车牌号)、用户名(gmcrgz)、密码(123456)，设置完成后，选择需要调报的站名、选择时间，点击确定即可调报。

如果需要用到 S 文件或 X 文件，在相应的前面打钩即可，如图 3.75 所示。

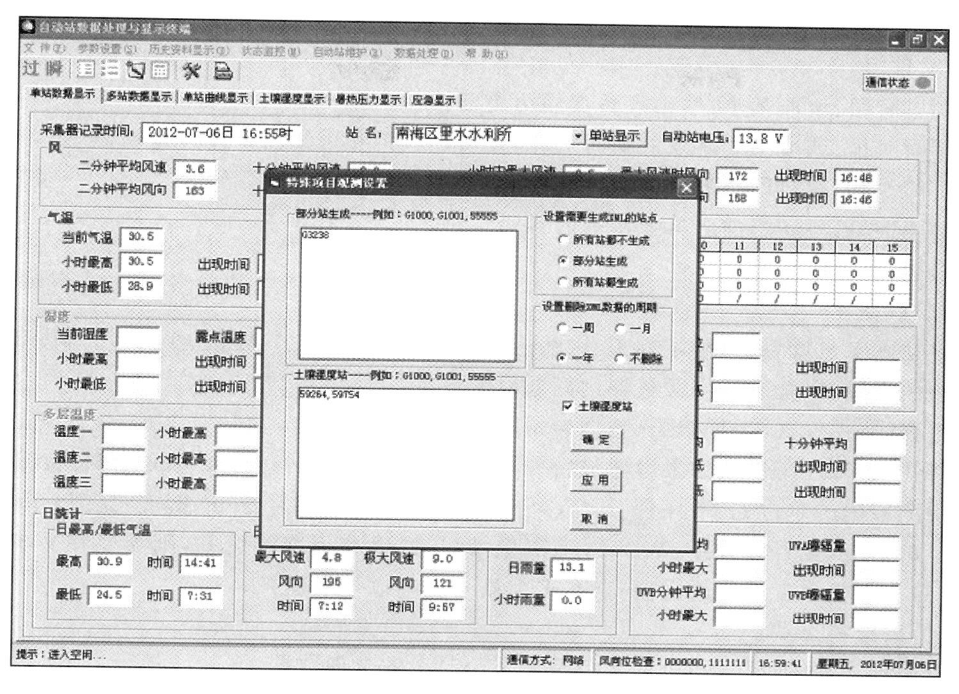

图 3.74　特殊项目观测设置界面

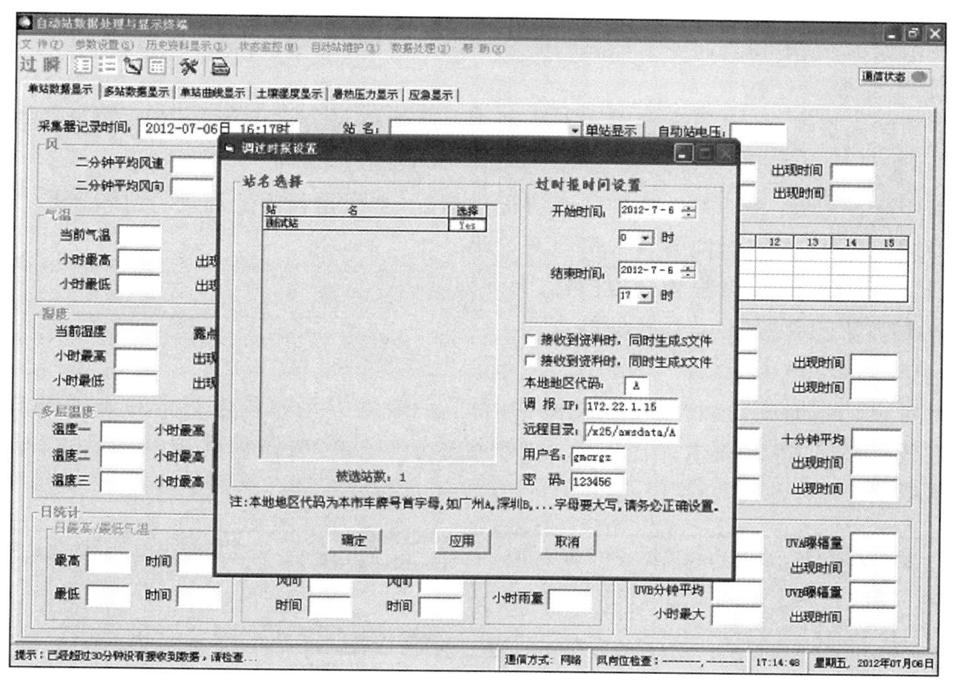

图 3.75　调过时报设置界面

3.2.6.3 菜单说明

(1)文件

①调过时报:调取某个/些站点整点的历史资料。

②调瞬时报:调取某个站点的瞬时资料,仅当计算机和采集器直连时有效。

③打印设置:对打印机的相关设置。

④打印屏幕:打印当前屏幕显示的内容。

⑤退出:退出采集软件。

(2)参数设置

①自动站参数设置:自动站相关参数设置。包括:站号、站名、要素、经纬度、海拔高度等。

②通信设置:采集软件与服务器之间通信的设置。

③报警、监控设置:数据报警、数据异常的门限设置。

④特殊项目观测设置:如果设置成特殊项目观测站,则该站会另外生成 XML 数据。XML 文件中观测数据的单位如下:风速:m/s,风向:(°),温度:℃,雨量:mm,湿度:%,气压:hPa,水位:m,能见度:m,紫外线强度:W/m^2,曝辐量:kJ。如果有土壤湿度站,则需要在文本框里设置站号,并在土壤湿度站复选框前打钩,多个站号之间以逗号隔开。

(3)历史资料显示

①单站详细显示:显示和查询某个站点某个时次的全部数据。

②单站日资料显示:显示和查询某个站点某天的整点数据。

③单站曲线显示:显示和查询某个站点某天资料的分钟曲线。

④多站显示:显示和查询多个站点同时次的整点数据。

(4)状态监控

①自动站来报记录:显示和查询所有站点某天整点资料的来报情况,在空白处双击鼠标可以调报。

②程序运行记录:查看终端软件的运行记录情况,主要是程序的启动、关闭记录。

③局域网异常记录:对网络异常情况的记录。

④报警信息显示:查看报警数据信息。

⑤异常信息显示:查看异常数据信息。

(5)自动站维护

①校对自动站时间:远程校对自动站的时间,只有在自动站供电正常并且 GPRS 通信正常时才有效。操作方法:在主界面上单击“单站显示”按钮,选择需要校时的站点,然后按图 3.76 所示操作。

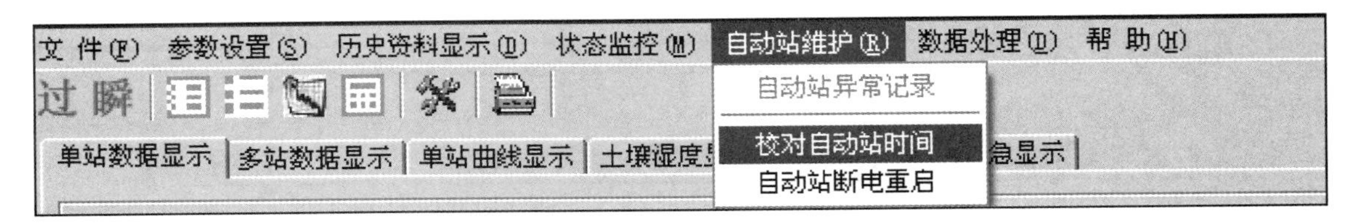

图 3.76 校对自动站时间界面

②自动站断电重启：远程重新启动自动站，只有在自动站供电正常并且 GPRS 通信正常时才有效。操作方法：在主界面上单击“单站显示”按钮，选择需要校时的站点，然后按图 3.77 所示操作。

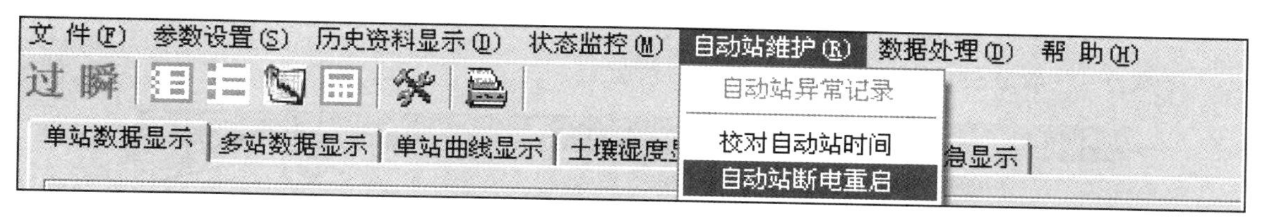

图 3.77　自动站断电重启界面

(6)数据处理

①生成月报表 D 文件：生成选定站点月报表的 D 文件，生成的报表文件存放在 DF 文件夹下。操作方法：选择站名，选定年份、月份，单击“确定”按钮即可，如图 3.78(a)所示。

②生成月报表 A 文件：生成选定站点月报表的 A 文件，生成的报表文件存放在 AF 文件夹下。操作方法：选择站名，选定年份、月份，单击“确定”按钮即可，如图 3.78(b)所示。

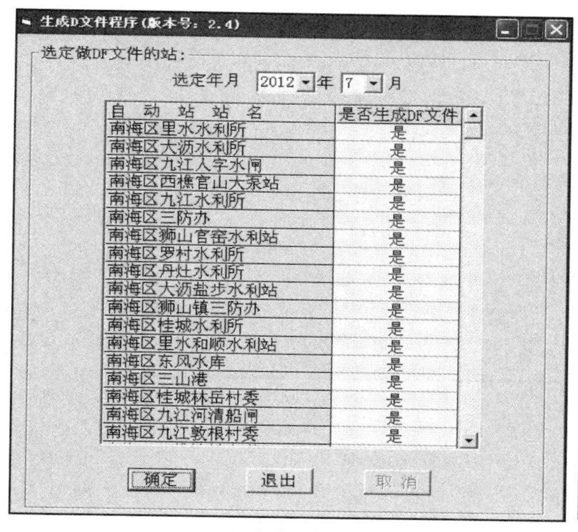

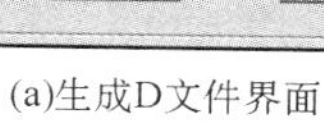
(a)生成D文件界面

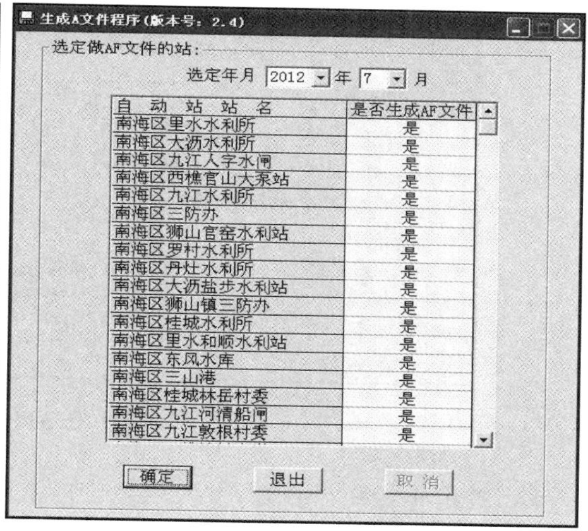

(b)生成A文件界面

图 3.78　报文生成

③日极值统计：对所有站点的日极值进行统计，包括极大值、极小值以及出现时间。操作方法：选定年、月、日即可。

④月雨量统计：对选定站点的月雨量进行统计，并能够对该站点任意时间段雨量进行统计。月雨量操作方法：选定年份、月份，选择站名后，会自动统计该月中每天的雨量，以柱状图的形式表示。其中日雨量的时间段为 20:00 至翌日 20:00，能看到该月的累加雨量，点击某天柱状图，可以查看该天雨量，如图 3.79 所示。

任意时间段雨量统计操作方法：选定开始时间和结束时间，选择站点程序便会统计出这个时间段的雨量。其中可以选择一个站点，也可以选择多个，如果选择多个站点，将会统计它们的总雨量和算术平均雨量，如图 3.79 所示。

⑤月资料统计：对选定站点的月资料进行统计，包括极大值和极小值以及它们的出现时间。

(7)帮助

①内容：获取软件相关的使用帮助和说明。

②关于：获取软件的版本、版权等相关的信息。

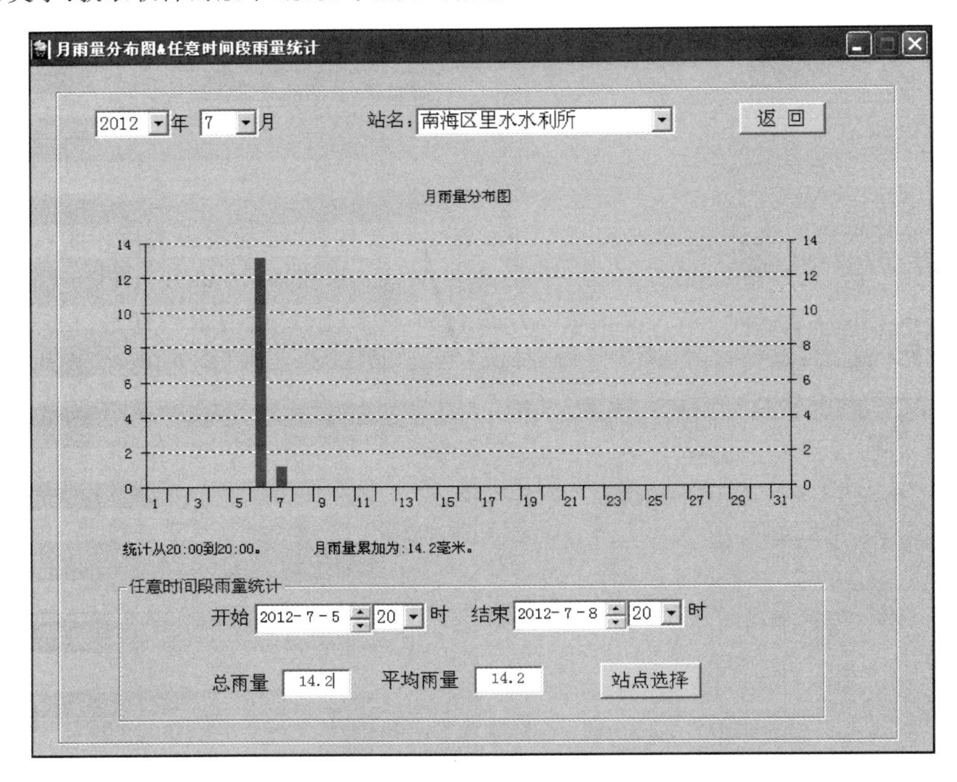

图 3.79　任意时间段雨量统计界面

3.2.6.4　数据查看

(1)单站数据显示

单站数据显示：既可以只显示某个单站的数据，也可以轮流显示所有站点的数据。单站显示：在主界面上单击按钮“站点选择”，然后选择站点，当出现“Yes”时，点击“确定”即可，那么主界面只会显示该站点的数据，但其他站点的数据还是会保存下来，只是在主界面上没有显示而已；轮流显示：在主界面上单击按钮“站点选择”，任何站点都不选择时，主界面则以每秒刷新一次轮流显示数据。

数据单位：风速：m/s，风向：(°)，温度：℃，雨量：mm，湿度：%，气压：hPa，水位：m，能见度：km，紫外线强度：W/m^2，曝辐量：kJ。

单站历史数据查询：点击工具栏单站详细显示图标，或者单击菜单“历史资料显示”中的“单站详细显示”，均可以激活单站详细显示状态。选择站点，选定日期时间，点击左、右手来查看历史资料。

注意：为了不影响查看历史数据，查看历史资料时主界面不再更新实时数据，只有点击“退出”按钮后，才会更新实时数据。

(2)多站数据显示

多站数据显示：实时显示所有自动站温度、风速、风向、雨量、湿度、气压六要素的整点资料。没有某一要素时显示灰色。

多站历史数据查询：点击工具栏单站详细显示图标，或者单击菜单“历史资料显示”中的“多站显示”，均可以激活多站数据显示状态。选定日期时间，点击左、右手来查看历史资料。

注意：为了不影响查看历史数据，查看历史资料时主界面不再更新实时数据，只有点击“退出”按钮后，才会更新实时数据。

(3)单站曲线显示

单站曲线显示：显示某个站点实时温度、风、雨、湿度、气压等分钟数据的曲线。用户可以自定义某一要素纵坐标范围，方法是：只选择一个要素时，纵坐标调整激活，设置好上下限点击“确定”即可。如图3.80左图所示。

注意：来报周期要设置准确，否则曲线显示可能会发生异常。

(4)历史曲线显示：点击工具栏单站详细显示图标，或者单击菜单“历史资料显示”中的“单站曲线显示”，均可以激活单站曲线显示状态。选择站点，选定日期时间，点击“前一天”“后一天”来查看历史曲线。

注意：为了不影响查看历史曲线，查看历史资料时主界面不再更新实时曲线，只有点击“退出”按钮后，才会更新实时曲线。

(5)土壤湿度显示

土壤湿度站相关的参数设置、数据处理及显示等。

(6)应急显示

气象应急时以大字方式显示，可以实时显示单站或者多站的六要素的资料，单站显示还是多站轮流显示的设置方法同“单站数据显示”。

注意：应急显示的标题可以自行修改，如图3.80右图所示。

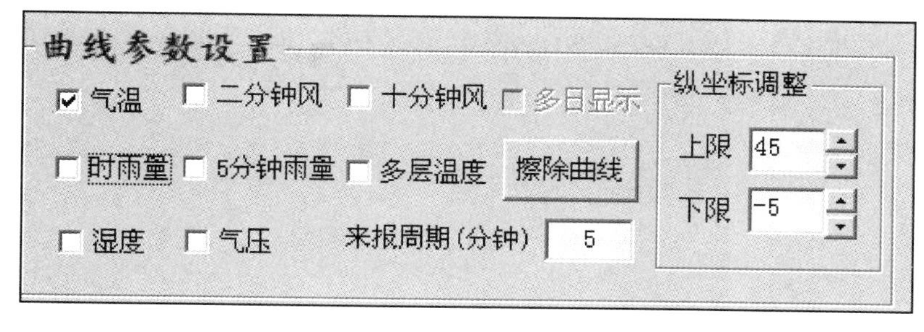

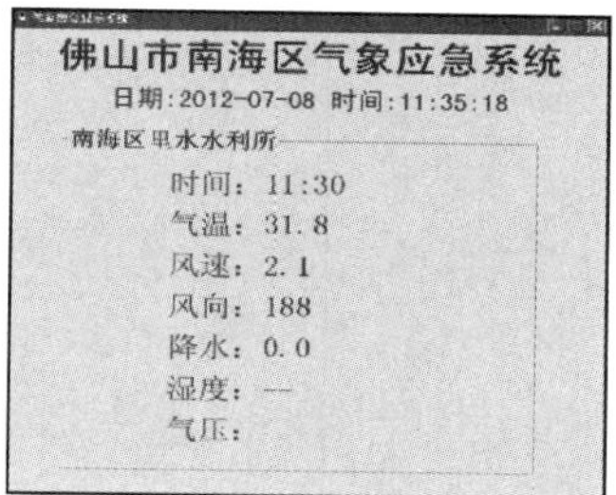

图3.80 曲线显示参数设置与应急显示界面

3.2.6.5 文件夹说明

按文件夹首字母的顺序排列。

(1)AF：月报表A文件的存放目录。

(2)AWS：调取过时报(S文件)的临时存放目录，数据处理完成后会自动删除。

(3)BAK：软件默认的数据备份目录，即DATA文件的备份。

(4)BAT:包含最近一次 FTP 方式调过时报记录。

(5)CMD:保留目录。

(6)DATA:自动站原始数据的存放目录,该数据用来生成各种报表,注意要定期备份。

(7)DATA_XML:X 文件的存放目录,需要设置才会生成,每站每天生成一个文件。

(8)Delivery:存放土壤湿度站的数据,待程序上传省局信息中心后,会自动删除。

(9)DF:月报表 D 文件的存放目录。

(10)iniFiles:存放土壤湿度站的参数文件。

(11)MonitorData:监控数据(包括报警数据、异常数据)的存放目录。

(12)MONITORXSMFILE:存放土壤湿度站的监控信息,待程序处理并上传省局大探中心后,会自动删除。

(13)NET:S 文件的存放目录,需要设置才会生成,每个数据包生成一个文件。

(14)Parameter:自动站相关参数文件的存放目录。AlarmDataParameter. DAT 为报警、异常参数;GetPastDataMode. txt 为调报方式参数,可以手动进行修改;GetPastDataParameter. DAT 为调报参数;NetParameter. DAT 为网络通信参数;XMLPARASET. DAT 为特殊项目观测参数;ZDZParameter. dat 为自动站参数。

(15)XFILE:X 文件的存放目录,需要设置才会生成,每个数据包生成一个文件。

(16)XSMFILE:存放土壤湿度站的 X 文件原始数据,程序处理完成后会自动删除,每个数据包生成一个文件。

3.2.7　舒适度数据采集系统

(1)软件不可安装在 Windows8 上。

(2)根据向导安装生物舒适度采集软件包。

(3)站点参数设置:添加站点后设置站名和站号,并设置通信参数,如图 3.81 所示。

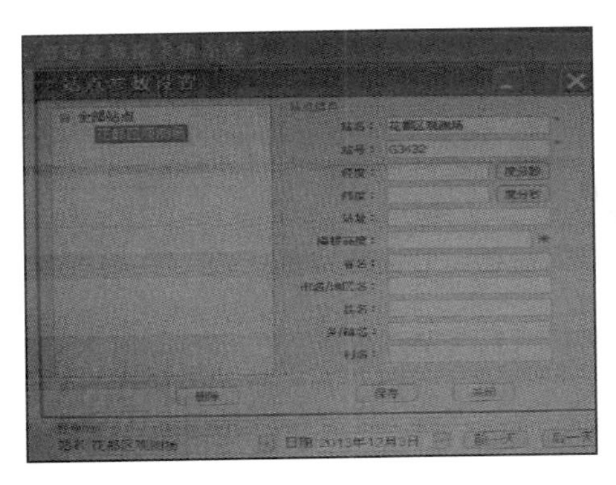

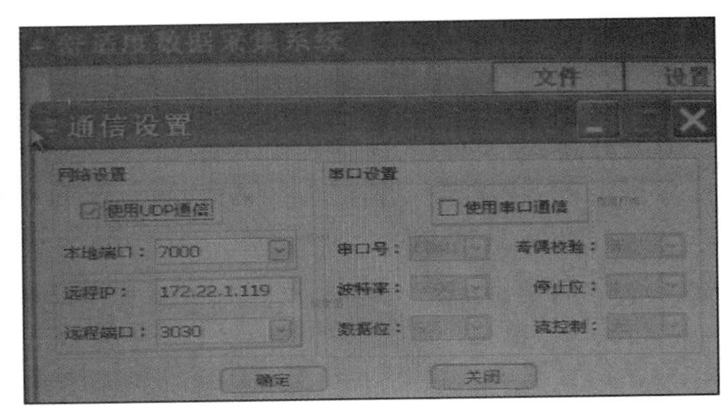

图 3.81　生物舒适度采集软件站点参数设置和通信设置

(4)数据转发设置:每个台站有一台机连入省局网络,可以接收数据资料。在该电脑上安装“自动气象站 GPRS 网台站服务中心”软件。在菜单栏“数据接口”项设置,添加安装了“生物舒适度采集软件”电脑的 IP 并打钩。127.0.0.1 转发到本机依然打钩。按“确定”退出。此时看到“数据接口”中第二个项目显示灰色并打钩。

3.3　整机调试

如果安装正确的话，一般情况下，系统不需要调试即可正常工作。整机安装完成之后，接通电源，采集器启动工作，启动终端软件。

3.3.1　在计算机终端上检查

在计算机终端上发命令调取数据，看各个要素是否正常，正常时显示所有要素数据。如果系统存在明显故障，系统能够自动检测出来，并在屏幕上显示。

3.3.2　在采集器上检查

LCD 显示全部要素，如果在相应要素显示“* * * *”，表示该要素没有连接好或故障。LCD 显示器主菜单显示的要素除风为 3 s，2 min，10 min 数据以外，其他要素都是 1 min 平均数据，数据每分钟更新一次。

警告：当选择“实时数据”进入“测试状态”时，自动气象站立刻停止正常输出，即使到达正点观测时间也不输出数据。因此，测试实时数据完毕后必须返回主菜单，如果不返回，30 min 后程序自动返回。

3.3.2.1　DZZ1-2 型数据采集器内嵌软件

DZZ1-2 型采集器运行时需要一些基本参数，参数主要包括：时间日期、站点信息（站号、经纬度、海拔高度等）、观测项目、传感器信息、数据传输信息、串口设置等。参数设置分采集器本地设置和终端软件参数设置。

(1)参数设置

DZZ1-2 型采集器自带一个中文 LCD 显示屏和键盘，通过键盘可以对时间日期、站号、风传感器类型、数据传输响应方式等参数进行设置，如图 3.82 所示。这里只介绍最重要的几项参数的设置方法。

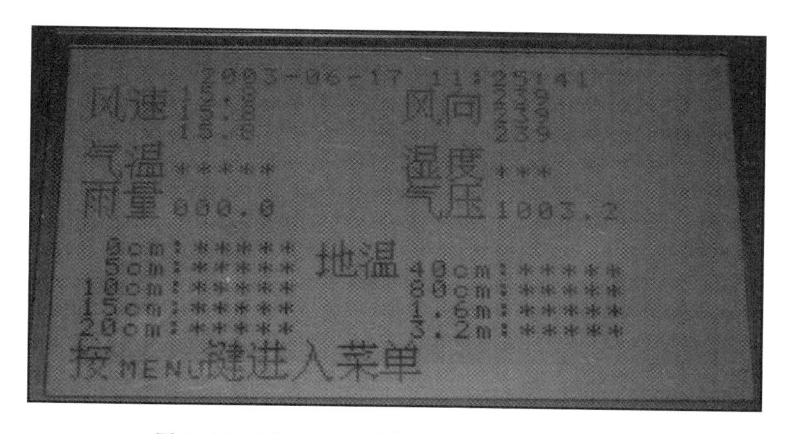

图 3.82　DZZ1-2 型采集器 LCD 显示屏主界面

①PUSH,STATION,WIND 参数设置

第一步:在主画面按下“ENTER”和“CTRL”(同时按下),LCD 出现如下菜单:

设置日期时间
设置参数
设置警报值
设置电话号码
清除数据
退出

第二步:按键盘“↑”“↓”选择“设置参数”,LCD 出现如下画面:

PUSH:00　STATION:59000　WIND:TJW

按“ESC”返回　按“↑”“↓”修改。

第三步:选定 PUSH,STATION,WIND 参数。

(a)PUSG 参数:在遥测站 PUSG 参数应该为 0,PUSG 参数设置的是采集器是否自动发送数据的时间间隔,如果为 0 则不自动发送数据。

(b)STATION 参数:STATION 参数设置站号,在更换采集器时需要设置站号。

(c)WIND 参数:WIND 参数设置风传感器的类型,通过上下箭头来选择,如果是“天津厂”的风传感器,选择“TJW”,如果是“长春所”的风传感器,选择“CCW”。

②日期时间设置

第一步:在主画面按“ENTER”和“CTRL”(同时按下),出现如下菜单:

设置日期时间
设置参数
设置警报值
设置电话号码
清除数据
退出

第二步:选择“日期时间设置”,出现如下画面:

2007—08—29 11:30:00

←→ 移动　↑↓修改

第三步:用左右箭头键移动位置,上下箭头更改数值,“Enter”键确认,“Esc”键忽略退出。

(2)数据采集测试

LCD 显示全部要素,如果在相应要素显示“* * * *”,表示该要素没有连接好或故障。LCD 显示器主菜单显示的要素除风为 3 s,2 min,10 min 数据以外,其他要素都是 1 min 平均数据,数据每分钟更新一次。

测试的时候可以进入实时显示(即测试状态,进入测试状态后如果 2 min 内没有键盘操作系统会自动返回测试状态),即显示瞬时数据。

①在主菜单下按“MENU”键,进入菜单选项:

资料显示
编报资料
→测试项目
参数设置
返回(ESC)
按↑↓移动,Enter 确认

②请选择“测试项目”,进入测试菜单:

键盘测试
→实时数据
AD 测试
返回(ESC)
按↑↓移动,Enter 确认

③请再选择“实时数据”,进入瞬时数据显示画面:

2001—11—07　11:40:28
风速 06.2　　风向 236
气温 023.0　　湿度 065
雨量 003.8　　气压 1012.6
0 cm:32.0
5 cm:31.3　地温　40 cm:27.6
10 cm:30.9　　80 cm:27.4
15 cm:29.1　　1.6 m:28.3
20 cm:28.7　　3.2 m:28.8
按 ESC 返回

3.3.2.2　WP3103 型数据采集器内嵌软件

(1)主机采集程序要求

对于数据采集器的正常运行,数据采集程序是至关重要的。作为自动气象站的数据采集程序首先要满足中国气象局制定的自动气象站的观测规范。WP3103 采集器的数据采集程序大部分使用是 11.0 版本。只有在使用前进行正确的设置,才能得到正确的自动站数据,还有了解显示屏显示的内容也很重要,本机数据采集程序还有一个测试菜单。

(2)使用前要进行的正确设置

最重要的参数设置是时间、采集项目、站号、通信方式、通信次数和速率,还有 DTU 的设置也要正确。

现在介绍最重要的这几项参数设置:在开机正常的实时数据显示模式时,同时按“Enter”和“Ctrl”键进入参数设置菜单。

①Set Clock

该菜单设置采集器的日期和时间。

进入菜单后,LCD 显示:年-月-日　时:分:秒

06 - 02 - 01　15:38:45

用左右箭头键移动位置，上下箭头更改数值，“Enter”键确认，“Esc”键忽略退出。

②Set Config

该菜单设置采集器参数。

进入菜单后，LCD 显示：

STN:G1080　　A/P:AUTO

LNK:GPRS　　BAU:1200

SCH:05　LED:NO　WLR:00　（这种参数设置为常用设置）

用左右箭头键移动位置，上下箭头键增减数值。各项定义如下。

STN:站号设置，共 5 位，每位可以设置大写的英文字母 A～Z 和数字 0～9，出现数字 9 后按“↑”键，跟着出现字母 A，字母 Z 后按“↑”键跟着出现数字 0。“↓”键则相反。因为站号是区别不同自动站的唯一标识，因此同一个网络内站号必须唯一，可以说最重要站号。

A/P:设置是否自动发送数据，有“POLL”和“AUTO”两种选择，在 GPRS 通信模式下，一定要设置成“AUTO”，否则自动站不会自动向采集中心发送数据。

LNK:通信方式设置(只有 GPRS 模式，不能更改)。

BAU:通信速率设置(可设为:300 bps，600 bps，1200 bps，4800 bps，9600 bps，19200 bps)，一般设置为:1200 bps。

SCH:发报时间间隔设置，可以设置为 00～59，如设置为 05 时，表示每隔 5 min 自动站向采集中心发送一份数据。设置成 00 时，除了在 00 分发送一份正点数据外，其他时间不发数据。

LED:设置是否安装有大屏幕，有安装大屏幕时，设置为“YES”，否则设置为“NO”，设置为“NO”时自动站不会向大屏幕发送数据。

WLR:为水位设置，一般没有设置为:00。

③Set Parameters

该菜单设置温度传感器订正参数、风传感器类型和观测要素。

在正常的实时数据显示模式时，同时按“Enter”和“Ctrl”键两次进入设置菜单。

进入菜单后，LCD 显示：

TTC:0.0℃　　WSS:CCW

WD:Y　TT:Y　RF:Y　RH:N

PP:N　WL:N　MT:N　UR:N(这种设置为常用四要素站设置)

用左右箭头键移动位置，上下箭头键增减数值。各项定义如下。

TTC:温度传感器订正参数，一般为 0.0℃，表示不需要订正。

WWS:风传感器类型设置，有 3 种传感器类型供选择:CCW(长春所)，TJW(天津厂)，HYW(海洋所)。

注意:一定要按照所在站点安装的风传感器类型进行设置，否则风速数据会出错。

WD:是否进行风要素的观测，“Y”表示观测，“N”表示不观测。

TT:是否进行温度要素的观测，“Y”表示观测，“N”表示不观测。

RF:是否进行雨要素的观测，“Y”表示观测，“N”表示不观测。

RH:是否进行湿度要素的观测，“Y”表示观测，“N”表示不观测。

PP：是否进行气压要素的观测，“Y”表示观测，“N”表示不观测。

WL：是否进行水位要素的观测，“Y”表示观测，“N”表示不观测。

MT：是否进行多层温度的观测，“Y”表示观测，“N”表示不观测。

UR：是否进行紫外线的观测，“Y”表示观测，“N”表示不观测。

注意：一般 WL，MT，UR 要设置为“N”。

设置为“Y”的观测项目，自动站将启动该项目的观测并向采集中心发送该项目的观测资料。设置为“N”时，该项目不观测，也不发报。没有的观测项目不要设置成“Y”，否则自动站发送的数据是有错误的。

在这些设置项目时，显示屏右上角有一个 30 s 开始的倒计时钟，如果 30 s 后，还没有退出该设置，采集器会自动退出到正常的实时数据显示模式。

软件的正确设置是硬件维修的前提，也是设备正常工作的必要条件，所以以上的设置是非常重要的。

(3)LCD 显示内容

自动站启动时，首先显示软件的版本信息，如图 3.83 所示。然后进行 EEPROM 和 RAM 的测试，测试通过后，LCD 显示“Initializing data…”初始化数据，初始化各最大最小值，然后，自动站 LCD 将显示如下信息。

①LCD 屏幕上出现如下的提示时：

Press 'Enter' key to
reset MAX&MIN value!
Press 'Enter'+'Ctrl'
key to clear NVRAM!

程序将暂停 2 s，期间如果按下“Enter”键，将会清除各个极值，清除日雨量和时雨量；如果同时按下“Enter”和“Ctrl”键，程序会将所有的内存清零并复位自动站。

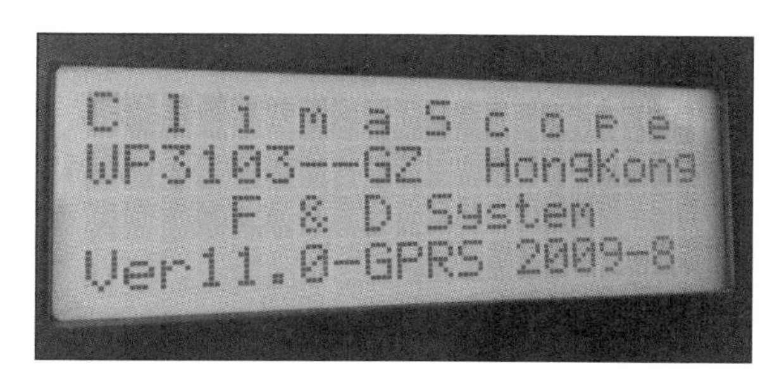

图 3.83　WP3103 室外型采集器 LCD 显示屏界面

②LCD 屏幕上出现如下的提示时：

Acquiring data....!
Please wait.......!

表示程序正在获取足够的数据，需要等待。

③数据的显示：数据的显示采用分屏显示的方式，按照设置的观测项目逐个项目进行循环滚屏显示，一般开机后，需要 1 min 后才有正常的实时数据显示。

各个分屏显示要素的解释：

显示		中文解释
风数据的显示：		
3 sec Wind：	m/s	//瞬时风向风速，单位 m/s
2 min Wind：	m/s	//2 min 平均风向风速，单位 m/s
10 minWind：	m/s	//10 min 平均风向风速，单位 m/s
温度数据的显示：		
Current TT：	℃	//当前气温，单位℃
max TT：	at′	//小时内最高气温，及出现时间
min TT：	at′	//小时内最低气温，及出现时间
雨量数据的显示：		
Rainfall_Day：	mm	//日雨量(08 时到翌日 08 时)，单位 mm
Rainfall_Hur：	mm	//时雨量，单位 mm
Rainfall_Min：	mm	//分钟雨量，单位 mm
湿度数据的显示：		
Current RH：	%	//当前相对湿度，单位%
max RH：	at′	//小时内最大湿度，及出现时间
min RH：	at′	//小时内最小湿度，及出现时间
气压数据的显示：		
Current PP：	hPa	//当前气压，单位 hPa
max：	at′	//小时内最高气压，及出现时间
min：	at′	//小时内最低气压，及出现时间

每一项数据显示时间为 7 s，按“Ctrl”键可以将显示延时到 30 s。

按“Esc”键可进入过时报文显示模式，LCD 显示：

Past RPT：02－27	11：00	//过时报文的月、日、时
239/7.8 ms^{-1}	DR：0.0 mm	//2 min 风向/风速　日雨量
239/7.8 ms^{-1}	HR：0.0 mm	//10 min 风向/风速　时雨量
10.2 ℃	1012.6 hPa　63%	//正点温度、气压、湿度

上下箭头键向后向前翻一条记录；

“PgUp”和“PgDn”键向后向前翻页(12 条记录)；

“Home”键到最新的一条记录；

“End”键到最旧的一条记录。

(4)测试菜单

本机有一个测试菜单，用来监测自动站的性能和判断设备的好坏。在自动站接上传感器或测试盒后，按“Menu”键进入菜单，用上下箭头键向后或向前选项，“PgUp”和“PgDn”键向后或向前翻页，“Enter”键确认，“Esc”退出。

①Test KeyPad

功能：键盘测试。

进入该项菜单，按下不同的键后，相应的键会闪动时，表示正常，否则该键故障。

同时按下“Esc”和“Ctrl”键退出，不按键30 s后自动退出。

②Test Wind input

功能：测试风向和风速传感器。

进入该项菜单，LCD的第二行显示“Wind Direct:239”，表示当前的风向是239°。

LCD的第三行显示“BIT:0000000 1111111”，代表风向传感器码盘的每一位是否出现过0和1，在风向传感器正常的情况下，风向标转动一圈后，前7位应该全为0，后7位应该全为1，如果某位总是0或1，表示该位出现故障。

LCD的第四行显示“Wind Speed:7.8 ms^{-1}”，代表当前风速。

按下“Esc”键退出，不按键30 min后自动退出。

③Test Rainfall

功能：测试雨量传感器。

进入该项菜单，LCD的第二行显示“RF Counter:0.0 mm”，并开始雨量计数，雨量传感器的翻斗翻转一次，计数增加0.1 mm，测试状态下的雨量是不会计入正式观测数据里。通常用一把一字螺丝刀，将采集器雨量接口一二脚短路一下，如图3.84所示，这时就应该有0.1 mm雨量显示，据此判定采集器雨量接口好坏。

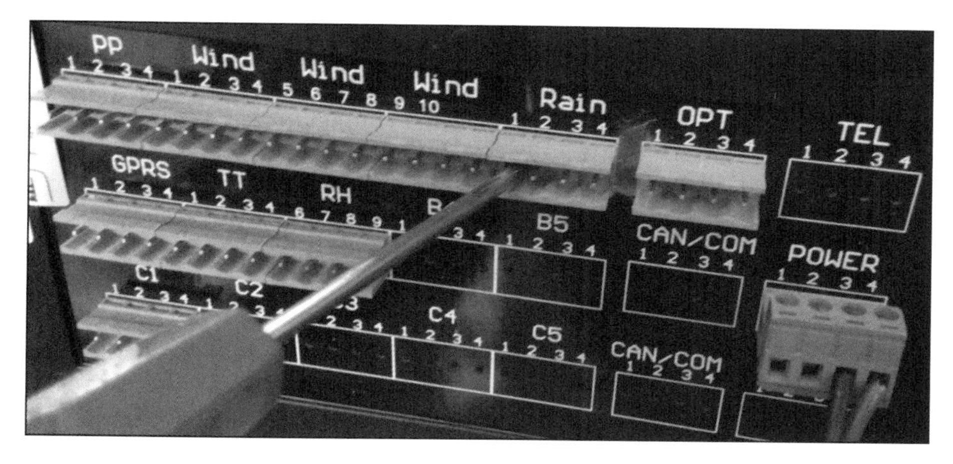

图3.84　螺丝刀触碰雨量接口

按下“Esc”键退出，不按键30 min后自动退出。

④Test A/D Convert

功能：测试模/数转换，主要是测试相对湿度和温度。

进入该项菜单，LCD显示：

A/D Channel:00	//显示模拟输入的通道，从00～0D
A/D Result:0.627 V	//显示A/D转换后的电压
↑ch+　↓ch-　63%	//上下箭头增减通道，显示对应测量要素结果

各个通道对应的定义：

通道00：相对湿度；

通道01：未用；

通道02：温度传感器驱动电流，2.500～3.000 mA；

通道 03～07：未用；

通道 08：温度的瞬时值，波动范围在±0.2℃为正常，否则要检查电源的接地是否良好，开机后马上查看该通道，就可以马上看到温度；

通道 09：未用；

通道 0A：输入到采集器的电源电压；

通道 0B：2.499 V；

通道 0C：0.000 V；

通道 0D：4.999 V；

如果没有按“Esc”键，测试在 90 s 后结束。

⑤Test Pressure

功能：气压测试。

进入该菜单后，测试气压，LCD 显示：

　　Pressure：* * * * * * hPa　　//显示当前气压值

如果没有按“Esc”键，测试在 30 min 后结束。

⑥Test GPRS&COM

功能：测试 GPRS 和串行通信口功能。

进入菜单后，LCD 显示：

　　↑ ↓ ON/OFF GPRSPWR：on　　//上下箭头键开关 GPRS 电源

　　Ent to TX，RX Msg：　　//按“Ent”键后，采集器发送一串测试信息“Hello，this is a test message. OK?”采集器接收到的信息在第四行显示。把采集器 GPRS 信号接口，2，3 脚短接，如图 3.85 左图，每按“Ent”键一次，显示屏第四行就有一次“Hello，this is a test message. OK?”显示，并且室外机 3，4 脚，如图 3.85 右图所示，室内机 3，5 脚，应该有－9 V 左右电压，据此判定采集器 GPRS 通信接口为好。

如果没有按“Esc”键，测试在 90 s 后结束。

一般测试菜单最常用的是：第二项风、第三项雨、第四项温度、第六项 GPRS。

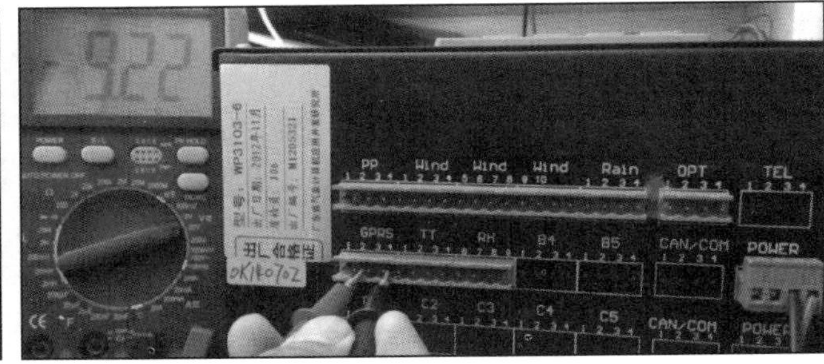

图 3.85　GPRS 信号接口 2，3 脚短接和测量 GPRS 信号接口 3，4 脚

(5)其他辅助功能

①Test Watchdog

功能：测试采集器的“看门狗”功能。

进入菜单后，LCD 显示：

Watchdog stastus:ON　　　　//看门狗状态:开

Switch　off　WHDOG:↓　　　//按下箭头键关闭看门狗功能

看门狗功能关闭后,采集器会自动复位。

如果没有按“Esc”键,测试在 30 s 后结束。

②Show RST record

功能:监视采集器的开关机次数。

该菜单显示采集器最近 10 次的开关机日期和时间(年、月、日、时、分、秒),“ON”表示开机时间,“OFF”表示关机时间。

如果没有按“Esc”键,测试在 30 s 后结束。

③在参数设置菜单还有:Clear All Data

功能:清除所有数据。

进入菜单后,LCD 显示:

Press‘Ctrl’and‘→’

To clear all data.

同时按“Ctrl”和“→”键将清除采集器内所有以前的数据,数据清除成功时,LCD 将显示“Clearing data⋯. OK”。

注意:在更换了采集器时,有时需要使用本功能清除采集器内过去的数据。

3.3.2.3　生物舒适度采集器内嵌软件

完成硬件设备安装后,须对采集器进行参数设置和相关测试检查。

(1)参数设置。如图 3.86 左图所示,需设置站号、发报间隔、辐射计灵敏度(见辐射传感器检定证书)等参数。

(2)功能检查。如图 3.86 右图所示,可以对采集器时间、数模转换、DTU、水泵等进行检查。

(3)探测数据显示。如图 3.87 所示,检查黑球、湿球、干球、风速、太阳辐射等数据是否正常。

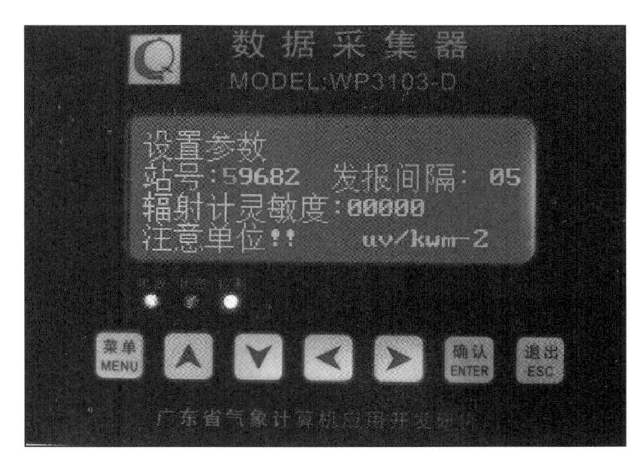

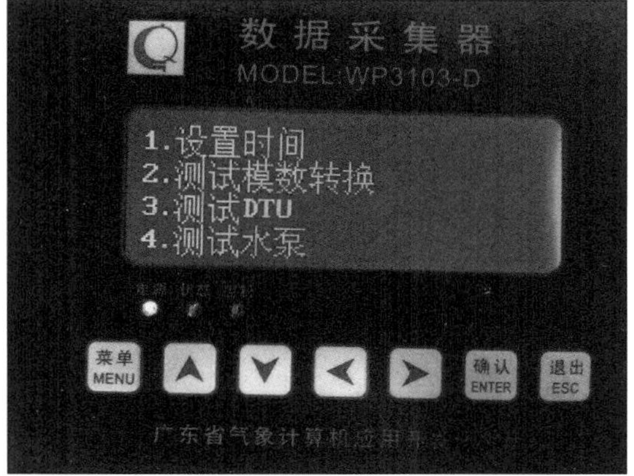

图 3.86　生物舒适度设置参数和功能测试菜单

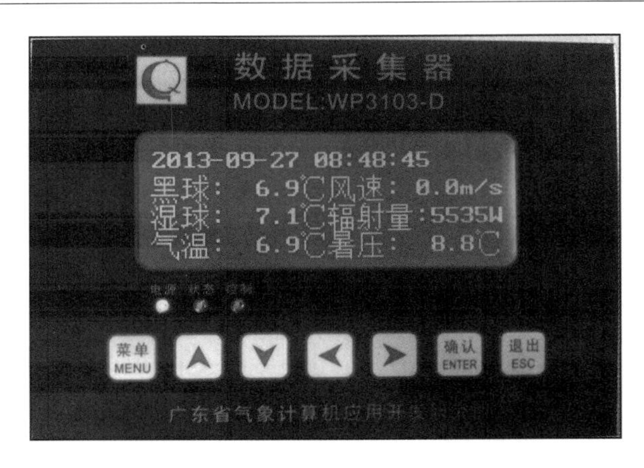

图 3.87 生物舒适度数据显示界面

3.3.3 使用测试盒测试

将测试盒的电缆接到采集器的相应插头上，可以测试风向、风速、温度、湿度、雨量，采集器测量出来的数值（可以在瞬时数据显示画面看或在计算机终端上看）应该与测试盒上标示的数值一致，否则说明采集器异常。

第 4 章　维修维护

本章重点阐述全省气象观测业务使用的自动气象站数据采集器和各要素传感器日常维护方法、故障判断方法和维修注意事项等内容，旨在提高指导自动气象站台站维护保障技术人员的技术水平。

4.1　数据采集器

4.1.1　DZZ1-2 型数据采集器

4.1.1.1　接口及连接图

DZZ1-2 型自动气象站采用分布式结构，采集器部件装配于主机箱和 DZZ1-2TW 型信号变送箱。主机箱内部的主要部件包括主板、风雨板、电源板、气压传感器和电池，如图 4.1、图 4.2 所示。主板和风雨板装有机箱，机箱上面布置显示屏和键盘。DZZ1-2TW 型信号变送箱内部的主要部件包括温湿板和温湿接口板。如图 4.3 所示。

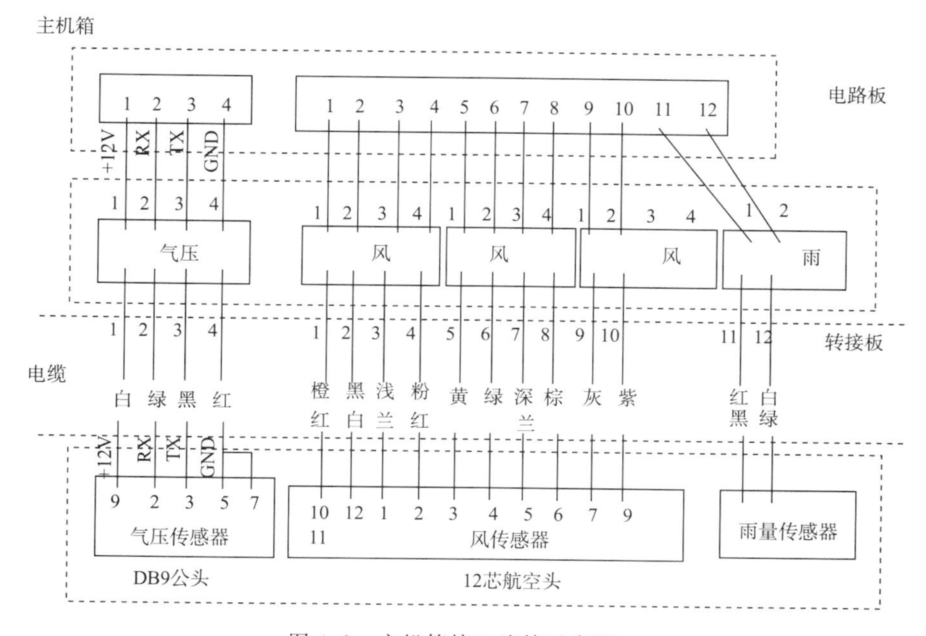

图 4.1　主机箱接口连接示意图一

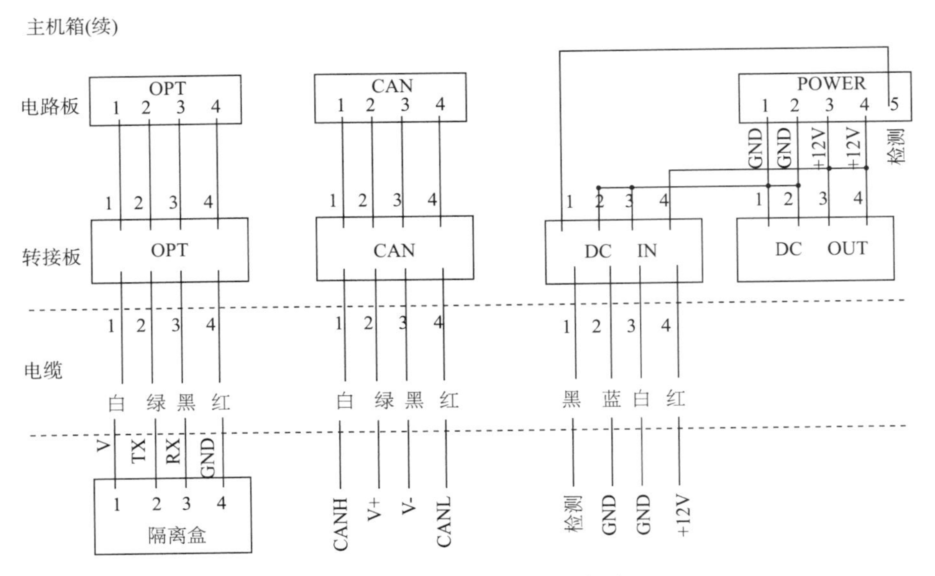

图 4.2　主机箱接口连接示意图二

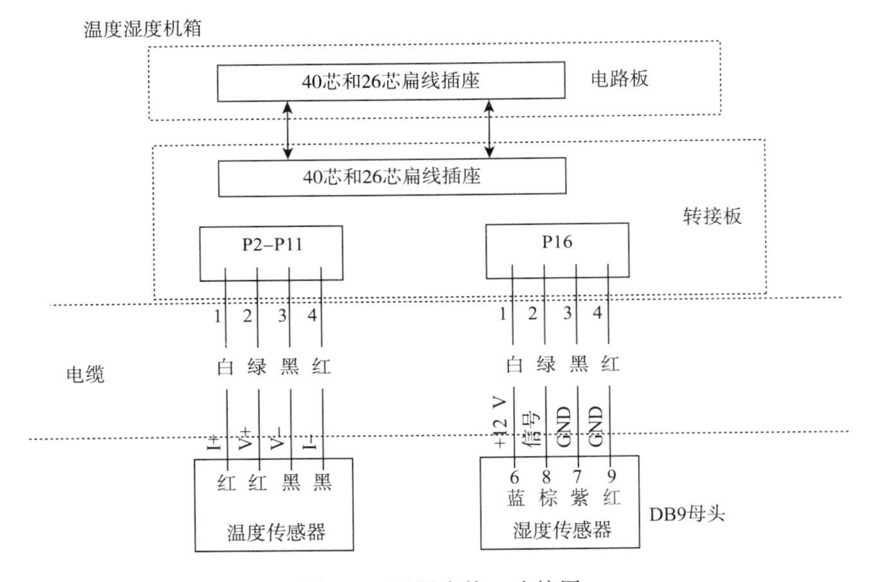

图 4.3　温湿度接口连接图

4.1.1.2　采集器的拆装

(1)采集器的拆装方法和注意事项

当采集器出现故障损坏时，须更换采集器。更换采集器时，须注意以下事项。

①在拆卸采集器前，先拔开总电源插头(如图 4.4 所示)，切断采集器电源。

②依次拔开与气压、风向、风速、雨量、OPT，CAN，POWER 连接的高正接头，同时检查各条电缆的标识是否完好，标识不完整的，要及时做好标识。

③拆卸采集器时，须两人配合，一人托住采集器，一人用螺丝刀拧开固定采集器的螺丝。

④安装采集器时，须先在主机箱里固定好采集器，然后连接传感器电缆，次序不可颠倒，以

免造成短路烧坏设备。

⑤按接口板上的标识连接好相关传感器的接头，经检查无误后，才连接采集器总电源。切记，变送器的CAN和POWER插头错误连接会造成设备损坏。

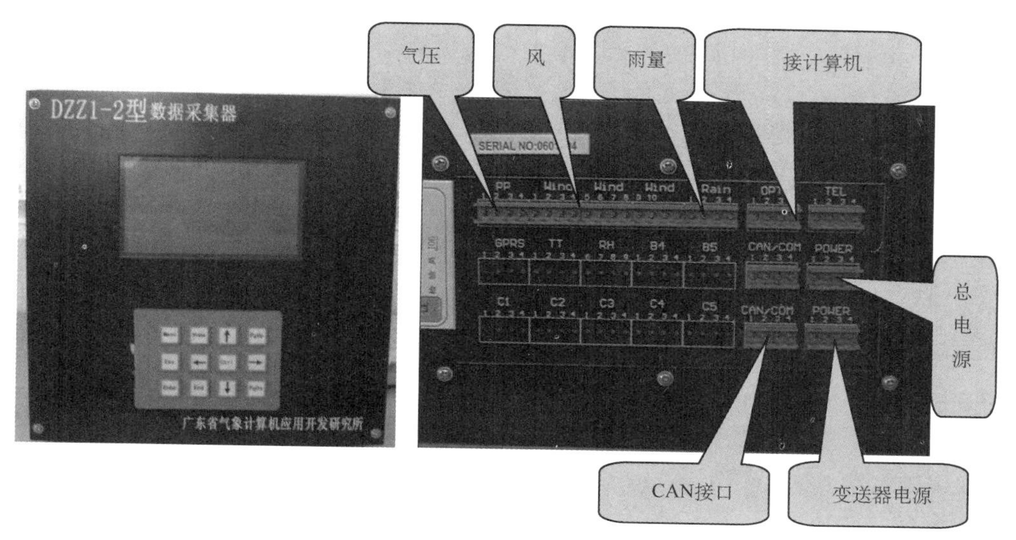

图4.4 采集器的拆装图

(2)变送器拆装方法和注意事项

如图4.5所示，变送器拆卸方法如下：

①拧开接口板的4颗固定螺丝，稍微移开接口板；

②用钳子拧开温湿板的4颗固定铜柱；

③连接接口板与温湿板的两条扁线不需拨开，让其保持良好连接状态；

④接口板、温湿板及连接扁线作为一个整体取出，完成电路板的拆卸工作。

变送器安配方法：

①将连接好信号线的接口板与温湿板一同放入机箱，注意接口板方向；

②用4颗铜柱固定好湿度板，铜柱切勿拧太紧，以免滑丝；

③用螺丝固定好接口板。

注意事项：

①当变送器出现故障时，由于变送器连接电缆较多，拆卸电缆耗时长，直接更换整个变送器会影响数据探测，为了快速排除故障，建议更换变送器内电路板；

②在更换变送器电路板前，先按“变送器拆卸方法”拆卸下备用变送器电路板，为更换电路板做好准备；

③在拆卸在用变送器电路板前，先拔开CAN，POWER、气温、地温、草温、湿度连接的高正接头，同时检查各条电缆的标识是否完好，标识不完整的，要及时做好标识；

④变送器出现故障时，不管接口板是否损坏，都要求同时更换电路板和接口板，切勿只更换电路板，否则会出现温湿板与接口板接触不良的情况；

⑤变送器送修时，要求按“变送器装配方法”，在变送箱里安装好温湿板和接口板，用专用包装箱包装好变送器，邮寄回广东省大气探测技术中心维修。

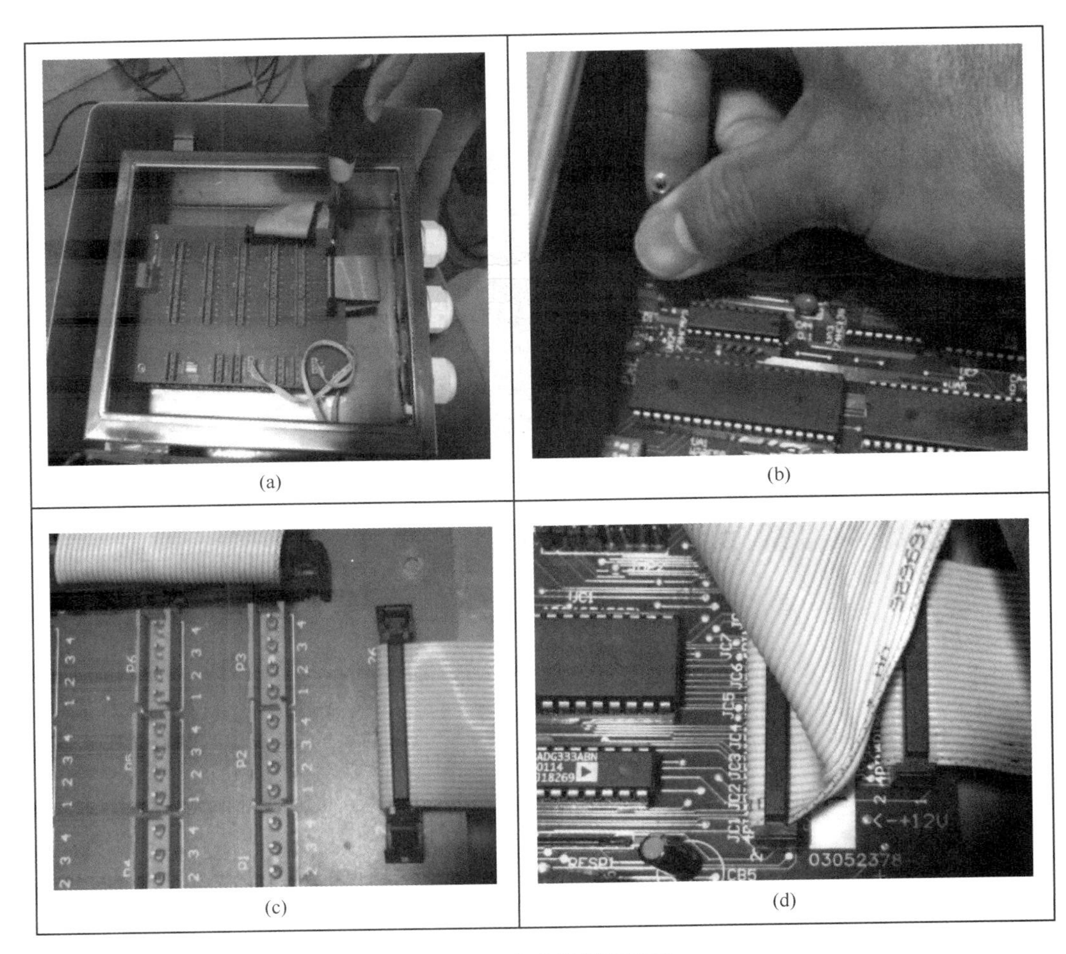

(a)　(b)　(c)　(d)

图 4.5　变送器拆装图示

4.1.1.3　故障诊断方法

(1)故障分析和判断的基本原则

当自动气象站出现故障时,要冷静对待,不要手忙脚乱,根据以下基本原则,进行故障排查。

①安全原则

排查故障时,尽可能脱开市电电源,采用低压供电。例如,在排查采集器故障时,把市电电源脱开,只用蓄电池向采集器供电,就不会有高压危险。

当要带电情况下分析故障时,一定要注意人身安全。

只有专业维修人员才能打开带市电的自动气象站各部件的外壳。

②逻辑原则

逻辑原则指依据电路原理分析的原则。

例如,某一气象要素值超差或明显不正常,最有可能是相应的传感器或连接线路故障,不太可能是采集器主板产生故障,更不太可能是计算机或电源故障造成。如果计算机终端收不到数据，首先检查通信电缆、通信隔离盒、通信隔离盒电源、计算机串口及连接电缆是否有故障，如果确认通信系统没有故障，再检查采集器有无故障。

如果采集器没有显示，首先检查采集器供电有无故障，如果采集器电源输入正常，则基本上可以判断采集器有故障。

要进行充分的分析，列出众多的故障可能性，找出最符合逻辑即最符合电原理的故障原因，从而判别故障部位。

③分解原则

自动气象站系统的组件很多，有时，分析的结果可能是多个原因和多个组件产生的故障，事实上，雷击等原因会引起多个部件同时损坏，在这种情况下，就要断开部分连接线，把自动气象站系统分成几个部分，缩小范围进一步检查分析。

例如，把数据采集器与计算机间的信号线断开，自动气象站就被拆成采集系统、计算机系统两个独立系统。在计算机系统中，把计算机和 UPS 断开，可分别查找计算机和 UPS 的故障。在采集系统中，把市电电源脱开，只用蓄电池向采集器供电，这样就可以在采集器和传感器这个范围内查找故障。如果把采集器与传感器一一断开，则可进一步缩小判别故障的区域，故障部位可被定位在传感器和连接导线处的区域。

一般来说，因雷击产生故障时，宜把自动气象站分拆成单个有独立功能的小系统，多处故障现象将被分散在几个小系统中，相对独立的因果关系使故障判别变得简单。

④替代原则

依据电路原理进行分析，可大体上分析出故障部位，但没有得到证实。最简单而又可行的证实方法是用好的部件替代坏的部件。此时，若故障现象消失，则替代成功，说明分析判断正确。

注意："替代"时必须切断电源，严禁带电操作。

(2)故障分析和判断的基本方法

①替代的方法

首先依据电路原理图，进行逻辑分析，确定故障部位，如图 4.6 所示。再用好的部件替代怀疑坏的部件，此时，若故障现象消失，则说明故障分析判断正确，此次维修也就成功了。

②测量方法

可用万用表测量电参数，分析判断出可能出现故障的组件。测量电参数时，请注意万用表的"挡""量程"和"极性"。还应注意，万用表的"测笔"较粗，操作稍有不当，单笔同时触及两个"点"时，便会导致印制板线路短路。

4.1.1.4 典型故障分析及处理

(1)采集器不工作

故障现象：采集器的显示屏无显示或显示乱码或显示内容不更新。

故障检查：供电电源。

故障处理：①更换电源板；②更换采集器。

图 4.6　采集器电源、CAN 连接图

(2)采集器能工作,但不能卸载采集器数据

故障现象:采集器显示数据正常,但电脑无数据。

故障检查:

①检查通信隔离盒及其电源;

②检查电脑串口;

③检查相关软件设置;

④检查相关电缆。

故障处理:

①更换损坏部件;

②正确设置参数;

③维修连接线;

④更换采集器。

(3)个别要素异常

故障现象:气温、湿度、雨量、地温、风向、风速、气压等个别采集通道不工作或工作不正常。

故障检查:

①用测试盒检查采集通道;

②用测量法检查相关传感器。

故障处理：

①更换传感器；

②更换采集器。

(4)采集器工作，但气温、湿度、地温全部没有数据

故障现象：雨量、风向、风速、气压等正常，没有气温、湿度、地温数据。

故障检查：

①变送器电源；

②检查变送器通信电缆。

故障处理：

①维修变送器与采集器连接线；

②更换变送器。

故障排除从易到难，先主采集器，后分采集器，然后传感器；利用主采集器的显示实时数据功能，快速定位故障。

4.1.2 WP3103型数据采集器

4.1.2.1 室外机和室内机

至2013年WP3103自动气象站分为室外型和室内型两种。室内型已经不再生产，两种主机只是外壳、接口、连线不同，内部的电路板完全一样，使用的采集程序也一样，在应急的情况下是可以互换电路板，插好连线就能完成维修。主机内部电路板包括：主板、风雨板、温度板、通信板(也称GPRS板)和显示板(包括键盘)，通常把主机也称为数据采集器。

4.1.2.2 常用维修方法

(1)维修要求和注意事项

数据采集器维修要求：就是能够判断采集器是否能够正常工作，相关要素传感器接口是否正常，据此决定换不换采集器，完成维修、维护工作，不要求维修到采集器内部板卡。

在更换采集器过程中，需要注意的事项：

①将采集器固定好后，不接入任何传感器，测量输入电压，应该保证在13 V左右。如果低于12 V，需要检查供电电源。依此将雨量、温度等传感器接上，最后接风速和风向传感器。

②每次接入一个传感器，就进入测试状态，对该传感器功能测试，并且要求注意电流变化情况。

③因为有些故障站传感器已经短路或损坏，如果只是换上好的采集器，不判定测试传感器的好坏，一般换上的好采集器，过不了一两天就不能正常工作，这一点要特别引起注意，这种情况表现为换上采集器后，显示屏暗亮变化明显、闪动或主机重启。

(2)常用维修方法

①注意观察采集器显示屏下部，两盏工作指示灯情况，红灯常亮，表明采集器电源工作正常，绿灯一秒闪烁一次，表明采集器工作正常，以上为采集器正常运行最基本状态，否则需更换采集器。

②电流判断法，用一个电流表串接在采集器电源输入端，或者在市面上买一台直流电源供应器，它可以方便测量电流，输出可调直流电压，将12 V直流电压输入给采集器，并且拔下所

有传感器连接插头，采集器在没有背光情况下，电流在 55 mA 左右，加上背光在 115 mA 左右，如果电流增大 30 mA，40 mA 以上，需要换采集器。

③接口判断法，通过测量采集器输出供给传感器工作电压，这个电压过高、过低、跳动都认为出错，据此判定需更换采集器。GPRS、风、湿度、气压都可以测量电压，雨量和温度不能用这种方法，雨量用一字螺丝刀碰触方法，温度用测试盒等方法。供电接口定义和信号接口定义参见表 4.1 和表 4.2。

表 4.1　供电接口定义

	接口位置	工作电压	室外机接脚	室内机接口	室内机口型
GPRS	C1	+5 V	1,4(负)	3,2(负)	3 芯航空插座
风	Wind	+5 V	1,2(负)	1,2(负)	15 芯母头
湿度	RH	+12 V	1,3(负)	6,7(负)	9 芯母头
气压	PP	+12 V	1,4(负)	6,7(负)	9 芯母头

表 4.2　信号接口定义

	接口位置	信号电压	室外机接脚	室内机接口	室内机口型
GPRS	GPRS	负 9 V	2 收、3 发、4	2,3,5(地)	9 芯母头
风速	Wind 3	频率变化	10	3	15 芯母头
风向	Wind	频率难测准	3 到 9 共 7	4～8,14,15	15 芯母头
湿度	RH	0～+1 V 变化	2,3(地)	7,8(地)	9 芯母头
气压	PP	是否能连电脑	2,3、	9,8、	9 芯母头
大屏幕	OPT	数字脉冲	1,2,3,4	1,2,3,4	9 芯公头

注：室内机温度、湿度共用 9 芯母头，气压、GPRS 信号共用另一个 9 芯母头。

(3)数据采集器故障现象

①遇见到以下常见故障现象就更换采集器

采集器电源指示红灯不常亮、工作指示绿灯每隔一秒不闪一次；屏幕无显示；屏幕显示两排黑框；加电后没有一点反应；不断重启；屏幕有错误提示；屏幕显示乱码。

在雨量测试状态，用一字螺丝刀碰触接口 Rain1，2 针，每碰触一次，显示 0.1 mm 雨量，否则换主机。

温度接口插入测试盒，温度不显示 0℃，常温状态下，连接温度传感器，显示“ * ”、0℃或者明显比常温高几摄氏度左右。

②需要注意的事项

如果是维修后寄回的采集器出现屏幕显示两排黑框、不断重启等情况，需要打开采集器检查连线、螺丝有没有松动。如果是连接了传感器后出现以上现象，需要检查传感器是否有短路情况。

③回南天采集器也是使用 WP3103 自动站采集器，只是温度板不同，改为可以测量四层温度的温度板，其采集器故障排除检测方法同上。

4.1.3 CAWS600型数据采集器

4.1.3.1 使用情况介绍

CAWS600型自动气象站是由中国华云气象科技集团公司生产，主要有CAWS600-SE型和CAWS600-BS型两种型号，采集器一般使用DT500，采集项目包括气温、地温、湿度、风速、风向、雨量、气压、蒸发和辐射，BS型不具有辐射采集功能，CAWS600型自动气象站从2003年和2004年开始逐步在广东省基准气象观测站使用，SE型在汕头和萝岗使用，电白、南雄、增城使用BS型。

4.1.3.2 故障判断处理方法

(1)采集器DT500有个红色工作指示灯，正常情况下30 s闪烁一次。

(2)采集器工作总电源是通过接线防雷板50,51端口接入直流12 V(50正、51负)。

(3)采集器与测报计算机通信电缆(46,47,48,49端口)两端分别连接一个串口隔离器，具有抗干扰、防雷击等功能，必须两个同时使用。

(4)在需要重启采集器情况下，建议先软启，不行后再重启。采集器上有个小孔，触发它具有软启动功能，如果断电重启，采集器里的数据将全部清零。

以上是CAWS600型自动气象站最重要的观察测试点，如果发生故障情况，根据不同故障现象，查找相关观察测试点。

例如：测报计算机采集不到数据，首先检查保证测报计算机采集软件的正确，然后检查采集器工作指示灯情况，再检查串口隔离器，进而检查电缆情况，总之根据故障现象，按照重要的观察测试点指标，一步一步仔细排查，一定可以解决问题。

另外，CAWS600型自动气象站气温、地温、湿度、气压传感器可以同广东省II型遥测自动气象站相应传感器互换。

4.1.4 生物舒适度采集器

4.1.4.1 采集器不工作

故障现象：采集器的显示屏无显示或显示乱码或显示内容不更新。

故障检查：供电电源。

故障处理：

①更换电源板；

②更换采集器。

4.1.4.2 中心站接收不到数据

故障现象：DTU离线或DTU在线，但接收数据包为0。

故障检查：DTU，DTU电源、采集器通信接口。

故障处理：

①更换DTU；

②更换采集器。

4.1.4.3　个别要素异常

故障现象：黑球温度、湿球温度、气温、风速、辐射等个别采集通道不工作或工作不正常。

故障检查：

①用测试盒检查采集通道；

②用测量法检查相关传感器。

故障处理：

①更换传感器；

②更换采集器

每次更换采集器，须检查站号、发报间隔、辐射计灵敏度等参数是否设置准确，DTU 的波特率为 9600 Bd。

4.1.5　海岛站数据采集器

海岛气象站数据采集器是在 DZZ1-2 型采集器的主板、风雨板、温湿板等硬件基础上，嵌入海岛气象站观测系统程序，并增加一个 GPRS 通信接口板，通信速率为 9600 bps，实现探测资料通过 GPRS 网传输到省局数据处理中心。

4.1.5.1　采集器参数设置

在参数设置界面，按 WP3103 型数据采集器设置方法设置发送间隔时间、站号、风类型(CCW 或 TJW)以及其他参数：Wind：风，AirT：气温，Rain：雨量，Humi：湿度，AirP：气压，WatL：水位，MulT：多层温，VisB：能见度，UltV：紫外线，UlVE：紫外线指数。最后，清空数据。如图 4.7 所示。

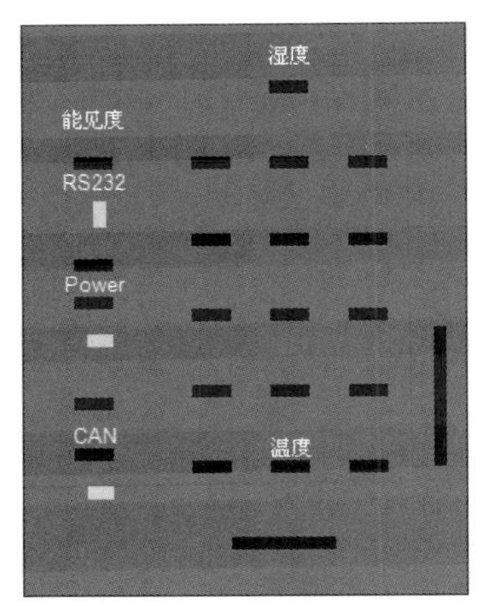

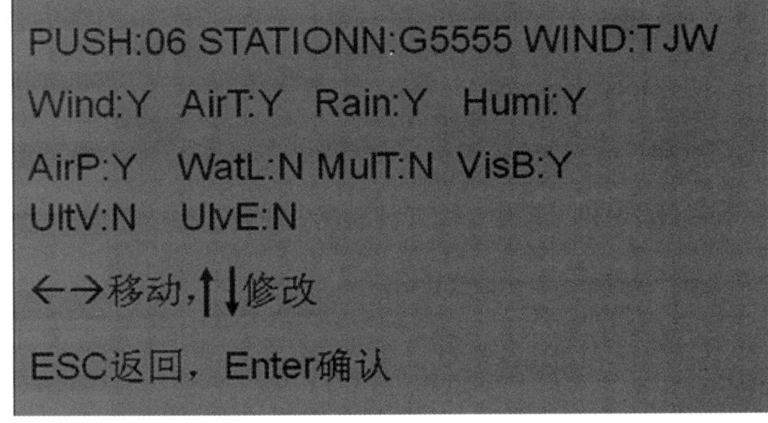

图 4.7　海岛站温湿接口及采集器参数设置

4.1.5.2　典型故障

(1)无规律缺报

故障现象：DTU 指示灯正常，DTU 在线，有时缺报。

故障检查：移动信号增益或咨询海岛站附近的 GPRS 分组数据业务通信道是否开通。

故障处理：与当地移动通信公司联系，增强移动信号增益或及时开通 GPRS 的分组数据业务通信道。

(2)湿度测量值时有时无

故障现象：在采集器实时数据显示界面，湿度测量值时有时无。

故障检查：湿度传感器接头和温湿接口板湿度接口是否腐蚀。

故障处理：

①更换湿度传感器接头。

②更换温湿接口板。

检查参数设置是否正确，做好接头和接口防腐蚀措施，DTU 的速率为 9600 Bd。

4.2 气象传感器

4.2.1 风传感器

广东省使用的风向、风速传感器主要是由长春气象仪器研究所、无锡气象仪器厂和天津气象仪器厂三个厂家的产品，其中长春气象仪器所和无锡气象仪器厂生产的风向、风速传感器外形和接线端口基本一样，可以互换，简称为长春风，设置为 CCW。天津气象仪器厂生产的风向、风速传感器，简称为天津风，设置为 TJW。

全省全部 II 型 DZZ1-2 遥测自动气象站和新型遥测自动气象站都使用天津风，风向传感器型号为 EL15-2C，风速传感器型号为 EL15-1C，全部为直流 5 V 工作。WP3103 区域自动气象站有一部分使用天津风，有一部分使用长春风。海岛站和交通站大部分使用天津风。CAWS600 型自动气象站使用天津风，全部为直流 12 V 工作。石油平台和船舶自动气象站使用超声风，生物舒适度仪使用的风速传感器为长春气象仪器研究所 DEC-II 型。

4.2.1.1 日常维护

(1)经常观察风杯、风向标体转动是否灵活、平稳，发现异常时，及时处理；冰雹可能会打坏风传感器，下过冰雹后应仔细检查风传感器有否受损。

(2)每年定期维护一次风传感器，用手轻轻转动风速或风向传感器，有卡住感觉或转动不灵活，这时需要清洗风传感器轴承或更换；检查、校准风向标指北方位，用油性笔重新划清晰零度，检查风传感器电缆接头，有必要时重新再包一层防水胶布。

4.2.1.2 风传感器故障排查方法

在处理风传感器故障时，在现场需要在屏幕上查看风向、风速数值，必要保证采集器是在正常情况下，再排除风传感器故障。如果风向、风速数值都为零，室外机可以在风传感器电缆绿插头第 10 针拆下，擦看风向是恢复正常，如正常则是风速传感器坏。也可以将第 3,4 针拆下，同时将 5,6,7,8 针绿插头拔下，以及 9 针拆下，如果风速恢复正常，则是风向传感器损坏了。如果以上两种方法风传感器故障依旧，在保证风传感器电缆正常情况下，须要更换风向和风速传感器。风传感器电缆出现问题的排查，下面介绍风传感器电缆内 1 条线出现问题的排查，首先确保风传感器和采集器正常，将风向传感器转到正西南方向，固定在 239 方位，看采集器显示风向,如果显示数值同表4.3所示数值一样,就可判定是对应哪条线的问题。

在更换采集器后,如果接上风传感器电缆插头,采集器死机或者屏幕明暗闪烁,说明传感器有短路情况,用以上方法再来判断是风向传感器还是风速传感器故障。否则过一两天后采集器也会拖坏,要特别注意。

表4.3 风电缆对照表

针号	1	2	10	3	4	5	6	7	8	9
风值	电源正	电源负	风速	236	242	231	253	208	298	118
线色	红橙	白黑	紫色	浅蓝	粉红	黄色	绿色	深蓝	棕色	灰色

4.2.1.3 EL15型风传感器

(1)维护事项

①风传感器顶部传动轴处有一个橡胶圈,如图4.8左图所示。当安装风向标杆(风向传感器)或风杯(风速传感器)时螺丝必须拧紧,否则大雨时雨水将可能从橡胶圈缝隙流入传感器电路板和插头底座,导致进水生锈报废,此橡胶圈非安装不可,实际操作时必须引起注意。

②风向传感器风标固紧螺丝,按正常螺丝固紧规律,顺时针方向为拧紧。风速风杯固紧螺丝,逆时针方向为上紧,顺时针为拧松,这种情况刚好同一般螺丝固紧规律不同,要特别注意,螺丝位置如图4.8右图所示。

③风速、风向传感器与风杆电缆线连接时,首先将电缆头固定卡位与传感器卡位对准插入,然后需要拧动电缆头靠传感器外圈的固定环,顺时针为拧紧,注意不能拧动靠电缆这边固定螺丝底座。如图4.9所示。

(2)信号连接

①风杆信号连接:如图4.10所示。

②采集器风传感器信号连接:如图4.11所示。

(3)典型故障

①短路。风向或风速传感器被较强雷击,此时采集器死机或显示两排黑框。可能是采集器也同时被击坏,但也有可能未被击坏。判断时先将采集器上的风传感器电缆头拔出,如果是后者,采集器将会自动重新启动,显示到正常工作状态,否则有短路。

②风向总是239°。这是天津风雷击后的典型故障现象,雷击打坏发光管供电放大IC芯片“358”。

③风向方位错乱。在安装正确前提下,传感器指向与采集器上的风向数据不符,角度差距较大,甚至相反。雷击格雷码光电管坏一位或几位,或IC芯片“4093”被打坏。

④没有风速即风速总是0。雷击供电芯片或光电盘被击坏。

⑤风速总是偏小。转动系统轴承润滑油干涸或轴承磨损致摩擦系数增大。

⑥传感器进水。风传感器顶部安装风向标杆或风杯时,固紧螺丝没有拧紧,导致大雨时雨水从橡胶圈缝隙流入传感器电路板和插头底座,造成短路或生锈,致使传感器报废。

图4.8　EL15型风传感器

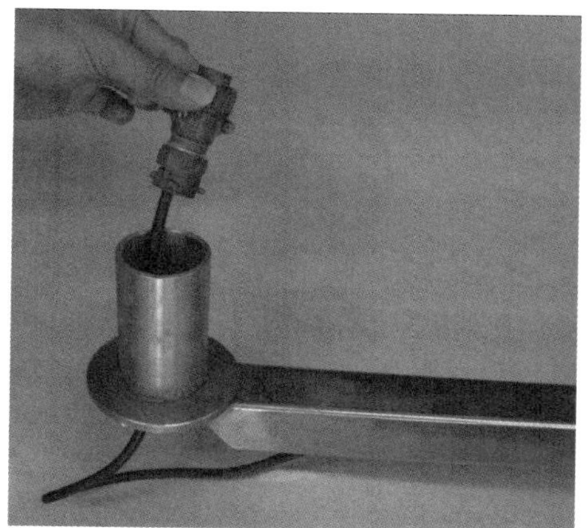

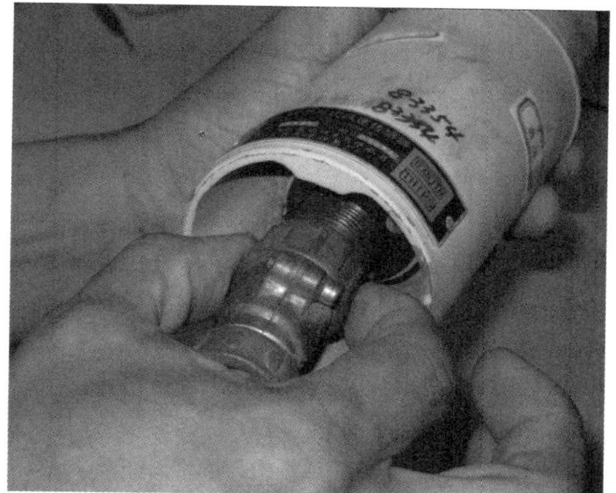

图4.9　EL15型风传感器风杆连接图

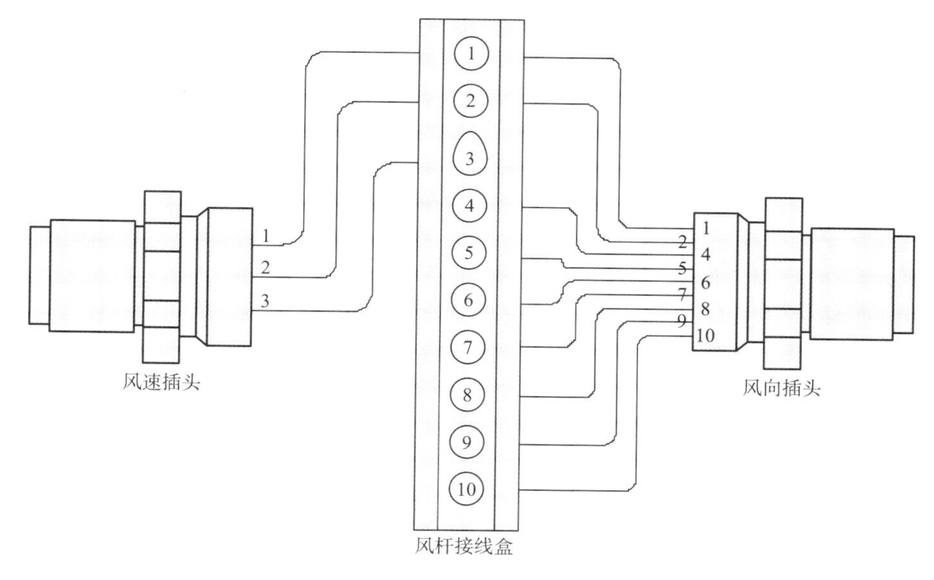

图4.10　EL15型风杆端信号连接示意图

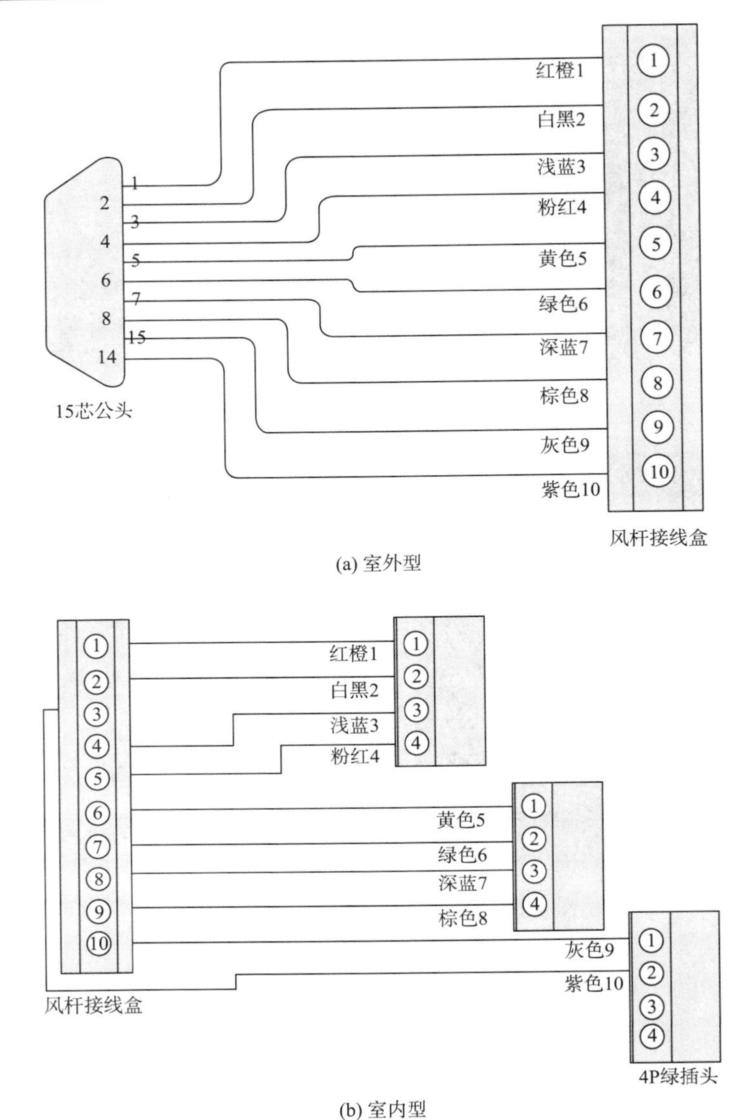

图 4.11　EL15 型采集器端信号连接示意图

4.2.1.4　EC9-1 型和 ZQZ-TFH 型风传感器

(1)维护事项

①风向传感器风标拆装只需要拧动风标固定帽上方的螺丝，风向风标安装时注意 0°位置，按照风标固定帽上箭头方向，将风标从小孔插入穿过，固紧螺丝如图 4.12 中图所示。

②风标固定帽下方螺丝一般不用拧动，万一拧松动，需要用防水胶封紧，如图 4.12 左图所示。

③风速传感器风杯固紧螺丝，在拧紧螺丝后，需要用防水胶封紧，如图 4.12 右图所示。

④风速、风向传感器与风杆电缆线连接时，首先将电缆头固定卡位与传感器卡位对准插入，然后需要拧动电缆头靠传感器外圈的固定环，顺时针为拧紧，注意不能拧动靠电缆这边固定环，见图 4.13。

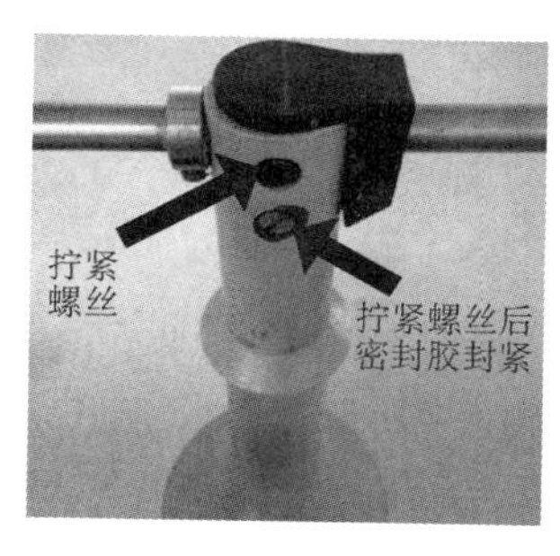

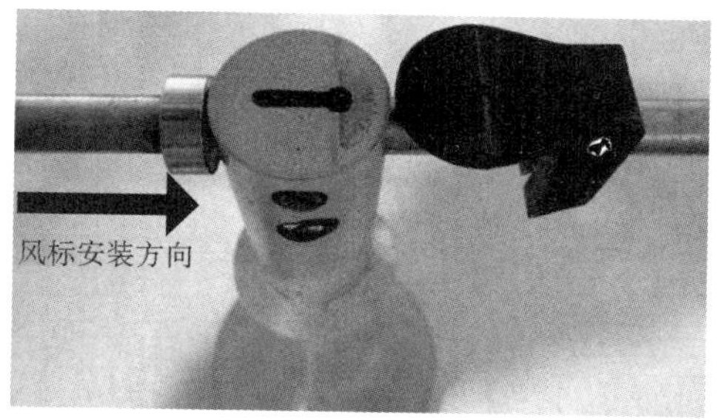

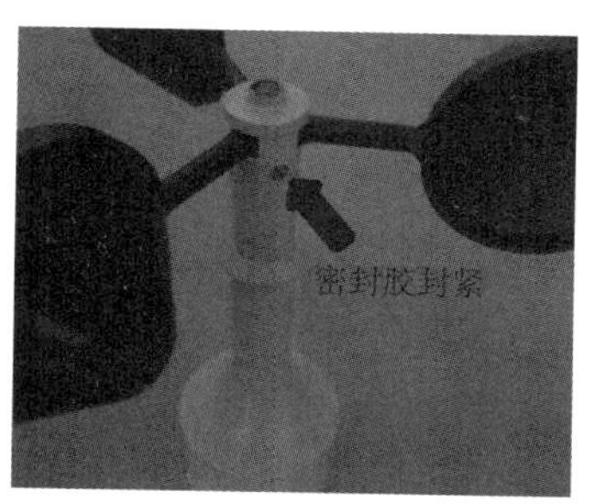

图 4.12 EC9-1 型风传感器

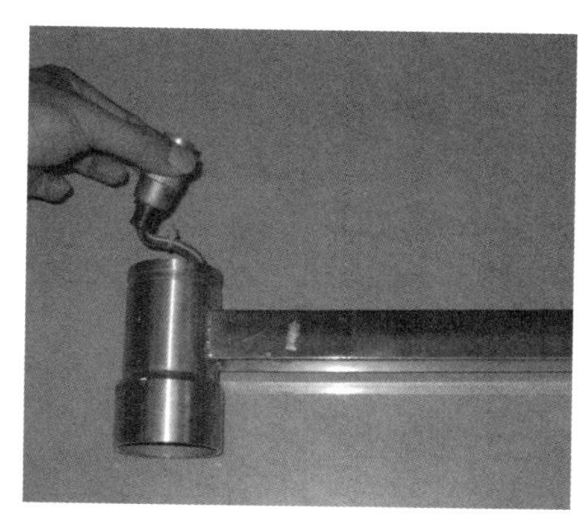
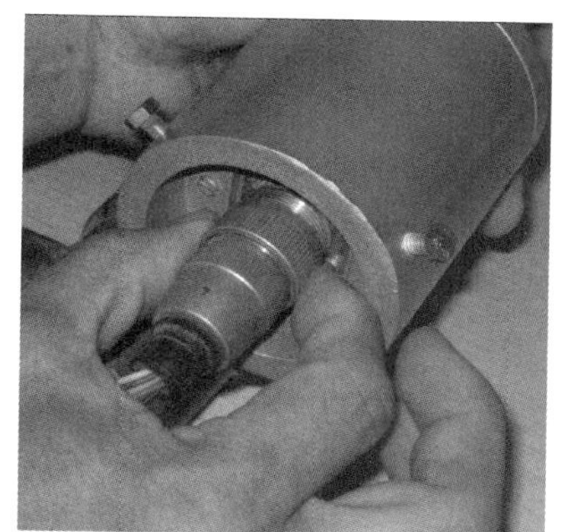

图 4.13 EL9-1 型风传感器风杆连接图

(2)信号连接

①风杆信号连接:如图 4.14 所示。

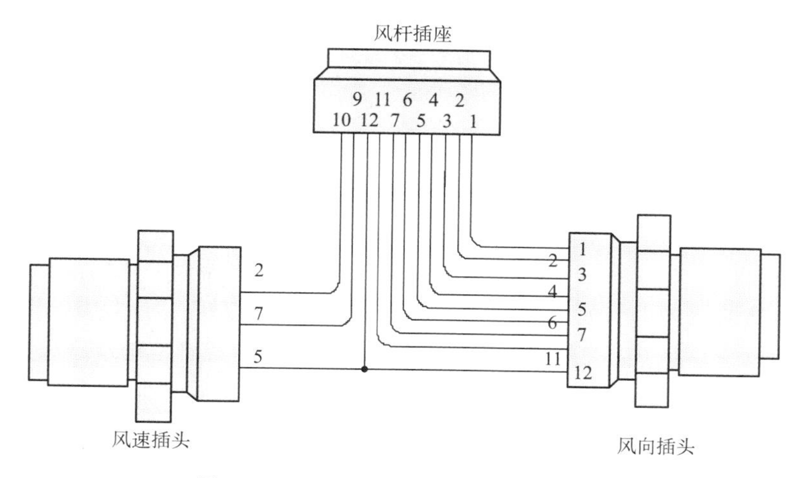

图 4.14 EC9 型风杆端信号连接示意图

②采集器风传感器信号连接:如图 4.15 所示。

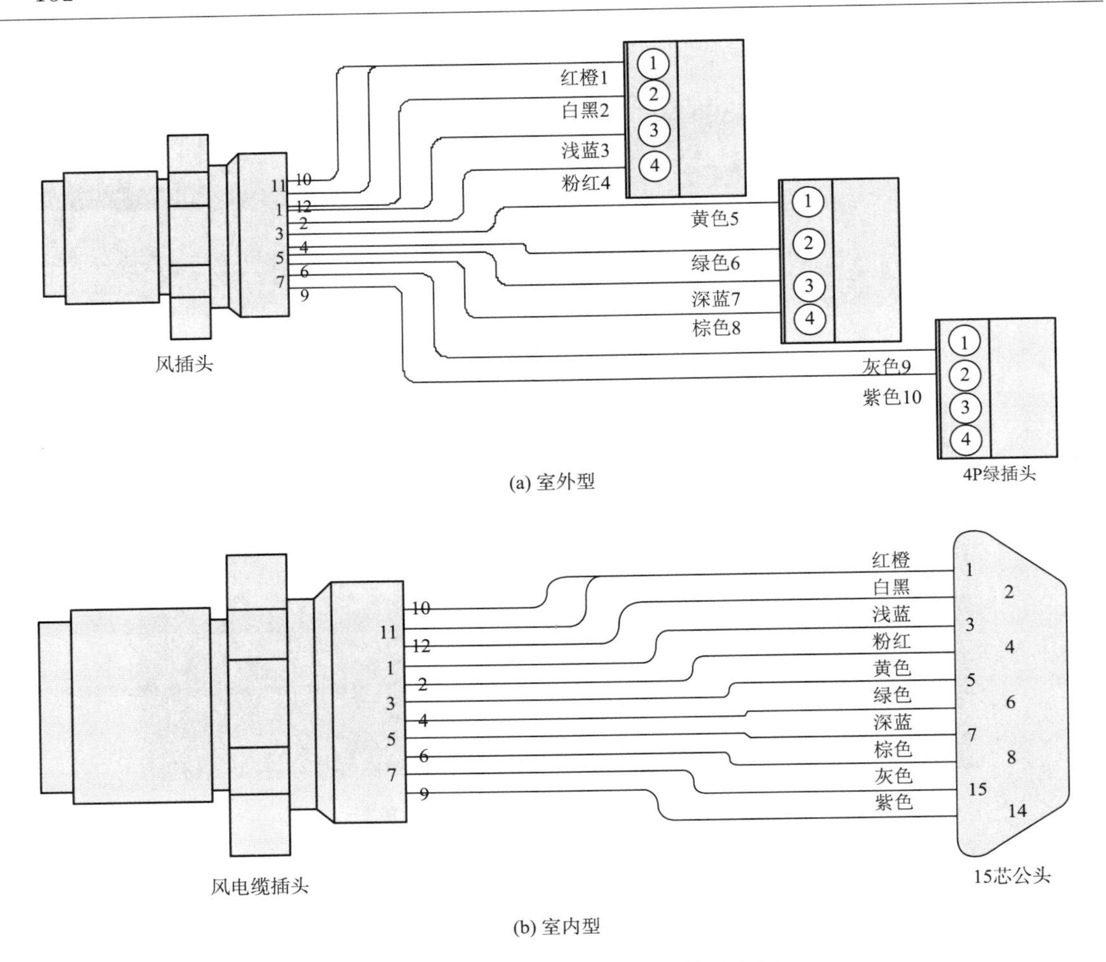

图 4.15　EC9 型采集器端信号连接示意图

(3)典型故障

①短路。风向或风速传感器被雷击后。此时采集器死机或显示两排黑框,可能是采集器也同时被雷击坏,但也有可能未被击坏。判断时先将采集器上的风传感器电缆头拔出,如果是后者,采集器将会自动重新启动恢复正常。当再次插入风电缆头时,故障现象再现。

②风向方位错乱。在安装正确前提下,传感器指向与采集器上的风向数据不符,角度差距较大甚至相反。格雷码光电管或发光管被击坏一位或几位,或 IC 芯片“40106”被打坏。

③无风速即风速总是 0。多数情况是防雷二极管被打坏,其次是霍尔磁敏元件损坏。

④风速值总是偏小。风速转动杆轴承润滑油干涸或轴承磨损致摩擦系数增大。

⑤传感器进水。传感器顶部的风标杆套(风向)风杯套(风速)的紧固螺钉,拧动后没有用密封胶封口,导致传感器电路板和插头底座进水报废。

风电缆芯线颜色有时图示里没有,例如粉红色用军绿色代替。风传感器要明确必须在采集器、电缆好的情况下,才能够判断好坏。拆装风传感器要保存好螺丝和配件。

4.2.2　温度(气温、地温)

4.2.2.1　日常维护

(1)每月检查百叶箱顶、箱内和壁缝中有无沙尘等影响观测的杂物,用湿布或毛刷小心地清理干净;

(2)维护时百叶箱内的温湿度传感器不得移出箱外;

(3)保持地面疏松、平整、无草,及时耙松板结地表土;

(4)查看地面温度传感器和浅层地温传感器的埋设情况,保持地面温度传感器一半埋在土内,一半露出地面,应擦拭沾附在上面的雨露和杂物,浅层地温安装支架的零标志线应与地面齐平;

(5)地面温度传感器被水淹时仍按正常观测,但应在观测簿备注栏注明,草温地面的草长度超过 10 cm 时,应修剪草层高度;

(6)暴雨和台风后应检查深层地温套管内是否有积水,如有积水应及时设法将水吸干,如发现套管内经常积水,应将套管拔出,重新将接管处用 AB 胶固封。

4.2.2.2　信号接线

气温和地温都是使用 Pt100 铂电阻,在 0℃时,电阻是 100 Ω,每升高 1℃,电阻大概增加 0.4 Ω,例如:常温 35℃时,铂电阻值为 100+(35×0.4)=114 Ω 左右。因此在不同常温下,测量温度电阻时,就可以知道是多少值。不管是气温、地温,还是其他温度,铂电阻都是有两组,用万用表 200 Ω 挡,测量 1 组和 2 组组内电阻小于 10 Ω,跨组测量为当地常温电阻值。组和组之间接线排布可以互换,就是 1 组可以接到 2 组接线排布位置,2 组可以接到 1 组接线排布位置。广东省所有遥测自动站温度接口排布都是 1,2 一组,3,4 一组,WP3103 型区域自动站室外机温度接口排布同遥测自动站一样,室内机温度接口排布是 1,3 一组,2,4 一组,这一点要特别注意。

4.2.2.3　故障排查方法

不管是气温、地温,铂电阻都是有两组四线制,用万用表 200 Ω 挡,测量 1 组和 2 组组内电阻小于 10 Ω,跨组测量为当地常温电阻值。组和组之间接线排布可以互换,就是 1 组可以接到 2 组接线排布位置,2 组可以接到 1 组接线排布位置。新型自动气象站温度接口都是 1,2 一组,3,4 一组。不管温度线缆是怎么转接,到采集器接口时,都必须有两组,如果是用绿插头接线,那就是 1,2 一组,3,4 一组。如果是室内机,温度电缆是 9 芯公头,公头标号 1,3 一组,2,4 一组,按照以上连线,测量常温电阻值,如果正常就需要换采集器,反之就要检测电缆线和温度传感器,一般温度传感器坏的极少。

4.2.2.4　典型故障

(1)温度长期稳定偏高 5～6℃,一般是温度板上黑色 100 Ω 精确电阻值变化了。一般阻值变大 2～3 Ω,由于 Vt 变大,Rt,VT 在正常范围变化,计算出来的 RT 也相应变大。

(2)温度不稳定地在几摄氏度范围跳动变化,一般是电源地线接地不良,引起 LT1021 恒压源微小变化,在面板按“Menu”键选第 4 项,按“Enter”进入选 02 项,有一个 Result:电压值,正常情况下电压值是在 2.550～2.959 V，如果这个电压的小数点后 2，3 位在不停跳变，就是故障现象。

(3)温度一直都是几百摄氏度，换主机和传感器还是没改善，大多是传感器接线端子一对红色和一对蓝色插头搞错了，查看 02 项若电压为 0.00 V，说明电路测不到电压。

(4)没有温度，显示为星号，查看 02 项若为星号，则测量铂电阻值正常；检查 4 个铂电阻接线柱，发现锈蚀严重，需要用砂纸打磨后才能恢复。

(5)没有温度，显示为星号，查看 02 项若电压值正常，查看 08 项为星号，测量 VT 和 Vt 电压在 2.550～2.959 V，为正常值，则测量电路后面的电路有问题，更换 A/D 采样电路 TLC2543，故障排除。

(6)温度有时正常，有时几百摄氏度，而且频率越来越大，说明有地方接触不良，仔细检查传感器红蓝插头接线处没有接好，用手轻轻一拉线就断了，用烙铁重新焊好，故障排除。

(7)时常出现温度最高极值异常，这种情况需要换采集器。

(8)温度值在阳光等好天气下正常，在下雨时有变化，升高或降低，这时多是温度连线接口处有进水。

(9)温度传感器小圆头，怎么都插不入底座里，因为小圆头里针较粗，需要寄回换细针传感器。

温度传感器要明确哪个是 1 组和 2 组，对应采集端口哪里接 1 组和 2 组。

4.2.3 相对湿度

至 2013 年全省自动气象站全部使用 Vaisala 公司和瑞士 ROTRONIC 公司两家厂家生产的湿度传感器，Vaisala 公司有 HMP45D 和 HMP155 两种型号的传感器，工作电压都为直流 12 V。ROTRONIC 公司有 HYGROCLIP S3（YIXIA（以下简称旧 S3）和 HC2-S3（以下简称新 S3）两种型号，旧 S3 是直流 12 V 工作电压，新 S3 是直流 3.3 V 工作电压，为了能够与采集器提供的直流 12 V 工作电压可用，在新 S3 这个传感器尾端加装了一个电源转换板，将直流 12 V 工作电压转成3.3 V 电压。这四种传感器都可以同时测量温度和湿度，一般只使用湿度功能，它们信号输出电压范围都一样，只是传感器接口不同，通过连接电缆转接到采集器端口处就变成一致，所以传感器加上配套的电缆，组成为一个整体，可以整体互换。一般遥测自动气象站都使用 Vaisala 公司产品。ROTRONIC 公司湿度传感器多使用在区域自动气象站，海岛站、交通站等其他自动气象站这两种公司产品都有使用。

4.2.3.1 日常维护

(1)定期对百叶箱内灰尘进行清扫，清洁感应纸。

(2)不要用手及不清洁的物体接触湿度传感器的护罩，可以用软牙刷轻轻刷去护罩上和感应纸上的污物。

4.2.3.2 信号连接

(1)遥测站（含海岛站、交通站等从变送器连接湿度传感器的站点）

①直连法：如图 4.16 所示（45D 与 155 接线定义一样）。

其中，HMP155 电缆小圆头逆时针转动，2，3，7 孔分别接蓝、粉红、棕色电缆，中心孔接红色电缆。对应 4P 绿插头接白、红、绿、黑电缆。

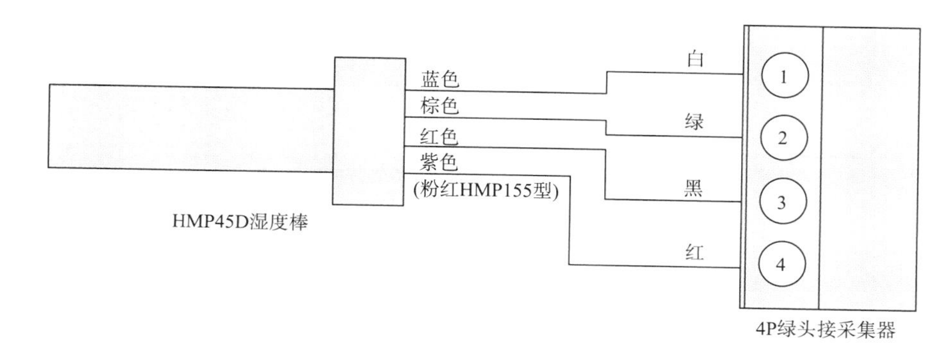

图 4.16　HMP45D,HMP155 型湿度传感器直连电缆示意图

②间接连法:如图 4.17 所示。

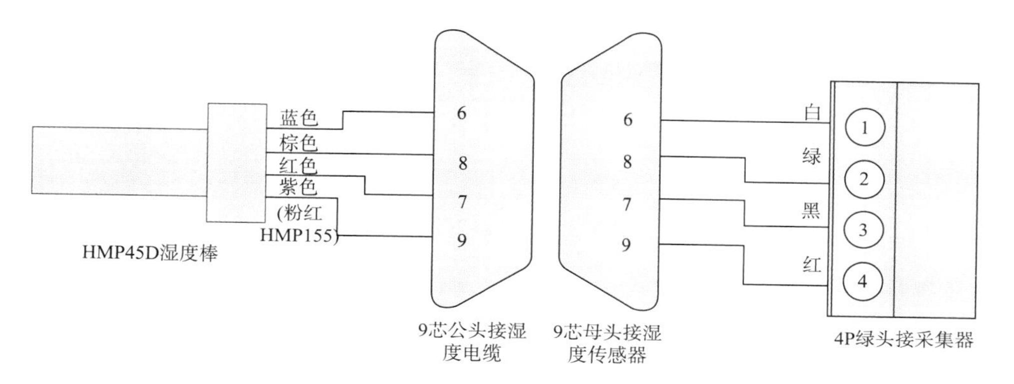

图 4.17　HMP45D 湿度传感器通过 9 针头连接电缆示意图

(2)区域自动站室外型:HMP45D,HMP155(45D 与 155 接线定义一样),ROTRONIC

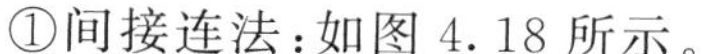

①间接连法:如图 4.18 所示。

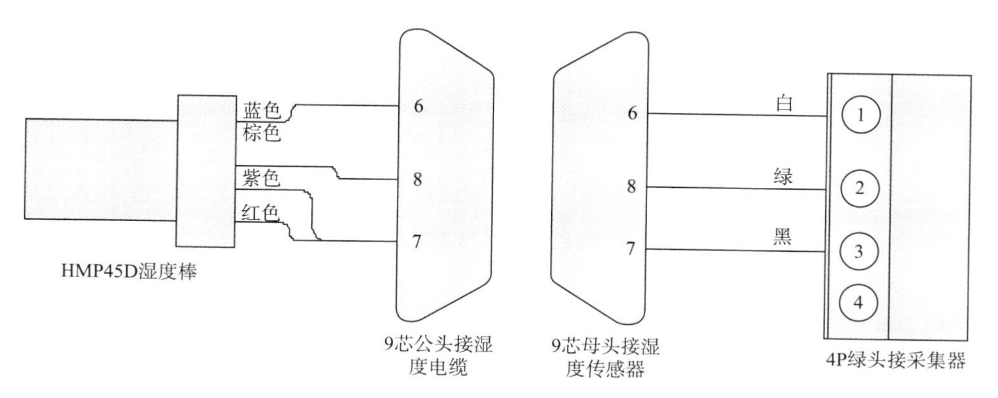

图 4.18　室外型 HMP45D 湿度传感器通过 9 针头连接电缆示意图

②直连法:如图 4.19 所示。

其中,HMP155 电缆小圆头逆时针转动,2,3,7 孔分别接蓝、粉红、棕色电缆,中心孔接红色电缆。对 4P 应绿插头接白、红、绿、黑电缆,而且粉红色电缆和红色电缆短接。

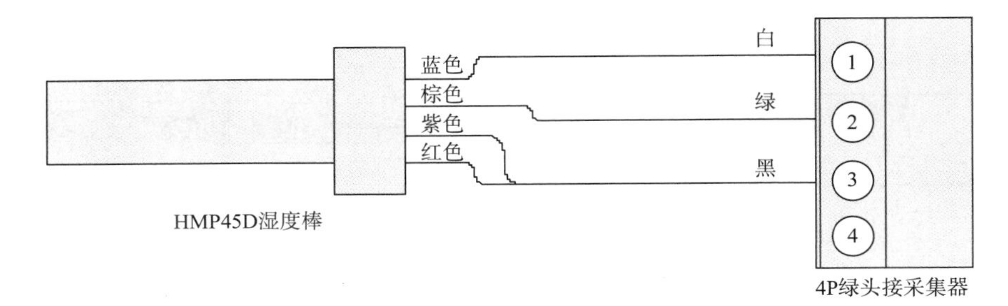

图 4.19　室外型 HMP45D、HMP155 湿度传感器直连电缆示意图

③ROTRONIC(新 S3、旧 S3 接线颜色、定义一样)连接法如图 4.20 所示。

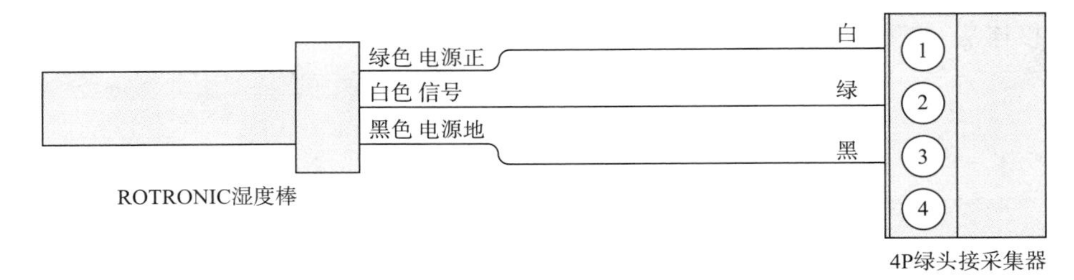

图 4.20　室外型 ROTRONIC 湿度传感器连接电缆示意图

(3)区域自动站室内型

①HMP45D,HMP155(45D 与 155 接线颜色、定义一样)连接法如图 4.21 所示。

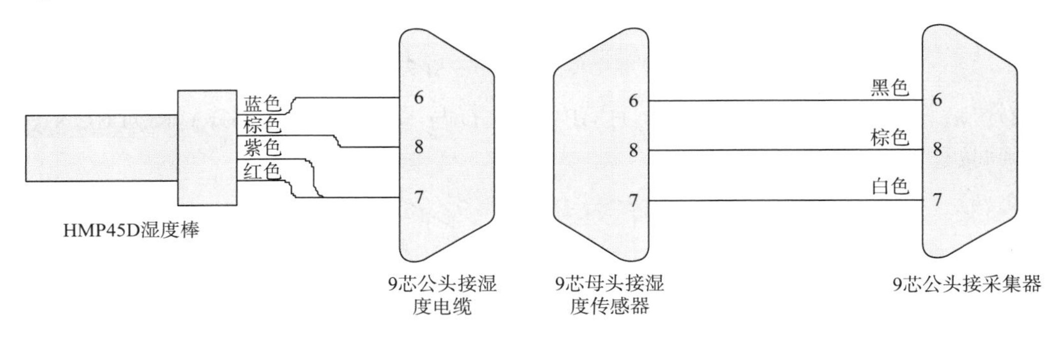

图 4.21　室内型 HMP45D 湿度传感器连接电缆示意图

②ROTRONIC(新 S3、旧 S3 接线颜色、定义一样)连接法如图 4.22 所示。

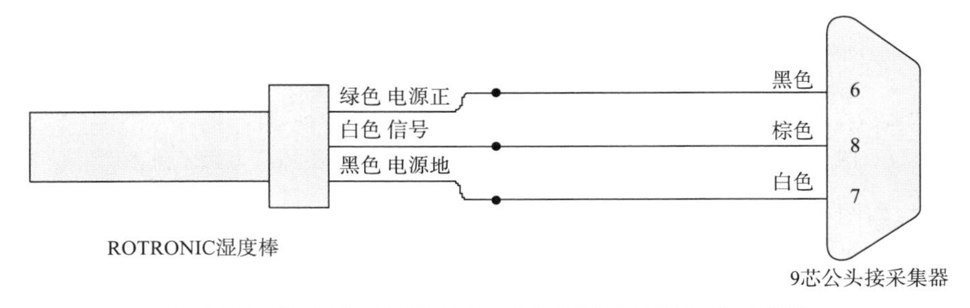

图 4.22　室内型 ROTRONIC 湿度传感器连接电缆示意图

4.2.3.3　拆装方法

Vaisala 公司的 HMP45D 湿度传感器头部 10 cm 处可以拔出，撤换、维修传感器就可以换头部即可，HMP155 湿度传感器是一个整体，不能够拆装。

ROTRONIC 公司的旧 S3 和新 S3 两种型号湿度传感器拆装完全不同，下面分别介绍。

(1)旧 S3 安装要领：对齐黑点后，旋转有卡位后，有响声就装好，如图 4.23(a)所示。拆下是相反动作，旋转后，对齐黑点后，拔出，如图 4.23(b)所示。

(2)新 S3 安装要领：先将三个固定点位对齐，如图 4.24(a)所示，然后对准后插入，如图 4.24(b)所示。顺时针方向转动固定圆环，直到拧紧为止。拆卸时，逆时针转动固定环，如图 4.24(c)所示。直到拧松为止，再向两边轻轻拉开。

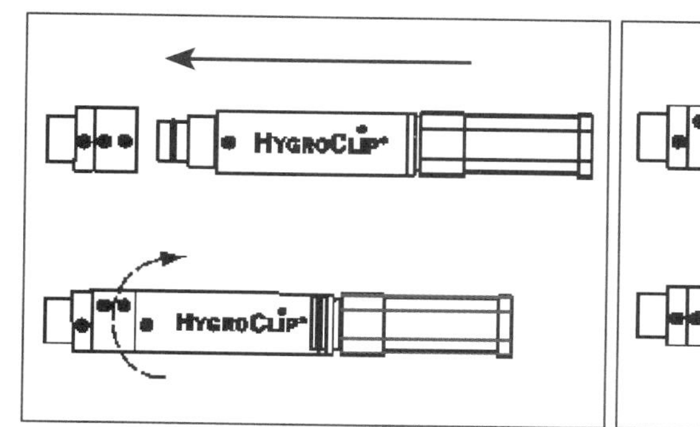

(a) ROTRONIC湿度传感器安装

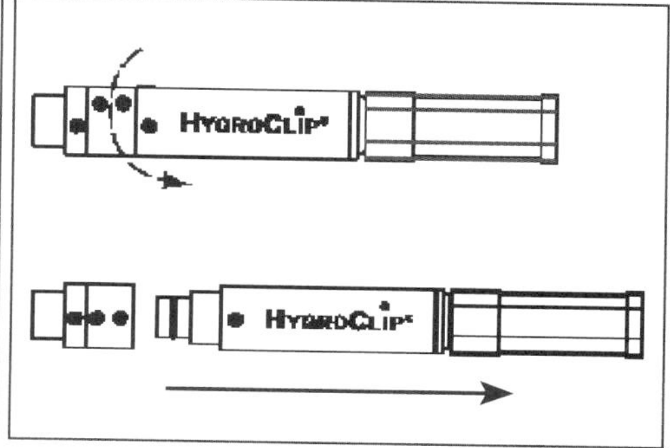

(b) ROTRONIC湿度传感器拆卸

图 4.23　ROTRONIC 公司旧 S3 拆装示意图

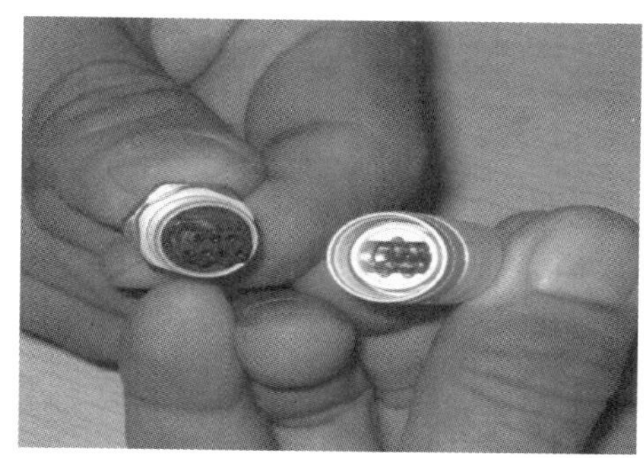

(a) 确定三个固定点位

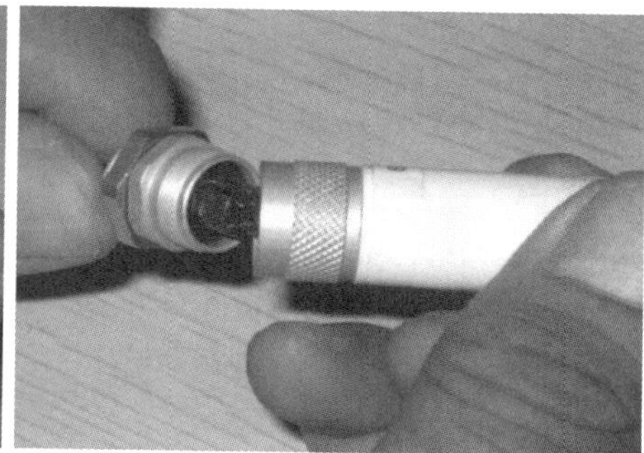

(b) 三个固定点位对准后插入

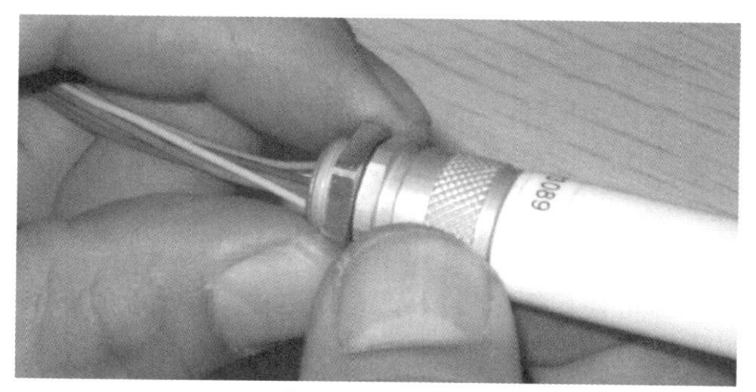

(c) 拆卸传感器要逆时针转动固定环

图 4.24　ROTRONIC 湿度传感器拆装图

4.2.3.4 故障排查方法

湿度传感器好坏的判定方法，给传感器加上工作电压，用万用表 2 V 直流挡，测量信号地和信号输出之间电压，应该有 0～1 V 电压，如果超出这个电压或电压为零，可判定传感器故障。遥测站(海岛站、交通站等从变送器连接湿度传感器的站)和区域站室外型采集器，都是测量 RH 端口，湿度绿插头插入采集器，采集器在工作情况下，把 2 脚松出绿插头，测量 2,3 脚电压，根据以上值可以判定湿度的好坏。室内型采集器，就必须打开机盖，在温度板上测量。

4.2.3.5 典型故障

(1)故障现象：从采集软件界面上发现空气湿度与相对湿度偏差太大。

(2)故障原因：

①湿度传感器 9 针接头处老化，接触不好；

②湿度传感器损坏。

(3)故障处理：测量工作电压是否是 12 V 左右，如不正常则检查湿度传感器的连接线是否正常，若电压正常则进行下一步。

测量信号输出电压是否在 0～1 V，如无输出则说明湿度传感器损坏，更换即可。如输出电压在 0～1 V(对应相对湿度 0～100%)之内，与同时的人工观测相对湿度值相比偏差超过 ±1%则进行下一步。

查看湿度传感器连接线接头处是否生锈，如严重锈蚀则将连接线剪去一段，重新焊接，同时做好防水和绝缘处理。若没有生锈则更换湿度传感器。湿度传感器一般送厂家维修，需要收取一定费用。

注意：湿度传感器品种较多，接线种类也多，搞清楚是用那种接线再动手，遥测站(湿度传感器接在变送器站)信号地与电源地分开连接，区域自动站两种地线连接在一起使用。

4.2.4 雨量

全省遥测站、WP3103 区域自动气象站全部使用上海气象仪器厂生产的 SL3-1 型双翻斗式雨量传感器，除了早期 CAWS600 型自动气象站使用天津气象仪器厂的单翻斗式雨量传感器外，绝大部分使用 SL3-1 型雨量传感器。还有两站安装了称重式降水传感器。

4.2.4.1 日常维护

(1)称重式降水传感器维护

①称重降水计需要根据降雨量的多少进行不定期维护。

②承水筒每年至少进行 2 次维护，一次是在入夏之前，一次是在入冬之前。在降水量多的地区、沙尘严重的地区，维护次数应适当增加。承水筒的维护包括清空、清洗，添加防冻液、添加防蒸发液等。

③每个月应检查承水口是否有蛛网及其他堵塞异物。

特别注意：清空降水时，可使用附带的吸水器来吸出承水筒中的降水。应该将吸水器伸到最深处，以避免将浮在水面的防蒸发液吸出。吸水时，不要将桶中液体全部吸空，应留下一层防蒸发液。如果承水筒中有太多异物，则必须全部清空并清洗干净，然后加入 1～2 cm 深的清水，再重新添加防冻液和防蒸发液。

(2)翻斗雨量传感器维护

①仪器每月至少定期检查一次，清除过滤网上的尘沙、小虫等以免堵塞承水口漏斗。夏季雨量筒内部可能结有蜘蛛网，影响翻斗翻转；

②无雨或少雨的季节，不允许将承水器口加盖；

③高温、高湿日期长的地区，定期检查塑料翻斗是否翻动灵活，是否变形；

④翻斗内壁禁止用手或其他物体抹试，以免沾上油污。

4.2.4.2　维护方法

(1)翻斗式雨量传感器维护注意事项

仪器使用过程中，须根据实际情况定期清淤、检查和疏通水道等，保证出水畅通。翻斗部件的盛水斗室如有泥沙，可用清水略为冲洗，手指切勿触摸上翻斗和计量翻斗斗室和内壁，宝石轴承切勿加油以免吸尘。两个接线柱的紧固螺丝生锈时，可能会影响信号导通，由于拆卸过程容易造成其他部件的损坏，要非常小心仔细，请勿没看清楚就拆卸。

(2)雨量调整方法

雨量传感器使用一段时间后，应进行测试检查雨量是否准确，若发现测量误差超过±4%时则应调整它的基点。

调试方法：如图4.25(a)所示，将容量调节螺钉中的一个旋转一圈其雨量的变动量约3%，两个同时旋转约6%，如图4.25(b)所示，一般两个同时向内或向外都各调半圈，以便左右平衡。接好校准仪后，把雨量传感器外罩再罩回去，防止风吹动影响，用雨量杯倒10 mm水(4～5 min大雨级)，假如数据显示为9.6 mm，差值4 mm，即－4%。将计量翻斗的两个定位螺钉向内各调2/3圈；假如数据显示为10.5 mm，差值5 mm，即＋5%，则将两个定位螺钉向外各调2/3圈。然后再倒水测试，如此反复直到约10.0 mm就算调整好了。请注意，一般情况下请勿调动上翻斗。

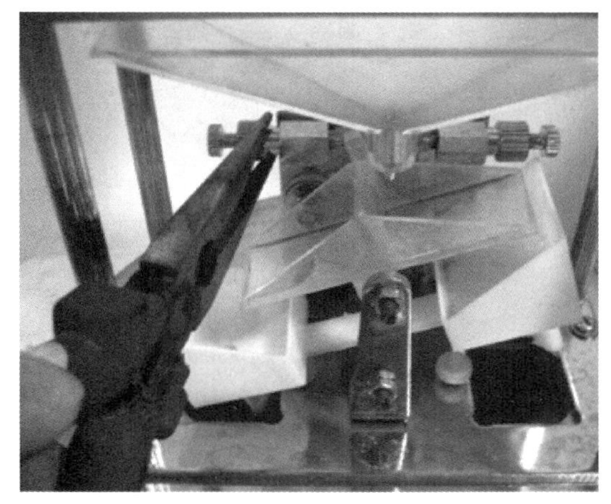

(a) 在测试状态下，用尖嘴钳拧松左右两边的锁紧螺丝

(b) 同时调整两边的调整螺丝，反时针调整会使读数变小，反之变大

图4.25　雨量传感器的调整

(3)雨量校准仪使用方法要求

雨量测量仪在使用前要首先检查电池电量，使用后最好把电池取出，将雨量测量仪连线接

上 SL3-1 雨量传感器,雨量传感器电缆接线断开,如果在室外测量,建议把 SL3-1 雨量传感器外壳再装回,把雨量测量仪放在雨量传感器外壳上,这样防止风吹动雨量翻斗,如图 4.28 所示,按照仪器检测要求测量多次。

4.2.4.3　典型故障

(1)干簧管不导通

当计数翻斗翻转时,磁珠扫过干簧管而干簧管未能导通。判断方法是先用万用表电阻挡,表针置于传感器输出两端(要先取下一个电缆连接头)翻动计量翻斗,看有无导通,如无则更换干簧管。更换时先取下计量翻斗,用电烙铁直接焊换新干簧管,不要拆下管耳座来焊,因为安装时玻璃管易爆裂。图 4.26 所示是干簧管的更换过程。

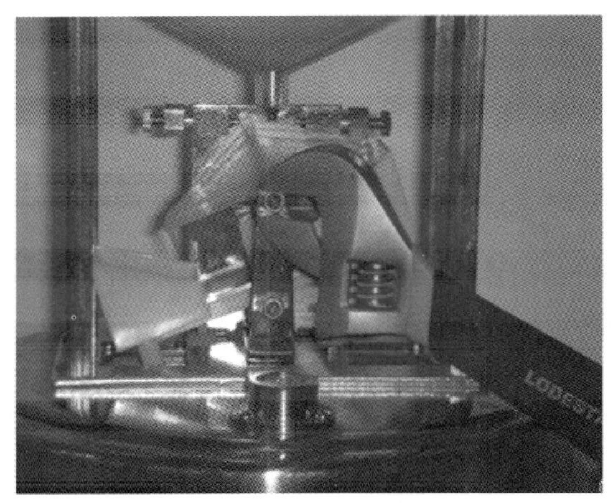

(a) 用扳手拧松下翻斗螺母

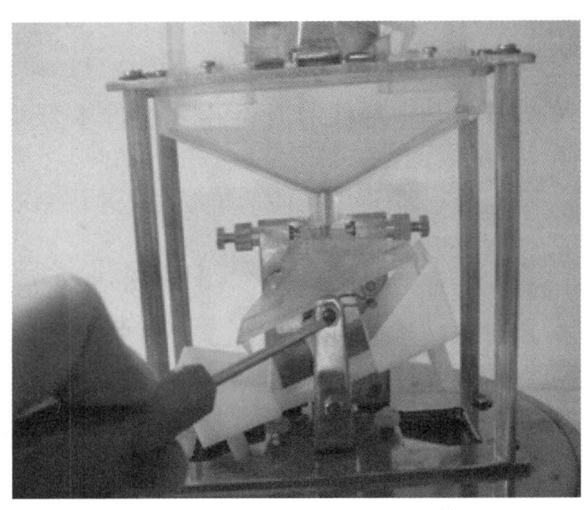

(b) 用一字螺丝批逆时针拧松翻斗轴承

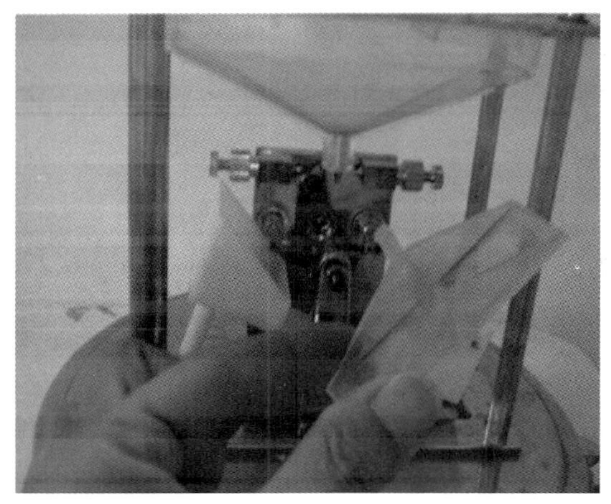

(c) 取下下翻斗，暴露干簧管

(d) 用电烙铁更换干簧管

图 4.26　干簧管的更换

(2)干簧管导通

由于自动站受雷击时电流过大而导致干簧管内簧片黏合,此为干簧管出现短路现象,应立即更换干簧管,这种情况采集器雨量端口电路可能已经损坏。

(3)翻斗翻动不顺畅

传感器有 3 个翻斗:上翻斗、下翻斗(计量翻斗)和计数翻斗,如图 4.27 所示。翻斗翻动时有阻滞感,翻斗轴两端与宝石承轴孔间太紧,应进行适当调整,转轴游动间隙应不大于0.5 mm,太紧太松都是不适当的。还有一种就是在高温、高湿情况下,塑料翻斗变形,跟柱边产生摩擦。

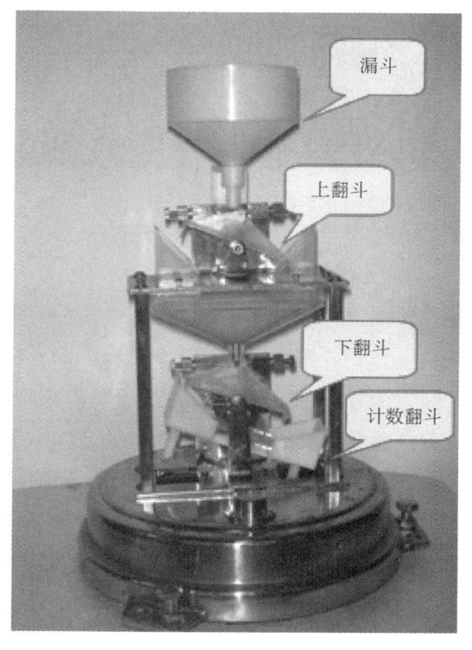

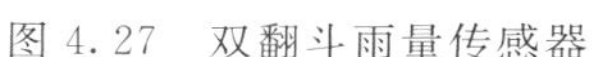
图 4.27　双翻斗雨量传感器

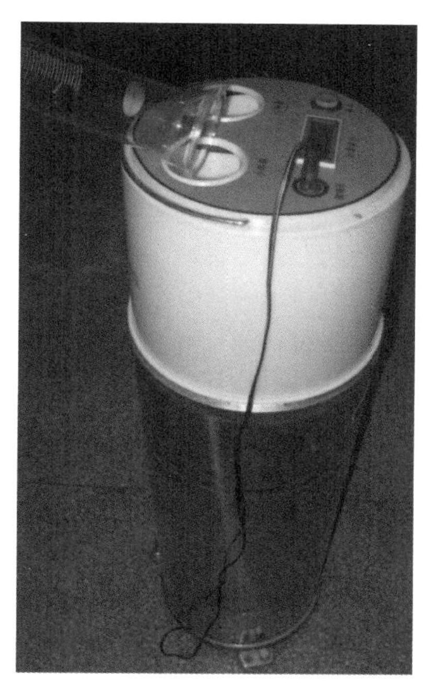
图 4.28　雨量测量仪

(4)翻斗上下水流孔口被灰尘等杂物堵塞,导致雨水向下流动不畅。中间及底座下的集水斗和计数翻斗孔口易于堵塞,应根据实际情况适时清淤。

(5)上翻斗和下翻斗(计量翻斗)内面壁过于洁净,将影响雨量测量的精度。在清洁水流通道时,手指切勿触摸上翻斗和下翻斗斗室内壁,以免抹去翻斗内表面细小白色粉末颗粒,致使翻斗泄水不顺畅。

雨量传感器维修需要细心观察,轻手操作。

4.2.4.4　系统改进

由于干簧管易破碎,最新款式的雨量筒使用工业标准件替换老式干簧管。如图 4.29 所示。标准件接口为两端子插头,须将插头更换为地线耳式接头。

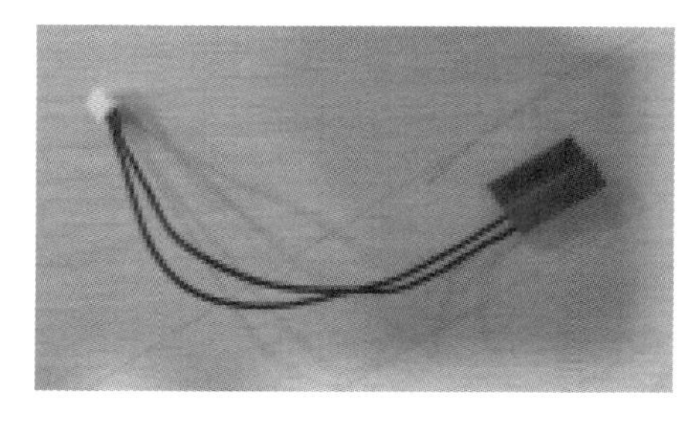

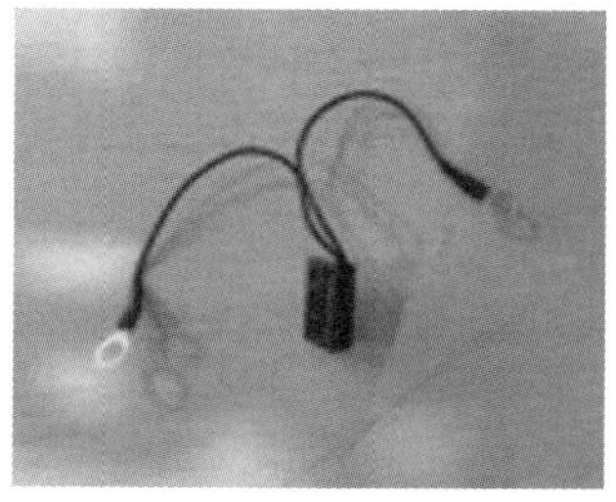

图 4.29　干簧管替代标准件

工业标准件的拆卸如图 4.30 所示，拧掉螺丝 A1、A2，再在标准件的背面拧掉螺丝 B1、B2。卸掉接线头，工业标准件即可取下。安装时按照该过程反过来操作。

图 4.30　工业标准件的拆卸提示

4.2.5　气压

至 2013 年全省自动气象站全部使用 Vaisala 公司和美国西特公司两个厂家生产的气压传感器，Vaisala 公司有 PTB220 和 PTB330 两种传感器，工作电压都为直流 12 V。PTB220 输出信号为数字或脉冲可选，PTB330 输出信号只为数字；还有美国西特公司生产的 SETRA 气压传感器，三种传感器都可以测量气压值，能够达到遥测站、区域自动气象站要求精度。因为 PTB220 型号在早些年就已经使用，为了兼容该型号接口电压和接线形式，广东省自己制造了 SETRA 气压传感器接口电路，配上一个大外壳，就形成看到的 SETRA 气压传感器，这两种传感器工作电压和信号输出电压范围都一样，接线形式也一样，它们可以完全互换。在遥测站和 WP3103 区域自动气象站都有使用，不过大多数 SETRA 气压传感器在区域自动气象站使用。PTB330 气压传感器只能够在遥测站(海岛站、交通站等有变送器、CAN 总线站)使用，接口及线缆同 PTB220 型号一样。

4.2.5.1　日常维护

(1)传感器应与台站水银气压表的感应部位高度一致，如果无法调整到一致，则要重新测定海拔高度。

(2)安装或更换传感器时应在断电的条件下进行。

(3)应避免阳光的直接照射或气流的影响。

(4)要保持静压气孔口畅通。

4.2.5.2　信号连接

(1)遥测站：(海岛站、交通站等有变送器、CAN 总线站)连接法如图 4.31 所示。

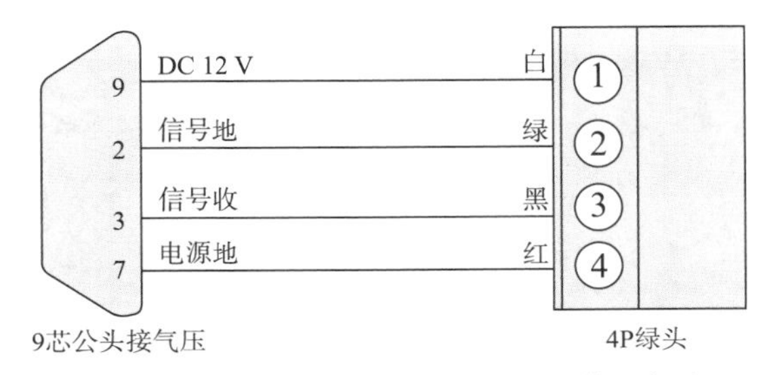

图 4.31　遥测站气压传感器连接电缆示意图

(2)区域自动气象站室外型:连接法如图 4.32 所示。

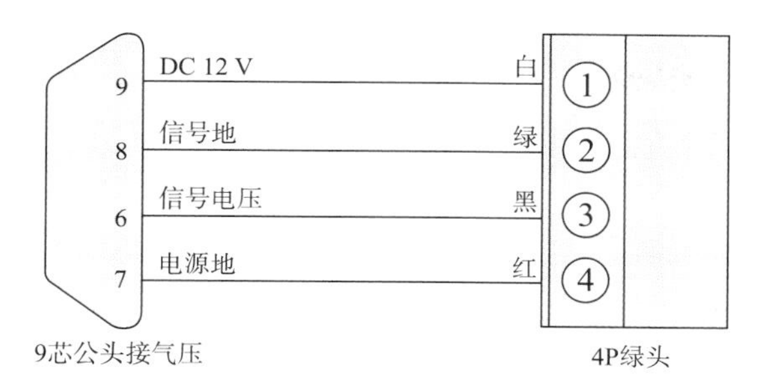

图 4.32　室外型气压传感器连接电缆示意图

(3)区域自动气象站室内型:连接法如图 4.33 所示。

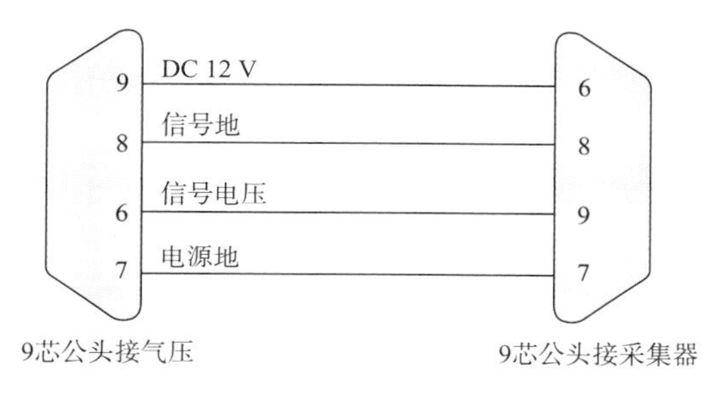

图 4.33　室内机气压传感器连接电缆示意图

4.2.5.3　故障排查方法

(1)气压传感器注意事项

在安装、拆卸气压传感器时,一定要注意先关闭采集器电源,否则很容易损坏传感器或者接口板,遥测站气压连接电缆与区域自动站连接电缆完全不同。

(2)气压传感器判定方法

遥测站、区域自动站室外型:用万用表 20 V DC 挡测量气压绿色插头 1,4 有 12 V DC 工作电压,一般情况下,用标准 RS-232 接口电缆连接气压传感器,RS-232 的 2,3,5 连接气压端口 2,3,7,其中端口 9,7 还要加 12 V DC 工作电压,如图 4.34 所示,使用软件串口助手可以连接气压传感器,发送 Send 回车,有气压信息返回,说明气压传感器没有太大问题。室内型测量起来就比较麻烦,要打开采集器在主板上测量。

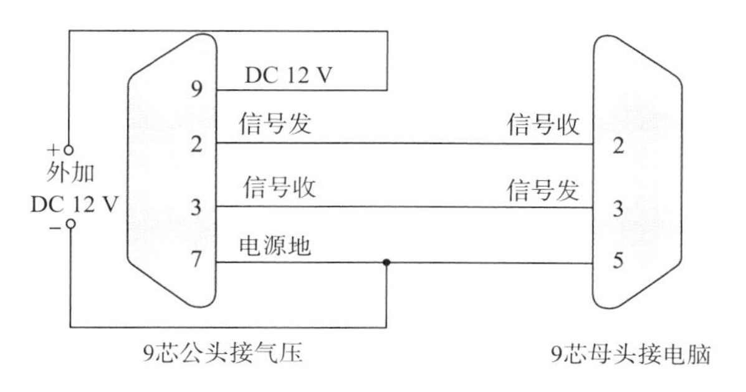

图 4.34　气压传感器与计算机串口连接电缆示意图

4.2.5.4 典型故障

气压传感器一般坏的比较少，如果没有气压信号，先换采集器，然后再检查连线，最后再怀疑气压传感器。有一种情况就是气压在 10 hPa 波动，有不断升高趋势，因为停市电，电池提供的工作电压达不到 12 V DC，SETRA 气压传感器会出现以上问题，随着供电的正常，气压也恢复到正常值。

注意：气压传感器最怕带电插拔，一定要关机后拆装。

4.2.6 能见度

4.2.6.1 日常维护

(1)值班期间，每个正点前 10 min 应查看能见度自动观测数据，发现数据错误或者异常应及时处理，启动维护或维修程序。

(2)每日日出后和日落前巡视能见度仪(尤其是采样区)，发现有蜘蛛网、鸟窝、灰尘、树枝、树叶等影响数据采集的杂物，应及时清理(可在基座、支架管内放置硫黄预防蜘蛛)。

(3)一般每两个月定期清洁传感器透镜。

(4)定期检查、维护情况应记入值班日记中，对能见度自动观测数据有影响的还要摘入备注栏，检查时应尽量避免手电筒等光源照射能见度观测设备。

(5)透镜和机盖的清洁是唯一需要的周期性维护工作，能见度仪的透镜要求非常干净以获得可靠的结果，脏的透镜会给出过好的能见度值。

(6)清洁应该每 6 个月进行一次。

(7)用不起毛的软布和异丙醇酒精擦拭透镜，小心不要划伤透镜表面，透镜干燥表示透镜加热功能正在启动。

(8)检查机盖组件和光学部件没有水、冰的污染。

(9)将机盖内外表面的灰尘擦去。

4.2.6.2 信号流程

CAN 总线接线方法及分采集器采样流程如图 4.35 所示。

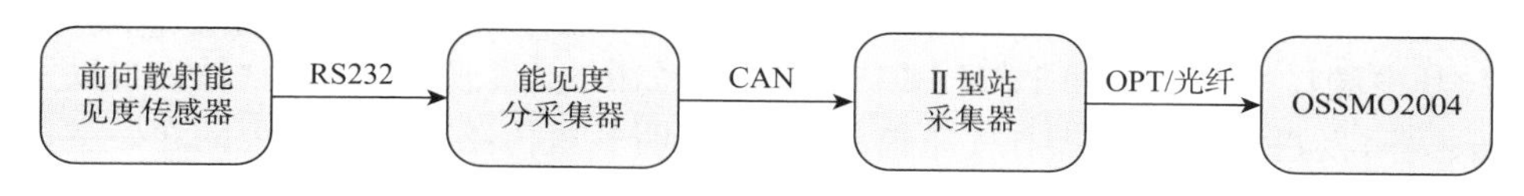

图 4.35 信号及数据流程图

交流供电与 CAN 总线均必须放入线槽。CAN 总线的另外一端，通过地沟线槽连接到Ⅱ型站采集器从右往左第二列的最后一个插口，也就是温度变送器 CAN 总线插口往里面的那个插口，如图 4.36 所示。交流供电可使用三插插头接入采集器机箱内的插板上。

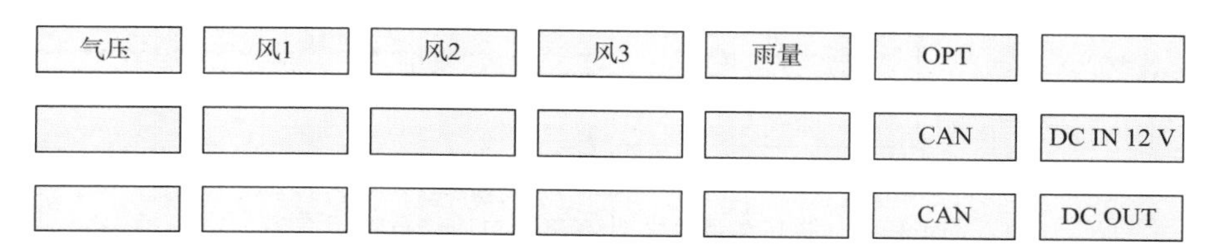

图 4.36 Ⅱ型站主采集器接口板示意图

4.2.6.3　典型故障

(1)能见度分钟数据缺测

①检查电源板是否亮灯,市电是否中断,如果中断,恢复供电;

②市电正常情况下,使用万用表,测量电源接线柱两端,检查电源输出是否达到 12 V,如果不能达到,可能是电源板故障或电池损坏;

③检查采集板电源灯是否亮(图 4.37 右下角),工作灯是否每秒闪烁一次,如果任何一个灯不正常,表示采集板损坏;

④Ⅱ型站采集器进入测试界面,再观察采集板 CAN 总线收发灯(图 4.37 右上角)是否闪烁,如果任何一个灯不亮,表示采集板 CAN 通信损坏;

⑤采集板正常的情况下,检查信号接线柱是否有松动,接触不良;

⑥使用万用表测量能见度信号接线柱,2,3 脚对 4 脚电压均为－9 V 左右为正常,否则传感器 COM 接口或者采集板 COM 接口损坏;

⑦如果以上各点均正常,使用带串口的手提连接传感器信号线,打开串口程序观察传感器输出数据是否正常。

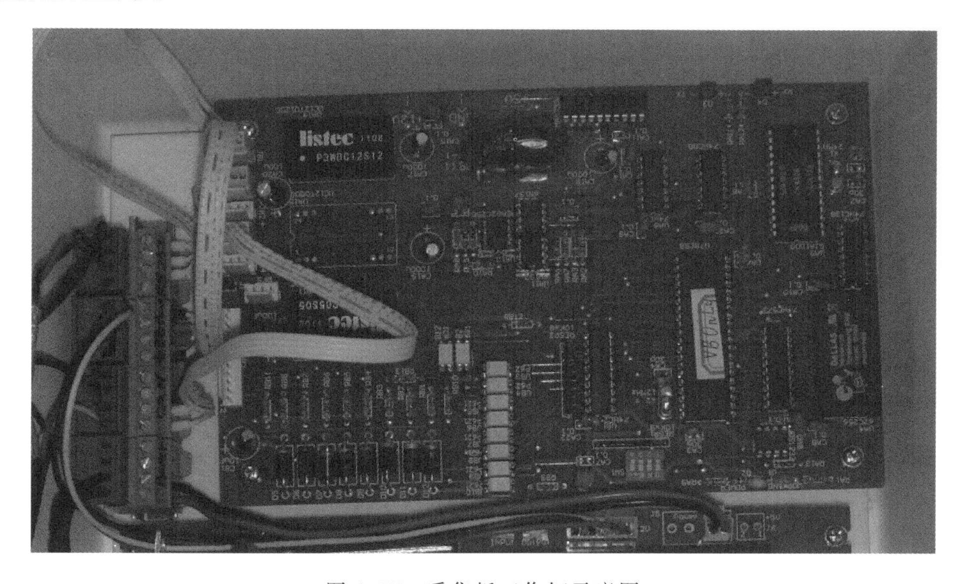

图 4.37　采集板工作灯示意图

(2)能见度值一直太高

①透镜可能被灰尘过度污染,检查并清洁透镜;

②透镜可能被异物遮挡,清除异物;

③传感器损坏。

(3)能见度值一直太低

①检查仪器采样区附近是否有增强散射光的物体,例如树枝、蜘蛛网或者反光金属、反光地面等,清除该物体;

②传感器损坏。

4.2.7　蒸发

广东省使用的蒸发传感器为德国 THIES 公司生产的 AG 型超声波蒸发传感器，型号为 AG1.0 和 AG2.0。AG1.0 用于南雄、电白、增城、汕头、萝岗五个国家基本站。AG2.0 用于 2013 年开始建设的新型自动气象站。AG2.0 不向下兼容，不能代替 AG1.0 使用。

4.2.7.1　日常维护

超声波蒸发传感器测量精度高，为确保观测数据的准确和可靠，需要操作人员正确地使用与充分地维护设备。具体维护内容如下。

(1)蒸发器用水的要求

应尽可能用代表当地自然水体(江、河、湖)的水。在取自然水有困难的地区，也可使用饮用水(井水、自来水)。器内水要保持清洁，水面无漂浮物，水中无小虫及悬浮污物，无青苔，水色无显著改变。一般每月换一次水。蒸发器换水时应清洗蒸发桶，换入水的温度应与原有水的温度相接近。

(2)每年在汛期前后(长期稳定封冻的地区，在开始使用前和停止使用后)，应各检查一次蒸发器的渗漏情况等；如果发现问题，应进行处理。

(3)定期检查蒸发器的安装情况，如发现高度不准、不水平等问题，要及时予以纠正。

(4)定期清洗蒸发器，更换蒸发器内的蒸发用水，清洗的具体操作步骤如下：

①首先将电缆插头拔掉；

②取下超声波传感器；

③将不锈钢圆筒拆下，并将内部的丝网取出；

④观察不锈钢圆筒是否有泥沙或异物，如有则用清水冲洗干净，再将丝网放回不锈钢圆筒内；

⑤清洗蒸发桶；

⑥重新安装蒸发传感器；

⑦向蒸发桶内注入一定量的清水。

(5)每两年对蒸发传感器进行 1 次现场检查、校准，校准方法严格按照中国气象局规定的自动气象站现场校准方法进行。

注意事项：

①超声波蒸发传感器测量精度高，安装尺寸要求非常严格，切勿撞击或用手接触摸超声传感器的探头；

②蒸发器换水时应检查连接蒸发器与蒸发桶的导管是否有气体残留，蒸发器与蒸发桶的水面高度是否一致。

4.2.7.2　信号连接

如图 4.38 所示，图 4.38(a)为蒸发传感器与防水公头接线图，图 4.38(b)为防水母头通过电缆与 4P 绿插头连接图。接线时注意不同批次的防水公母头出线电缆颜色可能有变化，必须严格按照公母头插孔定义焊接电缆。

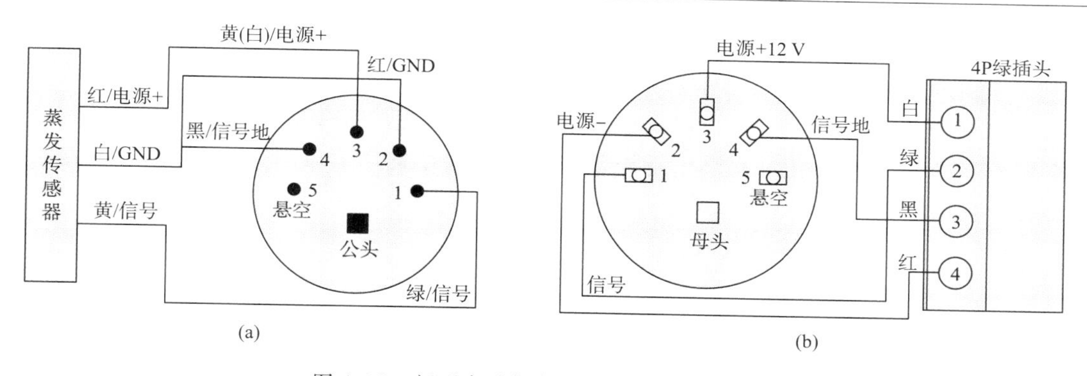

图 4.38　新型自动气象站蒸发传感器接线图

4.2.7.3　典型故障

(1)蒸发示值超差或缺测

①用模拟校准器对采集器进行校准,确认采集器通道是否正常;

②用万用表电流 200 mA 挡量取:蒸发信号线(防雷板第 26 脚)的电流应为 4～20 mA,或用万用表电流 20 V 挡量取:蒸发信号线(防雷板第 26 脚)与地(防雷板第 28 脚)之间的电压应为 0.3～2.1 V;

③用万用表电流 20 V 挡量取蒸发传感器供电是否为 DC12 V 左右;

④如果以上 2,3 项检查中发现任意一项存在,应更换蒸发传感器。

(2)从采集软件界面上发现为 0 或偏差太大

怀疑蒸发传感器损坏、蒸发传感器的传输线断路或接触不良或者蒸发传感器供电电压过低。

处理方法:

①用万用表直流 20 V 挡量取防雷板 27,28 接线端子,测量是否为＋12 V,若过低则调整输入电压,若电压正常则进行下一步;

②测量防雷板 26 接线端子与地之间的电压是否在 0.39～2 V(对应水位 100～0)之间,若无电压则进行下一步;

③测量蒸发传感器信号线是否正常,有无短、断路情况。

蒸发传感器故障可借助 DT 软件测试方法(命令见附件 DT 命令参数集),根据当前蒸发量及当前蒸发量对应的电流值判断蒸发传感器正常与否。检查蒸发池内是否有异物,及时换水;每两年对蒸发传感器进行一次现场检查、校准,标校方法严格按照中国气象局规定的自动气象站标校方法进行。

备注:此典型故障仅针对 CAWS600 型自动气象站。

4.2.8　辐射

全辐射表观测项目,表示由总辐射表、反辐射表、散射辐射表、直接辐射表和净辐射表 5 个表组成。在观测场一般安装使用的常规辐射架由南向北安装,按照这个方位安装 5 块表,顺序为净辐射表、反辐射表、总辐射表、直接辐射表和散射辐射表。萝岗站观测站是广东省唯一一个全球交换全辐射站,汕头观测站只有净辐射表和总辐射表观测。

早期辐射观测使用的自动气象站为CAWS600-SE型，辐射信号直接送入DT500采集器5个接口，使用的新型自动气象站是通过一个辐射变送器，将5个表的辐射信号处理后，通过CAN总线传到采集器。由于净辐射表在暴雨、夜间等情况下都需要人工加盖，直接辐射表需要每天人工对表，因此近年来出现了一种辐射测量辅助设备，它可以解决以上人工参与问题，实现全自动的辐射观测工作。

4.2.8.1　总辐射传感器的维护

每日上下午至少各一次对总辐射表进行如下检查和维护。

(1)仪器是否水平，感应面与玻璃罩是否完好等。

(2)仪器是否清洁，玻璃罩如有尘土、霜、雾和雨滴时，应用镜头刷或麂皮及时清除干净，注意不要划伤或磨损玻璃。

(3)玻璃罩不能进水，罩内也不应有水汽凝结物。检查干燥器内硅胶是否变潮(由蓝色变成红色或白色)，及时更换。受潮的硅胶，可在烘箱内烤干变回蓝色后再使用。

(4)总辐射表防水性能较好，一般短时间或降水较小时可以不加盖。但降大雨(暴雨、冰雹等)或较长时间的降雨，为保护仪器，观测员应根据具体情况及时加盖，雨停后即把盖打开。如遇强雷暴等恶劣天气时，也要加盖并加强巡视，发现问题及时处理。

(5)为了保证总辐射表测量值的准确，应每两年对总辐射表进行一次检定。

注意事项：开启与盖上金属盖应特别小心，要旋转到上下标记点对齐，才能开启或盖上。由于石英玻璃罩贵重且易碎，启盖时动作要轻，不要碰玻璃罩。冬季玻璃罩及其周围如附有水滴或其他凝结物，应擦干后再盖上。

4.2.8.2　净辐射传感器的维护

净全辐射表和总辐射表一样，除每日上下午至少各检查一次仪器状态外，夜间还应增加一次检查。每次检查和维护的内容如下。

(1)感应面是否水平。

(2)薄膜罩是否清洁和呈半球凸起。罩外部如有水滴，应用脱脂棉轻轻抹去，若有尘埃等，可用橡皮球打气，使罩凸起并排除湿气。

(3)薄膜罩通常每月更换一次，风沙多、大气污染严重或紫外光强易使聚乙烯老化的地区，要增加更换次数。

①更换薄膜罩时要用专用工具(金属环)把压圈旋下，取下橡皮密封圈与旧罩，然后换上新罩，放上密封圈，再用专用工具把压圈旋紧。换罩时如发现密封圈老化或损坏应同时更换，更换时注意不要弄脏或碰坏黑体。如果感应面有脏物，要用橡皮球清除，不要用刷子等硬物去清除。

②遇有暴雨、冰雹等天气时，应将上下金属盖盖上，加盖条件同总辐射表，稍大的金属盖在上，以防雨水流入下盖内。降大雨时应另加防雨装置。降水停止后，要及时开启。

③由于薄膜罩密封性能不好或金属盖盖得不紧，大雨时常把感应面弄湿，使得仪器短路或出现负值，应及时把仪器烘干或换上备份表。

(4)要注意观测结果的正负值。正常天气净全辐射夜间为负值，日出后1～2 h升为正值至中午为最大，日落前1～2 h又转为负值。如果出现相反情况，可能仪器的正负极接错。

(5)干燥剂失效要及时更换。

(6)注意保持下垫面的自然和完好状态。平时不要乱踩草面，降雪时要尽量保持积雪的自然状态。

净全辐射表出现的故障和处理方法与总辐射表基本相同。但最常见的故障是薄膜罩漏水使得感应面潮湿，造成记录出错。因此，气象站要备足薄膜罩与橡皮垫圈及时更换，保持好密封性。

(7)为了保证净辐射表测量值的准确，应每两年对净辐射表进行1次检定。

4.2.8.3 直接辐射表的维护

直接辐射表与其他辐射表相比，不仅感应件要灵敏，而且还要跟踪准确，才能获得准确的直接辐射。要保持在任何天气条件下常年不断、准确、可靠地跟踪太阳是不容易的，因此要严格遵守操作规程。

每天工作开始时，应检查进光筒石英玻璃窗是否清洁，如有灰尘、水汽凝结物应及时用软布擦净。跟踪架要精心使用，切勿碰动进光筒位置，每天上下午至少各检查一次仪器跟踪状况(对光点)，遇特殊天气要经常检查。如有较大的降水、雷暴等恶劣天气不能观测时，要及时加罩，并关上电源。转动进光筒对准太阳，一定按操作规程进行，绝不能用力太大，否则容易损坏电机。直接辐射表每月检查的内容和总辐射表基本相同，除检查感应面、进光筒内是否进水、接线柱和导线的连接状况外，重点应检查仪器安装与跟踪太阳是否正确。为了保证直接辐射表测量值的准确，应每两年对直接辐射表进行1次检定。

4.2.8.4 散射辐射表的维护

散射辐射表的使用与维护基本同总辐射表。观测散射辐射时，日出前，转动丝杆调整螺旋，将遮光环按当日赤纬调在标尺相应的位置上(有时也可几天调整一次)，使遮光环全天遮住太阳直射辐射。每日上下午巡视一次，检查遮光环阴影是否完全遮住仪器的感应面与玻璃罩，否则应及时调整。

平时要经常保持遮光环部件的清洁和丝杆的转动灵活。发现丝杆有灰尘或转动不灵活时，尤其是风沙过后，要用汽油或酒精将丝杆擦净。较长时间不使用，应将遮光环取下或用罩盖好，以免丝杆和有关部件锈蚀。长时间使用遮光环，当圈环颜色(外白内黑)褪色或脱落时，应重新上漆。

为了保证散射辐射表测量值的准确，应每两年对散射辐射表进行1次检定。

4.2.8.5 反射辐射表的维护

反射辐射表维护和一般性检查与总辐射表相同。为了保证反射辐射表测量值的准确，应每两年对反射辐射表进行1次检定。

4.2.8.6 典型故障

辐射信号是小幅度信号，防止干扰是很重要的任务，一般电源较小的波动干扰都能够引起辐射信号的较大变化。在暴雨等雨水天气，没有及时给净辐射表加盖，造成漏气、进水。直接辐射表跟踪电机直流电源问题，造成直接辐射表不准。辐射测量辅助设备出现跟踪问题。总之辐射表出现故障问题，一般都是直流供电和跟踪电机问题较多。

4.3　电源系统

4.3.1　市电供电

我国市电制式为 220 V,50 Hz,如图 4.39 所示,设备插头应按照“左零右火”接入电网,第三端子应该接地。在检测交流电有无时,应使用数字万用表的交流电压挡,量程应选择超过 220 V的最低挡位,以 VICTOR VC890D 型数字万用表为例,应该选择交流电压 750 V 挡位。将红黑表笔分别接火线、零线,万用表将显示火线与零线间的交流电压。理想情况下,火线对零线电压应该为 220 V,火线对地线电压为 220 V,零线对地线电压为0 V,由于相位不平衡及导线存在电阻,实测零线对地电压往往不为 0 V。

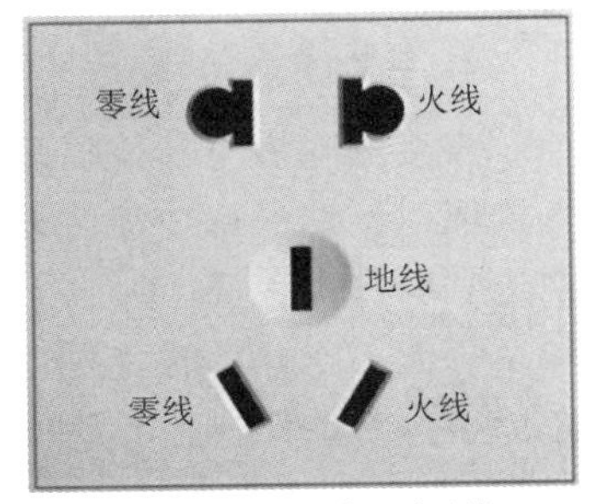

图 4.39　市电接入规则

4.3.1.1　GZPOWER 型开关电源输入输出简介

GZPOWER 型开关电源 J1 端口为市电输入端,L 为火线,N 为零线,G 为地线。J2 和 J3 端口为蓄电池连接端,为蓄电池充放电之用。J4 和 J5 为电源输出端口,为负载提供电能,①脚和④脚为正极,②脚和③脚为负极,④脚取自输入端,仅当有市电时才有电压,①脚取自后端,只要有市电或蓄电池电压正常均有输出。自动站供电均使用①脚的电源,如图 4.40 所示。

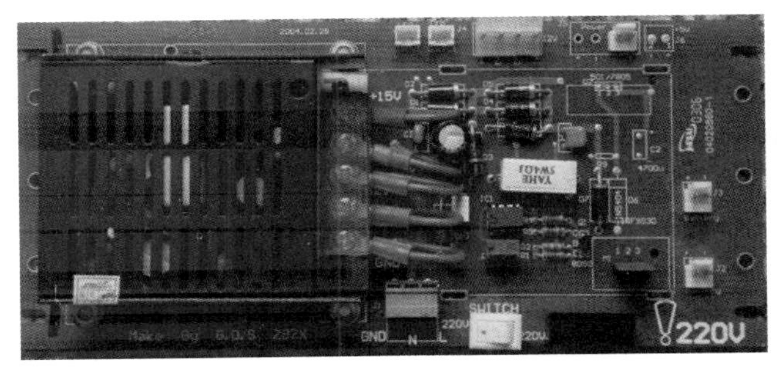

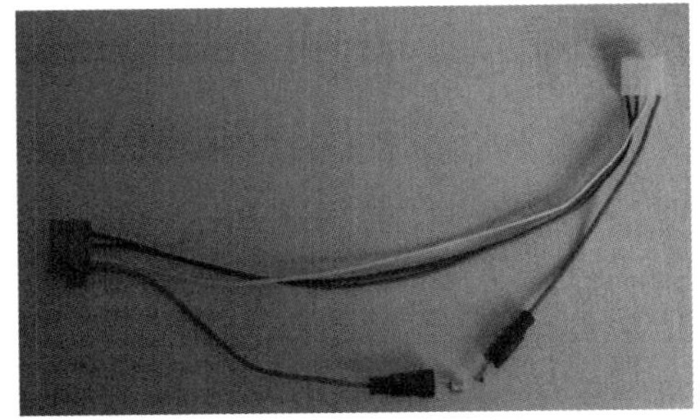

图 4.40　GZPOWER 型开关电源及其输出线

4.3.1.2　GZPOWER 型开关电源故障检修方法

(1)电源检修工具

①万用表

万用表二极管挡:数字万用表二极管挡开路电压约为 2.8 V,红表笔接正,黑表笔接负,测量时提供电流约为 1 mA,显示值为二极管正向压降近似值,单位是 mV。红黑表笔短接时,蜂鸣器发声,可用于判断导线是否导通。

②直流电源供应器:可根据需求提供特定直流电压或电流。

③电烙铁。

(2)静态检查

①万用表置于二极管挡,正向测量D8,D10(瞬态抑制二极管1.5KE24),红表笔接二极管正极,黑表笔接负极(白环一侧),万用表指示约为600 mV;反接万用表显示1,表示无穷大,不导通。若正反向测量均导通或均为无穷大,则防雷二极管已烧坏,须更换之。同理检测D1,D2,D3,D4,D5,D7。

②万用表置于二极管挡,测量场效应管M1。M1是P沟道场效应管,正面看从左到右依次是G(栅)极、D(漏)极、S(源)极。红笔接②脚(D),黑笔接③脚(S),示数应为550 mV左右;红笔接②脚(D),黑笔接①脚(G),示数为1,开路。则M1正常,否则已损坏,须更换。

③万用表置于二极管挡,测量三极管Q1。Q1是NPN型双极结型晶体管,正面看从左到右依次是E(发射)极、B(基)极、C(集电)极,E~B间和E~C间均为PN节。红笔接②脚(B),黑笔接①脚(E)或③脚(C),示数均为600 mV左右。否则已损坏,须更换。

④万用表置于二极管挡,测量保险管是否导通,不通需更换,该型电源采用了250 V,1 A规格的保险管。

⑤万用表置于二极管挡,测量AC/DC电压转换器的几个端口。交流输入端的三个端口(L,N,G)应相互开路,否则更换电压转换器模块。直流输出端的两个端口(DC+,DC-)间由于电容充电作用,示数逐渐增大,最终稳定且不为1,若DC+与DC-直接导通,须更换电压转换器模块。

⑥万用表置于200 Ω挡,测量限流电阻R6是否为4 Ω。二极管挡测量约30 Ω以内的电阻时,蜂鸣器会发声,R6仅4 Ω,且烧坏后一般为断路,故也可用二极管挡判断好坏。若蜂鸣器发声,则正常;不导通则烧坏,须更换。

⑦直观检查电路板附铜线是否有短路或脱落,若有脱落,可用飞线连通。

(3)动态检查

①直流测试

J2或J3端接实验室直流电源供应器模拟蓄电池供电,电压调至12.5 V,若OUTPUT端LED指示灯亮则有输出,也可用数字万用表直流20 V电压挡测量J4的①,②端电压。

(a)若LED指示灯亮或输出约12 V,则微调直流电源供应器降低电源电压,OUTPUT端LED指示灯灭时的直流电源供应器电压为关断电压,无市电时仅当蓄电池电压高于关断电压GZPOWER才有输出。调整电位器RW1,使关断电压为10.8 V。

降低直流电源供电电压,若LED指示灯逐渐变暗但不关断,可初步判断为IC1故障,更换后重新测试,如依然不能关断,则可能为M1②,③短路,更换M1。如果问题依然存在,考虑Q1故障,更换Q1。

(b)若LED指示灯不亮或无输出电压,可初步判断为IC1故障,更换后重新测试,若依然无输出,则为M1②,③断路,更换M1。

(c)应在静态检查阶段先判定M1是否损坏,其次考虑IC1故障。因输出控制电路为IC1,M1,Q1,RW1,R1-R5系统工作,在具体检测中可灵活应对。

②交流测试

J2和J3端空置,J1接市电,打开SWITCH开关观察AC/DC电压转换器内部绿色LED指示灯是否亮,也可根据INPUT端口红色LED指示灯来判断,灯不亮表示AC/DC电压转换器故障,须更换模块。

若 LED 指示灯亮，用万用表直流 20 V 电压挡测量 AC/DC 电压转换器 DC＋和 DC－脚输出，如果电压有跳变，不能稳定在 15 V 左右，则更换模块。J4①和②脚输出为 14 V 左右，J4④和③脚输出为 14.5 V 左右，J3 和 J2 输出均为 14 V 左右，表明 GZPOWER 交流通路工作正常。若上述端口无电压输出，应检查电路板附铜线是否烧坏或脱落，元件焊接是否开路。AC/DC 电压转换器若有嗒嗒响声，更换模块。

注意：交流测试前必须先做直流测试，防止 AC/DC 电压转换器内部短路引起爆炸。交流测试时应取用有漏电保护的市电，测试时应注意安全，防止触电。

4.3.1.3 GZPOWER 型开关电源故障分析

表 4.4 为对最近维修的 360 块电源板的故障统计，在实际检修中，可参考该表排除故障。

表 4.4 GZPOWER 故障统计

器件名称	AC/DC	IC1	R6	保险管	M1	D8/D10
故障数	256	21	33	159	24	37
故障率	71.1%	5.8%	9.2%	44.2%	6.7%	10.3%

注：1 元器件故障率＝故障数/维修电源总数；
2 每个元器件故障率相互独立。

故障分析：

①雷雨天气故障多为防雷管击穿和 AC/DC 电压转换器烧坏，应做好电源防雷屏蔽；

②供电系统长时间使用后，蓄电池性能下降，亏电时充电电流很大，限流电阻 R6 发热严重，导致自身烧坏（多为断路），并将下方电路板附铜线烫爆裂。此时该蓄电池应更换；

③J2，J3 分别连接新、旧蓄电池，新电池长时间大电流为旧电池充电，可能导致 J2，J3 之间附铜线烧爆裂；

④市电质量低，电压不稳，冲击多，纹波复杂，接地差，长期使用易导致 AC/DC 电压转换器烧坏。

4.3.1.4 GZPOWER 开关电源室内型

GZPOWER 开关电源室内型由 GZPOWER 开关电源、两块 12 V，7 AH 铅酸蓄电池封装而成，支持液晶面板显示实时输出电压，主面板红色 LED 指示灯接开关电源 LED INPUT 端，灯亮表明有市电输入；绿色 LED 指示灯接 LED OUTPUT 端，灯亮表明有 12 V 电压输出。室内型电源背面为控制面板，包括市电输入接口、12 V 直流输出接口、电源开关、显示切换开关和保险管，该室内型电源已不支持显示逐个蓄电池电压。如图 4.41 所示。

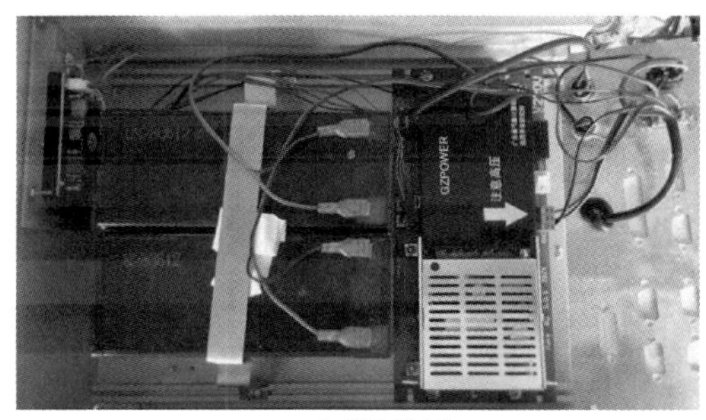

(a) 内部结构图

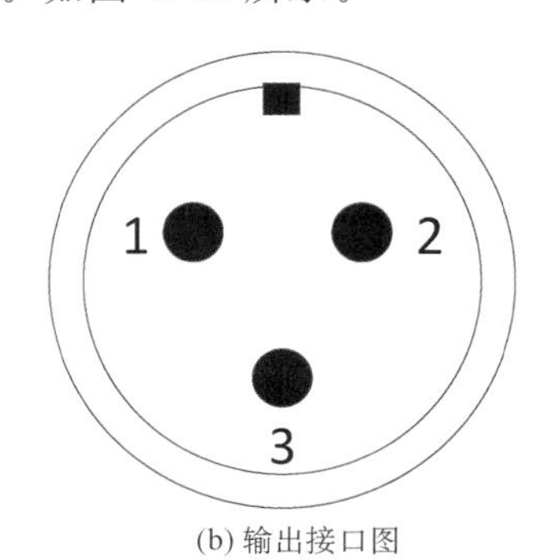

(b) 输出接口图

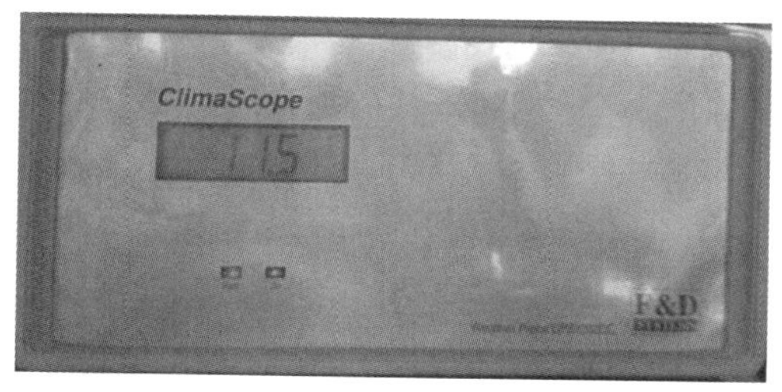

(c) 主面板图

(d) 背面板图

图 4.41 GZPOWER 室内型电源

GZPOWER 开关电源室内型为圆形 3 端子输出接口(公头),如图 4.41(b)示,1 脚为正极,2 脚为负极,3 脚空置。

4.3.1.5 铅酸蓄电池的维护

室内型电源长期使用后,内部铅酸蓄电池性能会下降。长期过充电会导致爆裂进而漏液,最常见的故障是阴极电极腐蚀,腐蚀现象包括:

(1)完全断裂:发生在电极端子根部(密封胶与电极端子接触部位);

(2)镀层剥落:发生在电极端子根部(密封胶与电极端子接触区域);

(3)电极变色:没有明显腐蚀痕迹,镀层也未剥落,但电极端子的色泽发生了明显变化。

铅酸蓄电池大多采用铅做正负极电极。蓄电池工作时,电流从正极流向负极,而电子的流向正好相反,从负极流向正极。如果电池中盖上面有酸液存在,电池放置期间,会在正负极之间形成回路,使电池处于放电状态。由于释放电子,负极端子的镀层、基材被氧化,继而发生腐蚀,最轻微的腐蚀表现为变色。

铅酸蓄电池保养技巧如下。

(1)环境温度对电池的影响较大。环境温度过高,会使电池过充电产生气体;环境温度过低,则会使电池充电不足。这都会影响电池的使用寿命。

(2)放电深度对电池使用寿命的影响也非常大。电池放电深度越深,其循环使用次数就越少,因此在使用时应避免深度放电。

(3)电池在存放、运输、安装过程中,会因自放电而失去部分容量。因此,在安装后投入使用前,应根据电池的开路电压判断电池的剩余容量,然后采用不同的方法对蓄电池进行补充充电。对备用搁置的蓄电池,每 3 个月应进行一次补充充电。可以通过测量电池开路电压来判断电池的好坏。以 12 V 电池为例,若开路电压高于 12.5 V,则表示电池储能还有 80%以上,若开路电压低于 12.5 V,则应该立刻进行补充充电。若开路电压低于 12 V,则表示电池存储电能不到 20%,电池不堪使用。

(4)电池应尽可能安装在清洁、阴凉、通风、干燥的地方,并要避免受到阳光、加热器或其他辐射热源的影响。电池应正立放置,不可倾斜角度。每个电池间端子连接要牢固。

(5)定期保养。电池在使用一定时间后应进行定期检查,如观察其外观是否异常、测量各电池的电压是否平均等。如果长期不停电,电池会一直处于充电状态,这样会使电池的活性变差。

4.3.1.6 GZPOWER 开关电源使用注意事项

GZPOWER 开关电源将 220 V 市电转换为 15 V DC 输出,在使用过程中要注意安全。

(1)电源板背面附铜线、焊点裸露,通电前必须放置在非导体上。

(2)接好电路后检查无外部短路再通市电。

(3)电源板J2,J3端口为蓄电池接口,J5端口为输出接口,J5端口的正负极排布与J2,J3端口相反,外设不可接反。

(4)电源接地端做好接地防雷。

4.3.2 其他供电系统

4.3.2.1 太阳能供电系统

太阳能供电系统故障集中于太阳能电池板与太阳能充电控制器。日照强烈的正午,太阳能电池板输出电压可达18～35 V,随光照减弱,输出电压降低。太阳能充电控制器正常工作时,面板上的电量指示LED指示灯可以指示当前蓄电池电量,并从当前电量向上如流水类似闪烁,待蓄电池充满后LED指示灯常亮。如图4.42所示。

太阳能供电系统遇故障不能供电时:

①观察太阳能控制器指示灯是否正常工作,如不正常工作,检查是否为保险丝烧断,更换保险丝后仍不工作的,更换控制器;

②用万用表直流电压200 V挡测量太阳能电池板输出,若无输出或输出能力不足,更换太阳能电池板;

③实际维修中遇到太阳能电池板开路电压正常,但带负载能力不够,接负载后电压立即被拉低,负载不工作,此种情况应更换太阳能电池板。

注意:太阳能电池板放置露天即有输出电压,在连接电池板、充电控制器、蓄电池时需要严防短路,对暂时悬空的线头须及时用绝缘胶布包好。

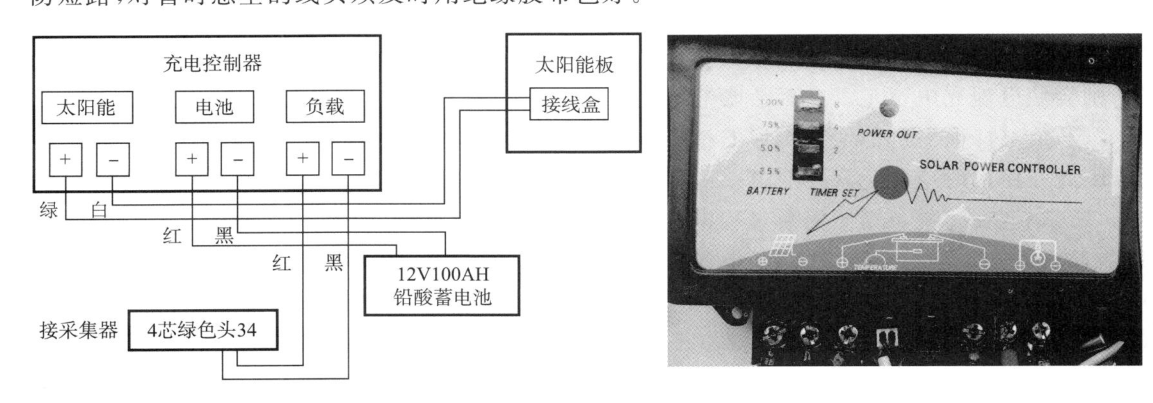

图4.42　太阳能供电系统和太阳能充电控制器

4.3.2.2 混合供电系统

(1)太阳能市电混合供电

有市电的海岛站采用了市电、太阳能双模供电,该供电模式下可模块化排除故障,分别检测市电部分、太阳能供电部分、蓄电池,对损坏的模块进行维修或更换。

(2)双路船电热备份供电

船舶自动站和石油平台自动站为提高供电系统稳定性采用了双路船电热备份,在仅一台开关电源发生故障时，系统仍正常工作。该供电模式下出现故障时：

①用万用表二极管挡测量逆止二极管，若二极管击穿，更换二极管；

②分别将两台开关电源单独接入船电，用万用表 20 V 电压挡测量带负载输出端、蓄电池接口是否为 12～15 V，电压不对则更换开关电源。

本节对 GZPOWER 型开关电源的维修、使用进行了讲解，对核心部件重点说明，可作为 GZPOWER 型开关电源安装、维护、检测、维修指导。本节对太阳能供电、太阳能及市电双模供电、双路船电供电等工作模式的维护进行了讲述，满足了本省所有自动气象站供电需求。

4.4　通信

4.4.1　有线通信

安装在常规地面气象观测站的 DZZ1-2 型自动气象站采用电缆或光纤连接采集器与地面测报业务软件终端（微机），实现两者间的数据通信。

4.4.1.1　信号流程

采集器与上一级处理系统（中心站）之间的信号流程为：①自动气象站将采集并处理后的数据传输给中心站；②中心站发命令调取采集器数据或运行状态。如图 4.43 所示。

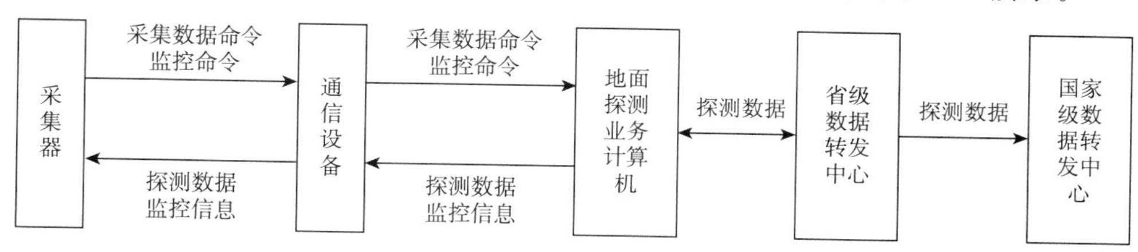

图 4.43　有线通信信号流程图

4.4.1.2　硬件连接

采集器与测报计算机的数据传输有 3 种实现方法，如图 4.44 所示。第一种是：OPT＋隔离盒＋电缆，第二种是：OPT＋隔离盒＋光纤，第三种是：RS232＋RS485＋电缆。广东省国家级地面气象观测站采用第一种通信方式。

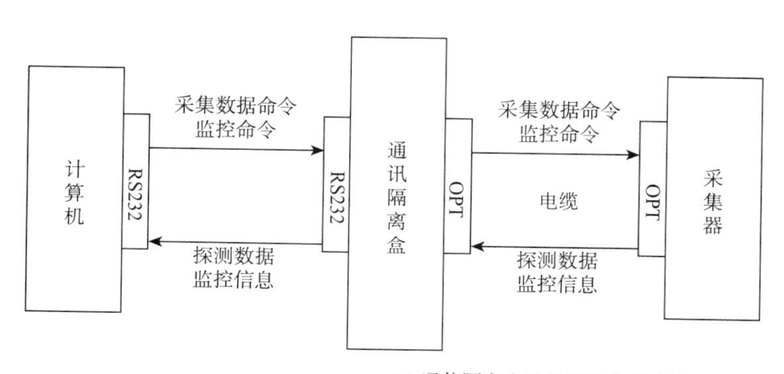

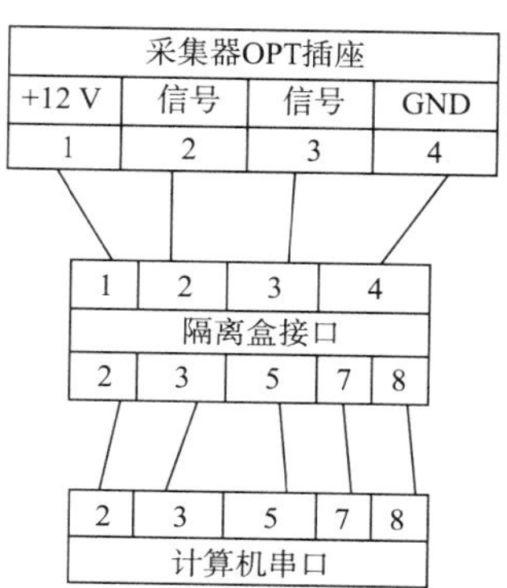

(a) 通信隔离盒及Ⅱ型站信号连接示意图

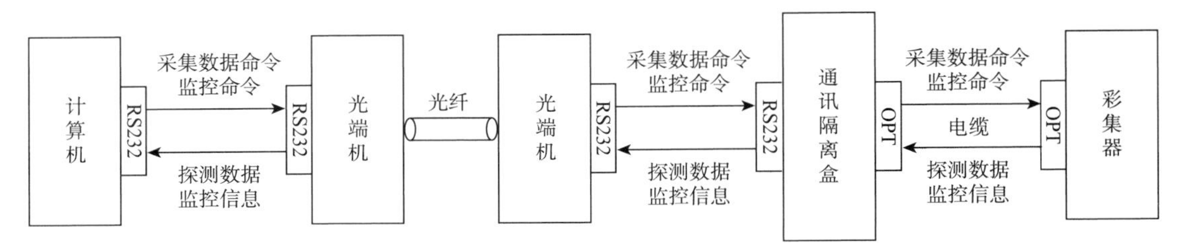

(b) 经光纤转换隔离通信连接示意图

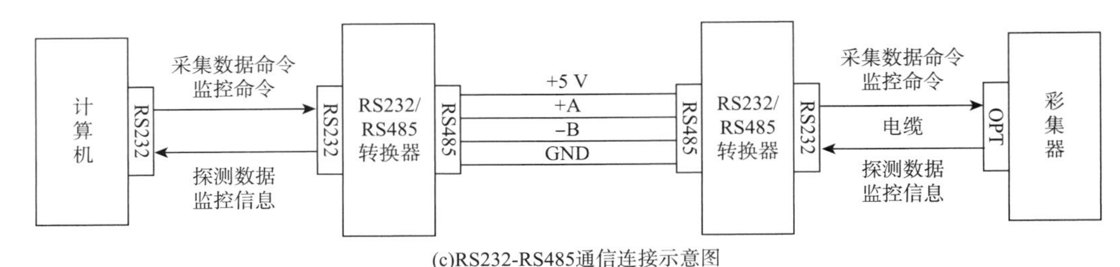

(c)RS232-RS485通信连接示意图

图 4.44 有线通信连接方式

4.4.1.3 典型故障

故障表现:数据采集器显示数据正常,但与计算机无法进行通信。

故障处理:

(1)检查采集器采集软件是否在脱机状态。当你选择“实时数据”进入“测试状态”时,自动站立刻停止正常探测,也不输出数据。

(2)检查数据采集器与计算机的时间是否准确和同步。采集器与计算机内分别有独立的计时系统(时钟),更换采集器的主处理板或计算机会出现时间不一致。必要时通过自动气象站监控软件来校准时间。

(3)检查地面气象测报业务软件(OSSMO 2004)的设置。

①自动站驱动程序是否为 ZDZII. DRV。

②是否已启动数据采集功能。

③对自动观测的项目是否选“有:自动站”选项。

(4)检查通信隔离盒及连接线。先检查通信隔离盒的电源,为 9~15 V 直流电压。然后利用微软操作系统提供的超级终端对通信隔离盒进行环路测试。

①断开与采集器的连接,环路 DZZ1-2 插座的 2,3 脚。

②创建超级终端。选择使用的串口,端口设置为:9600 Bd,8 位数据位,无奇偶校验,1 位停止位,无数据流控制。

③在“ASCII 设置”的 ASCII 码发送选项中选上“本地回显键入的字符”。

④从键盘输入字符进行测试,当显示为双倍输入字符,如输入 A,显示为 AA,则说明通信隔离盒及正在使用的计算机串口是好的。

(5)检测计算机串口。方法一,使用超级终端。方法二,从互联网上下载串口测试程序,其操作直观简单。

(6)检查通信电缆是否断线,插头是否脱落。

(7)若(1)～(6)正常，则检查主处理板的 UB1，UB2，UB3，UB8，BG1，RB4。更换损坏器件进行维修或更换主处理板。

4.4.2　无线通信

4.4.2.1　信号连接

DTU 与 DZZ1-2B 型数据采集器、WP3103 室内室外型数据采集器、生物舒适度测量仪采集器的信号连接示意图如图 4.45 所示。

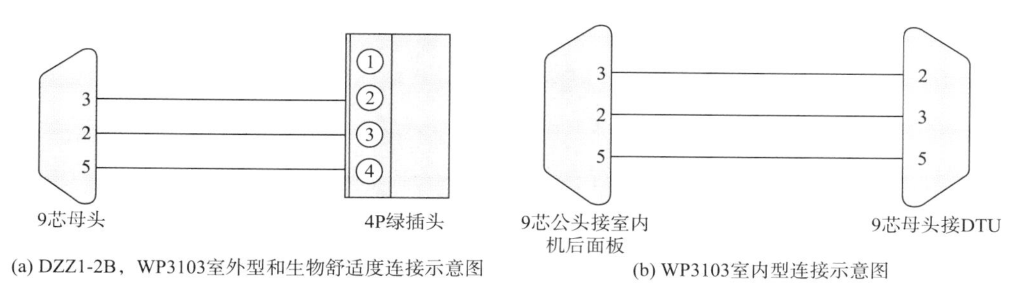

图 4.45　DTU 与采集器信号连接示意图

4.4.2.2　故障排查方法

(1)根据 DTU 指示灯检查故障

DTU 不是智能设备，自身诊断故障能力有限，其工作状态由蓝色、绿色、红色三个 LED 指示灯的不同闪烁时间表示。三个 LED 指示灯定义如下。

蓝色：载波(CD)指示灯，亮表示 GPRS 网络正常。

红色：数据同步(SYNC)指示灯，传输时快速闪动。

绿色：状态(ONLINE)指示灯，有三种闪动情况：

①2 秒钟闪动 1 次(亮 1 s，灭 1 s)，说明连接主机成功；

②1 秒钟闪动 1 次(亮 0.5 s，灭 0.5 s)，说明拨号连接 GPRS 网成功，但还没有成功连接主机；

③1 秒钟闪动 5 次(亮 0.1 s，灭 0.1 s)，说明拨号没有成功，没有连接 GPRS 网。

如果指示和闪烁不对，更换 DTU。

(2)检查 DTU 设置参数

用 SetMod.exe 程序检查 DTU 相关参数，重点检查串口波特率、远程服务器 IP 地址、网络接入口(APN)、远程主机 UDP 端口等，由于雷击影响，设置的参数有时会改变。

4.4.2.3　典型故障

(1)SIM 卡问题

①SIM 卡安装不到位，造成接触不良。由于使用环境恶劣，数据传输会出现时有时无，建议在安装好卡后，在卡口处贴一段电工胶布。如图 4.46 所示。

②雷击造成 SIM 卡损坏。由于严重雷击，有时会造成数据传输卡损坏，一般这种情况需要将卡置入正常 DTU 以测试。

(2)区域自动站安装地 GPRS 信号问题

受话路带宽影响,有些安装站点附近移动通信基站会关闭 GPRS 相关信道,这时候就需要与当地移动通信公司联系,及时开通 GPRS 的分组数据业务信道。

(3)数据通信时有时无

检查数据传输线,发现绿色插头 2 脚很松,拧紧绿色插头各个固紧螺丝,包括供电使用的绿色插头,故障排除。

图 4.46　DTU 卡口封电工胶布

第5章　运行监控

为了提高广东省气象装备运行保障能力和观测数据质量，省气象局从2004年起明确了以探测设备运行状态监视、技术保障信息管理、观测数据质量监视为主线的监控业务设计思想，并依此逐步建立了监控业务。经过多年的发展和建设，广东省省级运行监控保障平台已经实现了对自动气象站进行设备状态监控、数据诊断、到报率统计、故障报警等功能。

5.1　广东省大气探测设备全网监控平台

广东省大气探测设备全网监控平台(http://172.22.1.115)以气象设备为监控对象，实时获取自动观测系统运行过程的各种信息，并从大量的信息中分析挖掘出异常情况并形成报告，通过短信息等渠道发送报警，从而实现对探测设备的远程实时运行监控。

5.1.1　数据采集流程

5.1.1.1　国家级自动气象站数据采集监控流程

安装在台站测报业务机的“DZZ1-2型自动气象站终端软件”和“新型自动气象站终端软件”，与测报软件共享采集器的RS232通信链路，从观测业务系统中实时获取监控数据，并封装后发送至省局监控中心，通过Web页面实时显示设备的运行状态信息。如图5.1所示。

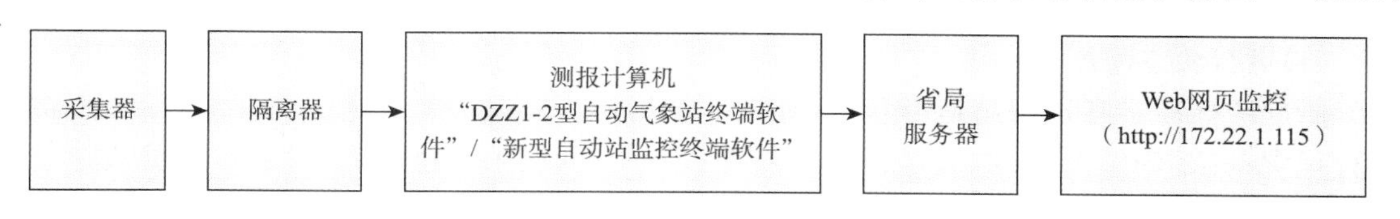

图5.1　新型自动气象站数据采集流程

5.1.1.2　区域自动气象站数据采集流程

区域自动气象站数据通过DTU传送至省局的APN，然后由省级“GPRS网信息服务中心”集中收集全省自动气象站资料，再由VPN业务网将资料分发到各气象台站，并在省局监控中心经处理后通过WEB页面实时显示设备的运行状态信息，如图5.2所示。

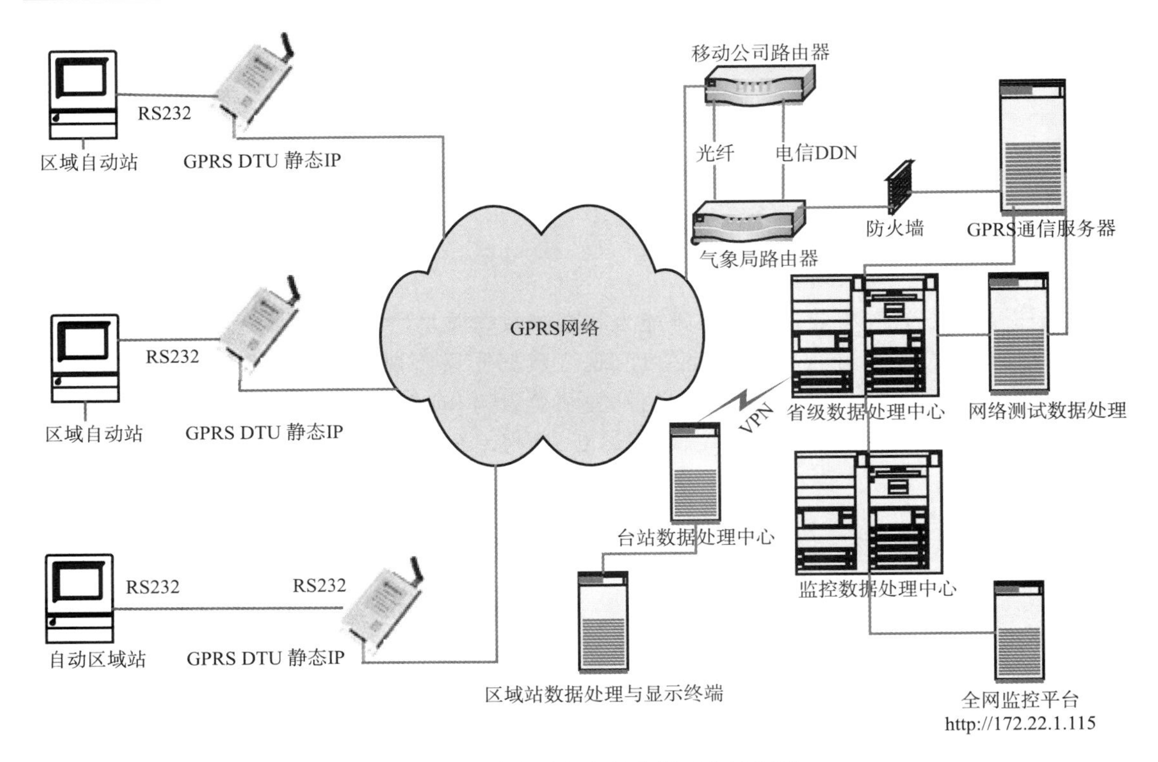

图 5.2　区域自动气象站数据采集流程图

5.1.2　设备运行状态监控

5.1.2.1　遥测自动气象站运行状态监控

遥测自动气象站监控页面包括自动站运行状态显示、实时观测数据显示、通信监控信息显示、状态监控信息显示、观测数据查询、状态数据查询和故障信息查询等功能菜单。

(1)运行状态监控

通过图标标示各遥测站运行状态,如图 5.3 所示。一是闪烁绿色五角星,表示该遥测站运行正常;二是闪烁蓝色球,表示该遥测站超过 30 min 没来资料了,此时台站人员应该查明原因,通常原因有两种:①采集器或者通信链路故障,此时业务测报软件也无数据;②遥测站运行正常,测报业务机的“DZZ1-2 型自动气象站终端软件”未开启,遥测站的监控资料未能上传;③闪烁红色球,表示该遥测站出现故障,台站人员应立即进行检查维修。

在页面的右下角,有图标说明及该状态自动站统计计数。通过双击图标分别显示运行正常遥测站最新观测数据、超 30 min 没来资料站最后观测数据(记录最后观测数据的上传日期和时间)、出现故障站的故障开始时间和故障描述等信息。

(2)实时数据监控

显示数据为该遥测站最新观测数据,当该站运行正常时,显示最近 1 min 获取的数据,当该站异常时,显示它最后正常传输的一份数据,如图 5.4 所示。

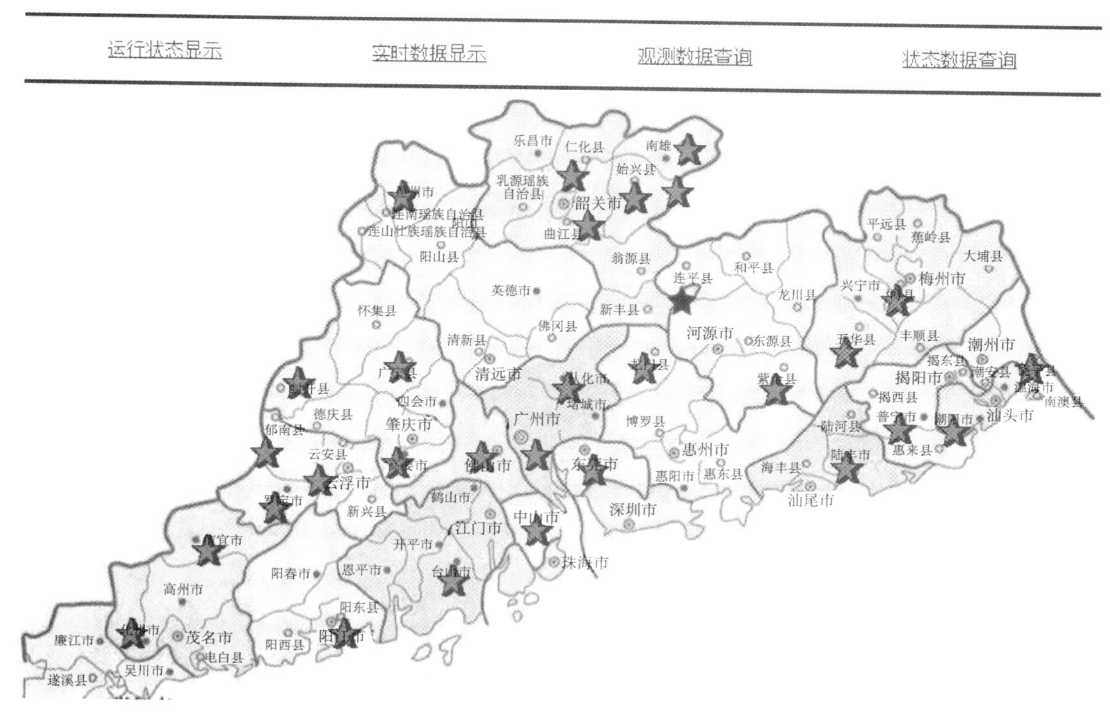

图 5.3 遥测自动气象站运行状态页面

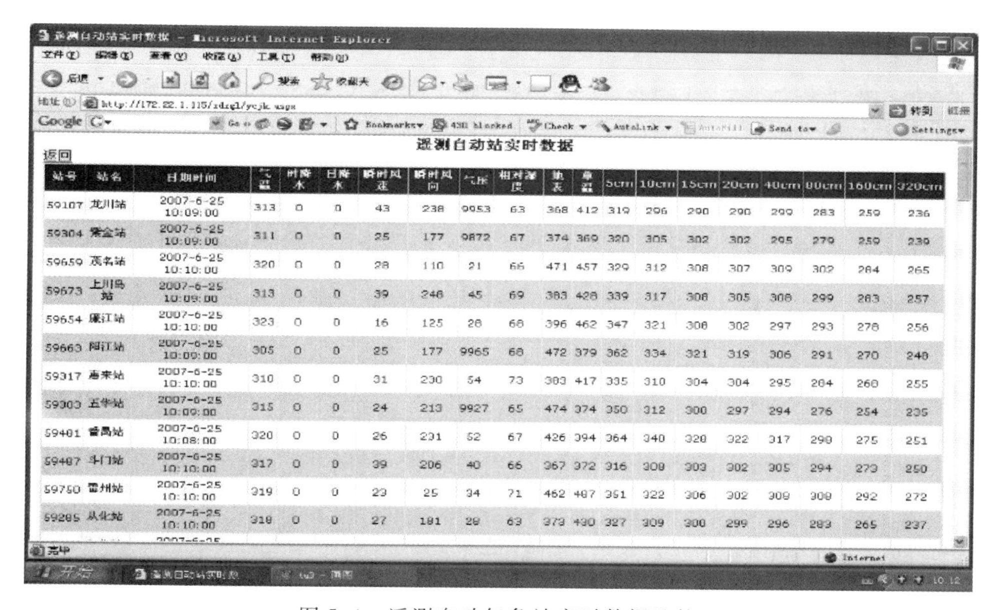

遥测自动站实时数据

返回

站号	站名	日期时间	气温	时降水	日降水	瞬时风速	瞬时风向	气压	相对湿度	地表	草温	5cm	10cm	15cm	20cm	40cm	80cm	160cm	320cm
59107	龙川站	2007-6-25 10:09:00	313	0	0	43	238	9953	63	368	412	319	296	290	290	299	283	259	236
59304	紫金站	2007-6-25 10:09:00	311	0	0	25	177	9872	67	374	369	320	305	302	302	295	279	259	239
59659	茂名站	2007-6-25 10:10:00	320	0	0	28	110	21	66	471	457	329	312	308	307	309	302	284	265
59673	上川岛站	2007-6-25 10:09:00	313	0	0	39	248	45	69	383	428	339	317	308	305	308	299	283	257
59654	廉江站	2007-6-25 10:10:00	323	0	0	16	125	28	68	396	462	347	321	308	302	297	293	278	256
59663	阳江站	2007-6-25 10:09:00	305	0	0	25	177	9965	68	472	379	362	334	321	319	306	291	270	248
59317	惠来站	2007-6-25 10:10:00	310	0	0	31	230	54	73	383	417	335	310	304	304	295	284	260	255
59303	五华站	2007-6-25 10:09:00	315	0	0	24	213	9927	65	474	374	350	312	300	297	294	276	254	235
59481	番禺站	2007-6-25 10:08:00	320	0	0	26	231	52	67	426	394	364	340	328	322	317	298	275	251
59487	斗门站	2007-6-25 10:10:00	317	0	0	39	206	40	66	367	372	316	308	303	302	305	294	273	250
59750	雷州站	2007-6-25 10:10:00	319	0	0	23	25	34	71	462	487	361	322	306	302	309	308	292	272
59285	从化站	2007-6-25 10:10:00	318	0	0	27	181	28	63	373	430	327	309	300	299	296	283	265	237

图 5.4 遥测自动气象站实时数据监控

(3)遥测站通信信息监控包括站号、站名、IP 地址、接收帧数、最新接收时间等，根据这些信息，可以掌握遥测站的通信情况，如图 5.5 所示。

(4)遥测站状态信息显示包括站号、站名、交流供电、直流电压、温度电流、说明等。根据这些信息，可以掌握各个遥测站交流供电和直流电压是否正常、温度测量数据是否准确以及其他异常情况。如图 5.6 所示。

自动站通信监控信息

返回

站号	站名	IP地址	接收帧数	最新接收时间
59470	新兴站	10.151.184.62	55443	2007-7-1 16:57:00
59471	云浮站	10.151.192.62	58097	2007-7-1 16:56:00
59473	鹤山站	10.149.40.34	55247	2007-7-1 16:57:00
59475	开平站	10.149.32.36	57758	2007-7-1 16:57:00
59476	新会站	10.149.72.32	79919	2007-7-1 16:56:00
59477	恩平站	10.149.48.28	97818	2007-7-1 16:56:00
59478	台山站	10.149.64.41	55334	2007-7-1 16:56:00
59480	顺德站	172.22.33.148	75820	2007-7-1 16:56:00
59481	番禺站	172.22.25.138	58228	2007-7-1 16:57:00
59485	中山站	172.22.42.169	115922	2007-7-1 16:57:00
59487	斗门站	10.152.255.4	89787	2007-7-1 16:56:00
59488	珠海站	10.152.252.134	318522	2007-7-1 16:56:00
59492	惠东站	10.149.240.26	55368	2007-7-1 16:56:00
59493	深圳站	10.151.224.3	80545	2007-7-1 16:57:00
59500	海丰站	10.149.80.40	110393	2007-7-1 16:57:00
59501	汕尾站	10.149.96.13	55513	2007-7-1 16:57:00
59502	陆丰站	10.149.88.40	54953	2007-7-1 16:56:00
59650	遂溪站	10.152.184.23	55179	2007-7-1 16:56:00
59653	高州站	10.152.96.39	55426	2007-7-1 16:56:00
59654	廉江站	10.152.160.61	52748	2007-7-1 16:56:00
59655	化州站	10.152.120.30	52852	2007-7-1 16:57:00
59656	吴川站	10.152.176.55	54675	2007-7-1 16:57:00

图 5.5　遥测自动气象站通信信息监控

监控状态信息

返回

站号	站名	AC	DC	温度电流	说明
59298	惠阳	1	13.5	3.7	
59750	雷州	1	11.9	3.73	
59462	罗定	1	13.7	3.69	
59285	从化	1	11.9	3.7	
59654	廉江	1	11.9	3.67	
59314	普宁	1	13.3	3.71	
59485	中山	1	11.9	3.69	
59284	花都	1	11.9	3.64	
59109	兴宁	1	12.9	3.69	
59663	阳江	1	11.7	3.73	
59269	德庆	1	11.9	3.73	
59500	海丰	1	11.6	3.71	
59270	怀集	1	11.9	3.72	
59493	深圳	1	12.1	3.67	
57996	南雄	yes	119		
59279	三水	1	12	3.72	
59278	高要	1	12	3.71	
59754	徐闻	1	13	3.63	
59656	吴川	1	11.7	3.68	
57989	仁化	1	11.9	3.67	
59502	陆丰	1	11.6	3.7	
59116	大埔	1	11.8	3.68	
59297	博罗	1	11.8	3.73	
59650	遂溪	1	11.8	3.71	
59473	鹤山	1	13.9	3.73	
59304	紫金	1	11.9	3.68	
59317	惠来	1	11.5	3.68	
59075	阳山	1	11.9	3.67	
59303	五华	1	11.8	3.67	
59097	新丰	1	12.3	3.69	
57988	乐昌	1	11.9	3.66	
59456	信宜	1	11.9	3.68	
59469	阳春	1	11.6	3.75	
59476	新会	1	11.9	3.71	
59087	佛冈	1	13.3	3.7	
59114	蕉岭	1	13	3.65	

图 5.6　遥测站自动站状态信息显示页面

(5)自动站故障信息查询可以按台站站号、开始时间、结束时间等条件进行查询,如图 5.7 所示。

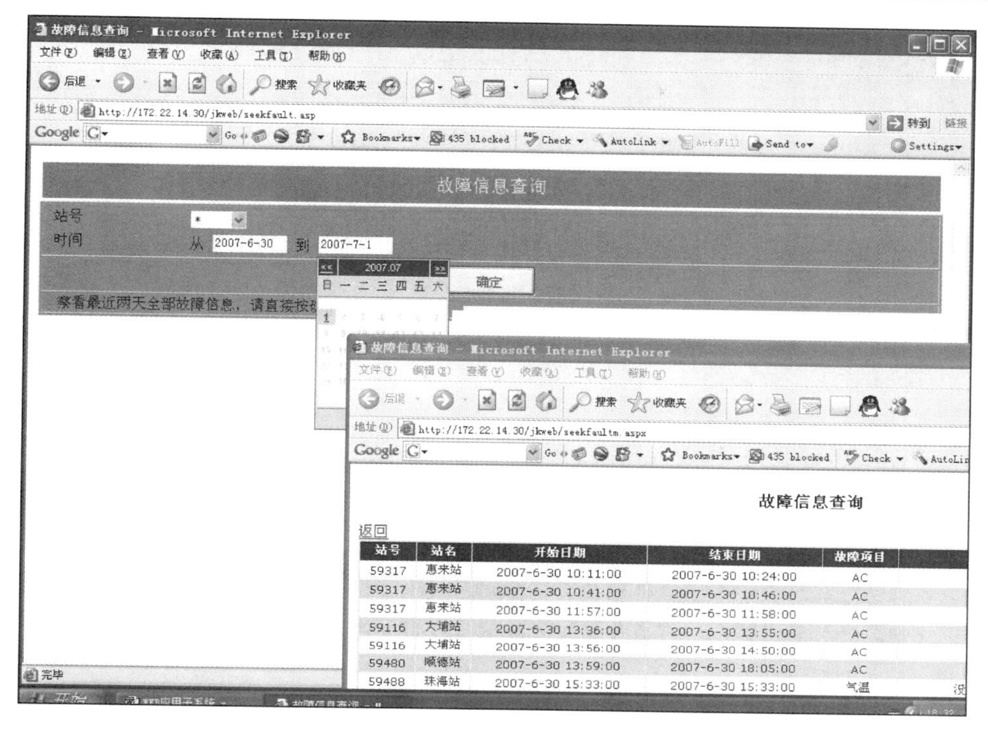

图5.7 自动站故障信息查询页面

5.1.2.2 新型自动气象站运行状态监控

(1)实时数据监控

新型自动站的实时数据监控通过表格显示，红色标示代表该站已超过30 min未有观测资料，此时台站人员应该查明原因。通常有两种：一是采集器或者通信链路故障，此时测报软件也无数据；二是自动站运行正常，测报业务机的“新型自动气象站终端软件”未开启，自动站的监控资料未能上传，如图5.8所示。

(2)状态信息监控

新型自动站状态信息监控，如图5.9所示，实时反映各传感器工作状态正常与否，数值代表传感器工作状态标识，其定义如表5.1所示。

表5.1 传感器工作状态标识

标识代码值	描述
0	“正常”：正常工作
2	“故障或未检测到”：无法工作
3	“偏高”：采样值偏高
4	“偏低”：采样值偏低
5	“超上限”：采样值超测量范围上限
6	“超下限”：采样值超测量范围下限
9	“没有检查”：无法判断当前工作状态
N	“传感器关闭或者没有配置”

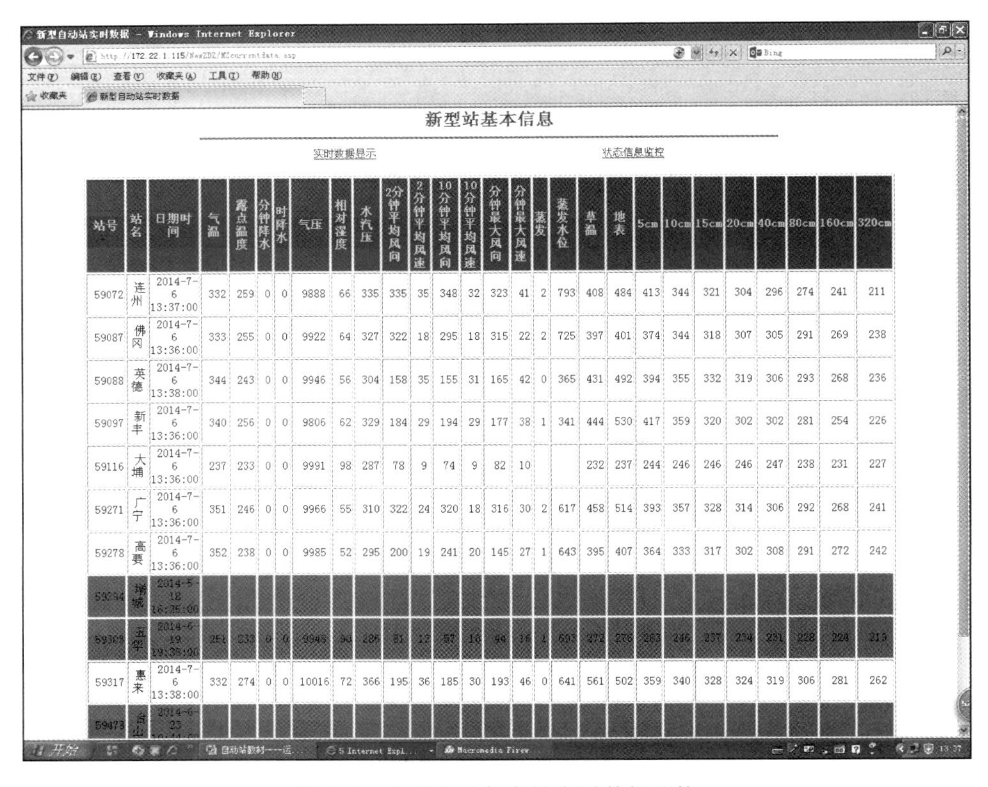

新型站基本信息

实时数据显示　　状态信息监控

站号	站名	日期时间	气温	露点温度	分钟降水	时降水	气压	相对湿度	水汽压	2分钟平均风向	2分钟平均风速	10分钟平均风向	10分钟平均风速	分钟最大风向	分钟最大风速	蒸发	蒸发水位	草温	地表	5cm	10cm	15cm	20cm	40cm	80cm	160cm	320cm
59072	连州	2014-7-6 13:37:00	332	259	0	0	9888	66	335	335	35	348	32	323	41	2	793	408	484	413	344	321	304	296	274	241	211
59087	佛冈	2014-7-6 13:36:00	333	255	0	0	9922	64	327	322	18	295	18	315	22	2	725	397	401	374	344	318	307	305	291	269	238
59088	英德	2014-7-6 13:38:00	344	243	0	0	9946	56	304	158	35	155	31	165	42	0	365	431	492	394	355	332	319	306	293	268	236
59097	新丰	2014-7-6 13:36:00	340	256	0	0	9806	62	329	184	29	194	29	177	38	1	341	444	530	417	359	320	302	302	281	254	226
59116	大埔	2014-7-6 13:36:00	237	233	0	0	9991	98	287	78	9	74	9	82	10			232	237	244	246	246	246	247	238	231	227
59271	广宁	2014-7-6 13:36:00	351	246	0	0	9966	55	310	322	24	320	18	316	30	2	617	458	514	393	357	328	314	306	292	268	241
59278	高要	2014-7-6 13:36:00	352	238	0	0	9985	52	295	200	19	241	20	145	27	1	643	395	407	364	333	317	302	308	291	272	242
59294	增城	2014-5-18 16:25:00																									
59303	五华	2014-6-19 19:38:00	251	233	0	0	9948	90	286	81	12	57	10	44	16	1	693	272	276	263	246	237	234	231	228	224	219
59317	惠来	2014-7-6 13:38:00	332	274	0	0	10016	72	366	195	36	185	30	193	46	0	641	561	502	359	340	328	324	319	306	281	262
59473	台山	2014-6-23																									

图 5.8　新型自动气象站实时数据监控

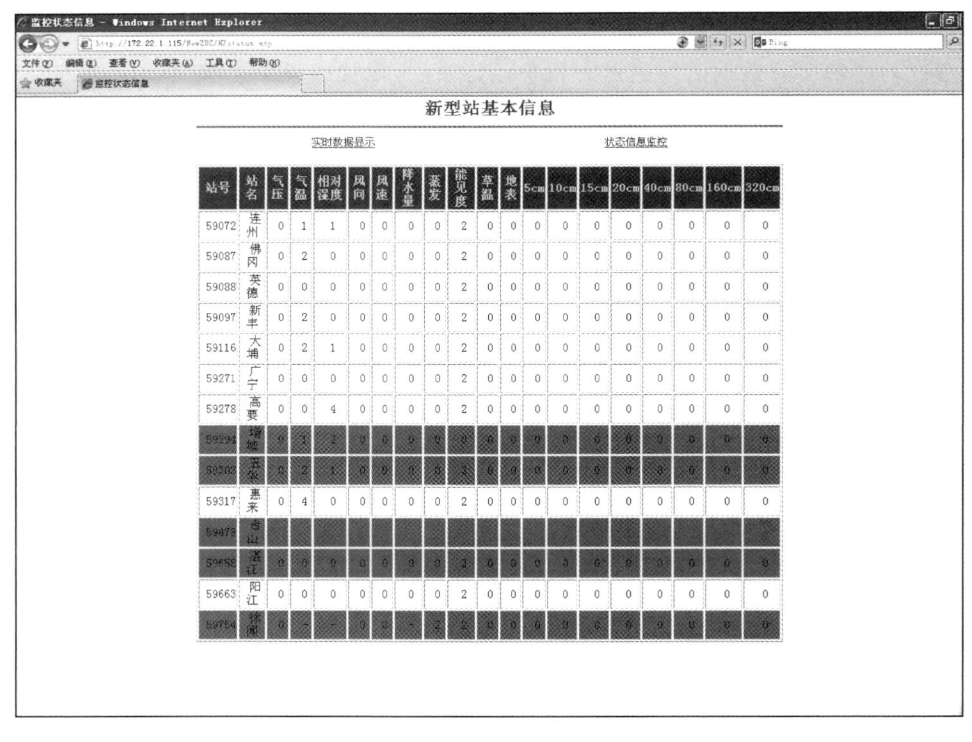

新型站基本信息

实时数据显示　　状态信息监控

站号	站名	气压	气温	相对湿度	风向	风速	降水量	蒸发	能见度	草温	地表	5cm	10cm	15cm	20cm	40cm	80cm	160cm	320cm
59072	连州	0	1	1	0	0	0	0	2	0	0	0	0	0	0	0	0	0	0
59087	佛冈	0	2	0	0	0	0	0	2	0	0	0	0	0	0	0	0	0	0
59088	英德	0	0	0	0	0	0	0	2	0	0	0	0	0	0	0	0	0	0
59097	新丰	0	2	0	0	0	0	0	2	0	0	0	0	0	0	0	0	0	0
59116	大埔	0	2	1	0	0	0	0	2	0	0	0	0	0	0	0	0	0	0
59271	广宁	0	0	0	0	0	0	0	2	0	0	0	0	0	0	0	0	0	0
59278	高要	0	0	4	0	0	0	0	2	0	0	0	0	0	0	0	0	0	0
59294	增城	0	1	2	0	0	0	0	0	0	0	0	0	0	0	0	0	0	0
59303	五华	0	2	1	0	0	0	0	2	0	0	0	0	0	0	0	0	0	0
59317	惠来	0	4	0	0	0	0	0	2	0	0	0	0	0	0	0	0	0	0
59473	台山																		
59658	湛江	0	0	0	0	0	0	0	2	0	0	0	0	0	0	0	0	0	0
59663	阳江	0	0	0	0	0	0	0	2	0	0	0	0	0	0	0	0	0	0
59754	徐闻	0	-	-	0	0	-	2	2	0	0	0	0	0	0	0	0	0	0

图 5.9　新型自动站状态信息监控

5.1.2.3　区域自动气象站监控

区域自动气象站监控页面包括区域站运行状态显示、实时观测数据显示、通信终端状态信息显示、状态监控信息显示、观测数据查询、自动站来报统计等功能菜单。

(1)区域站通信终端监控

区域站通信终端状态信息,包括在线终端和离线终端。如果该区域站离线,台站人员应及时检查 DTU 是否损坏或者有无交流电。如果出现同一站号,两条在线记录、两个 IP,则区域自动站站号重复设置,如图 5.10 所示。

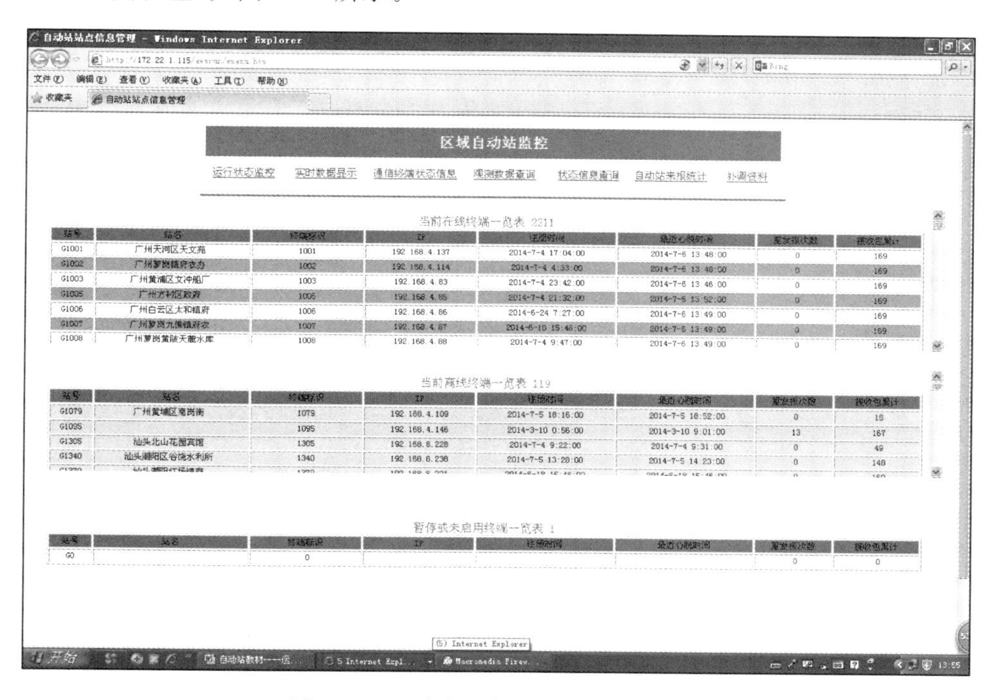

图 5.10　区域自动气象站通信终端监控

(2)实时状态信息监控

区域站实时状态信息显示包括站号、站名、交流供电、直流电压、各传感器工作状态等。可以通过区域自动站实时状态信息,查看该站供电与各传感器工作状态正常与否,如图 5.11 所示。

(3)实时数据信息监控

区域站实时观测数据包括站号、站名、日期时间、气温、时降水、日降水、瞬时风速、瞬时风向、气压、相对湿度。显示数据为该站最新观测数据,当该站运行正常时,显示最近 5 min 获取的数据,当该站异常时,显示它最后正常传输的一份数据,如图 5.12 所示。

(4)状态信息查询

区域站状态信息查询显示包括站号、站名、交流供电、直流电压、各传感器工作状态等。台站可以查询该站在某时间段交流供电和直流电压是否正常、各传感器工作是否正常等,如图 5.13 所示。

区域自动站实时状态

站号	站名	日期时间	交流电	直流电	直流电状态	温度传感器	风速传感器状态	风向传感器状态	雨量传感器状态	软件版本号
11111		2013-2-1 17:43:06	yes	119	正常	正常	正常	风向全0检查异常	正常	0
66666		2010-12-17 10:30:00		138	正常	正常	正常	正常	正常	0
99668		2011-5-18 9:25:06	yes	119	正常	正常			0	0
99669		2011-5-18 9:30:06	yes	120	正常	正常	正常	风向全1检查异常	正常	0
99999	大探机房温度监控	2014-7-6 14:15:00	Null	116	直流电源电压偏低	正常	正常	正常	正常	0
G1001	广州天河区天文苑	2014-7-6 14:15:00	Null	140	正常	正常	正常	正常	正常	0
G1002	广州萝岗镇府农办	2014-7-6 14:15:00	Null	139	正常	正常	正常	风向全1检查异常	正常	0
G1003	广州黄浦区文冲船厂	2014-7-6 14:15:00	Null	138	正常	正常	正常	正常	正常	0
G1004	广州海珠区三防	2010-7-22 11:10:00	无	118	正常	正常	正常	正常	正常	0
G1005	广州方村区政府	2014-7-6 14:15:00	Null	137	正常	正常	正常	正常	正常	0
G1006	广州白云区太和镇府	2014-7-6 14:15:00	Null	140	正常	正常	正常	风向全1检查异常	正常	0
G1007	广州萝岗九佛镇府农	2014-7-6 14:15:00	Null	142	正常	正常	正常	正常	正常	0
G1008	广州萝岗黄陂天麓水库	2014-7-6 14:15:00	Null	143	正常	正常	正常	正常	正常	0
G1009	广州白云区三防	2014-7-6 14:15:00	Null	134	正常	正常	正常	风向全1检查异常	正常	0
G1010	广州白云区江高镇	2014-7-6 14:15:00	Null	143	正常	正常	正常	正常	正常	0
G1011	广州白云区南湖游乐园	2014-7-6 14:05:00	Null	135	正常	正常	正常	正常	正常	0
G1014	广州白云区神山镇府农	2014-7-6 14:15:00	Null	141	正常	正常	正常	风向全1检查异常	正常	0
G1015	广州番禺旧局	2014-7-6 14:15:00	Null	136	正常	正常	正常	正常	正常	0
G1016	广州番禺灵山镇水利局	2014-7-6 14:15:00	Null	136	正常	正常	正常	正常	正常	0
G1017	广州南沙围垦公司	2014-7-6 14:15:00	Null	144	直流电源电压偏高	正常	正常	正常	正常	0
G1018	广州番禺化龙农业公司	2014-7-6 14:15:00	Null	142	正常	正常	正常	正常	正常	0
G1019	广州番禺石楼镇莲花山	2014-7-6 14:15:00	Null	138	正常	正常	正常	风向全1检查异常	正常	0
G1020	广州从化良口镇政府	2014-7-6 14:15:00	Null	138	正常	正常	正常	正常	正常	0
G1021	广州从化龙潭镇府	2014-7-6 14:15:00	Null	138	正常	正常	正常	正常	正常	0
G1022	广州增城中新镇府	2014-7-6 14:10:00	Null	143	正常	正常	正常	正常	正常	0
G1023	广州增城仙村镇府	2014-7-6 14:15:00	Null	141	正常	正常	正常	正常	正常	0
G1024	广州花都花东镇府	2014-7-6 14:15:00	Null	146	正常	正常	正常	正常	正常	0
G1025	广州花都区狮岭镇	2014-7-6 14:15:00	Null	139	正常	正常	正常	正常	正常	0
G1026	广州花都赤坭镇	2014-7-6 14:15:00	Null	122	正常	正常	正常	风向全1检查异常	正常	0

图 5.11　区域自动站实时状态信息监控

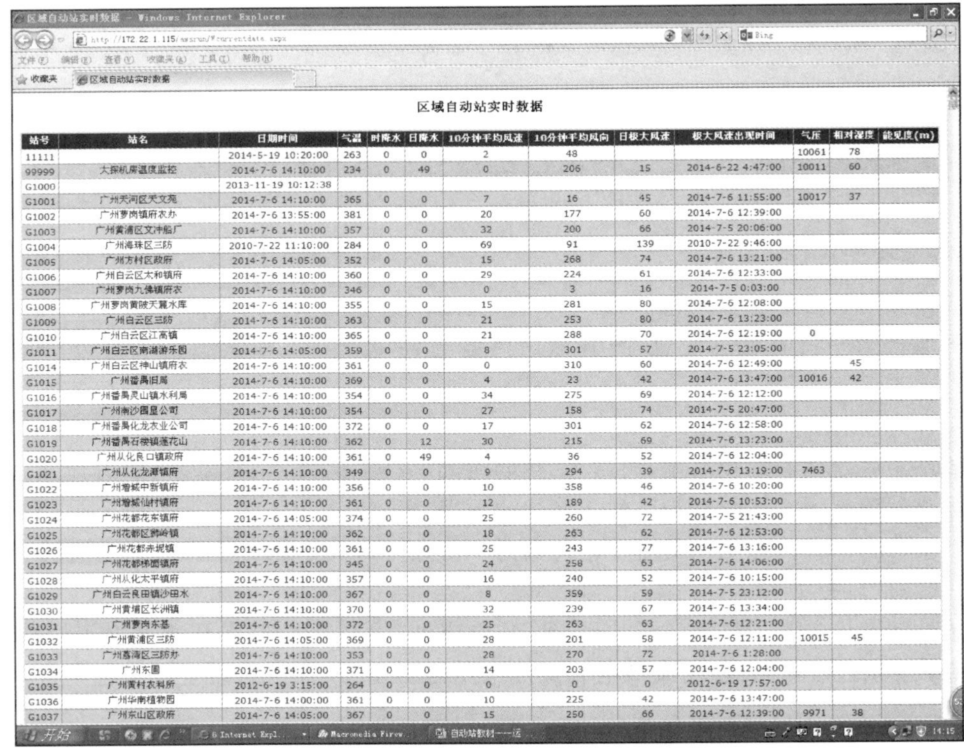

区域自动站实时数据

站号	站名	日期时间	气温	时降水	日降水	10分钟平均风速	10分钟平均风向	日极大风速	极大风速出现时间	气压	相对湿度	能见度(m)
11111		2014-5-19 10:20:00	263	0	0	2	48			10061	78	
99999	大探机房温度监控	2014-7-6 14:10:00	234	0	49	0	206	15	2014-6-22 4:47:00	10011	60	
G1000		2013-11-19 10:12:38										
G1001	广州天河区天文苑	2014-7-6 14:10:00	365	0	0	7	16	45	2014-7-6 11:55:00	10017	37	
G1002	广州萝岗镇府农办	2014-7-6 13:55:00	381	0	0	20	177	60	2014-7-6 12:39:00			
G1003	广州黄浦区文冲船厂	2014-7-6 14:10:00	357	0	0	32	200	66	2014-7-5 20:06:00			
G1004	广州海珠区三防	2010-7-22 11:10:00	284	0	0	69	91	139	2010-7-22 9:46:00			
G1005	广州方村区政府	2014-7-6 14:05:00	352	0	0	15	268	74	2014-7-6 13:21:00			
G1006	广州白云区太和镇府	2014-7-6 14:10:00	360	0	0	29	224	61	2014-7-6 12:33:00			
G1007	广州萝岗九佛镇府农	2014-7-6 14:10:00	346	0	0	0	3	16	2014-7-5 0:03:00			
G1008	广州萝岗黄陂天麓水库	2014-7-6 14:10:00	355	0	0	15	281	80	2014-7-6 12:08:00			
G1009	广州白云区三防	2014-7-6 14:10:00	363	0	0	21	253	80	2014-7-6 13:23:00			
G1010	广州白云区江高镇	2014-7-6 14:10:00	365	0	0	21	288	70	2014-7-6 12:19:00	0		
G1011	广州白云区南湖游乐园	2014-7-6 14:05:00	359	0	0	8	301	57	2014-7-5 23:05:00			
G1014	广州白云区神山镇府农	2014-7-6 14:10:00	361	0	0	0	310	60	2014-7-6 12:49:00		45	
G1015	广州番禺旧局	2014-7-6 14:10:00	369	0	0	4	23	42	2014-7-6 13:47:00	10016	42	
G1016	广州番禺灵山镇水利局	2014-7-6 14:10:00	354	0	0	34	275	69	2014-7-6 12:12:00			
G1017	广州南沙围垦公司	2014-7-6 14:10:00	354	0	0	27	158	74	2014-7-5 20:47:00			
G1018	广州番禺化龙农业公司	2014-7-6 14:10:00	372	0	0	17	301	62	2014-7-6 12:58:00			
G1019	广州番禺石楼镇莲花山	2014-7-6 14:10:00	362	0	12	30	215	69	2014-7-6 13:23:00			
G1020	广州从化良口镇政府	2014-7-6 14:10:00	361	0	49	4	36	52	2014-7-6 12:04:00			
G1021	广州从化龙潭镇府	2014-7-6 14:10:00	349	0	0	9	294	39	2014-7-6 13:19:00	7463		
G1022	广州增城中新镇府	2014-7-6 14:10:00	356	0	0	10	358	46	2014-7-6 10:20:00			
G1023	广州增城仙村镇府	2014-7-6 14:10:00	361	0	0	12	189	42	2014-7-6 10:53:00			
G1024	广州花都花东镇府	2014-7-6 14:05:00	374	0	0	25	260	72	2014-7-5 21:43:00			
G1025	广州花都区狮岭镇	2014-7-6 14:10:00	362	0	0	18	263	62	2014-7-6 12:53:00			
G1026	广州花都赤坭镇	2014-7-6 14:10:00	361	0	0	25	243	77	2014-7-6 13:16:00			
G1027	广州花都梯面镇府	2014-7-6 14:10:00	345	0	0	24	258	63	2014-7-6 14:06:00			
G1028	广州从化太平镇府	2014-7-6 14:10:00	357	0	0	16	240	52	2014-7-6 10:15:00			
G1029	广州白云良田镇沙田水	2014-7-6 14:10:00	367	0	0	8	359	59	2014-7-5 23:12:00			
G1030	广州黄埔区长洲镇	2014-7-6 14:10:00	370	0	0	32	239	67	2014-7-6 13:34:00			
G1031	广州萝岗东基	2014-7-6 14:10:00	372	0	0	25	263	63	2014-7-6 12:21:00			
G1032	广州黄浦区三防	2014-7-6 14:05:00	369	0	0	28	201	58	2014-7-6 12:11:00	10015	45	
G1033	广州荔湾区三防办	2014-7-6 14:10:00	353	0	0	28	270	72	2014-7-6 1:28:00			
G1034	广州东圃	2014-7-6 14:10:00	371	0	0	14	203	57	2014-7-6 12:04:00			
G1035	广州黄村农科所	2012-6-19 3:15:00	264	0	0	0	0	0	2012-6-19 17:57:00			
G1036	广州华南植物园	2014-7-6 14:00:00	361	0	0	10	225	42	2014-7-6 13:47:00			
G1037	广州东山区政府	2014-7-6 14:05:00	367	0	0	15	250	66	2014-7-6 12:39:00	9971	38	

图 5.12　区域自动气象站实时数据监控

注意：

①如果该站通信终端不在线，多为DTU故障或者DTU参数设置问题或者无交流电；

②如果该站通信终端在线，而实时数据无更新，多为采集器故障或者采集器参数设置问题。

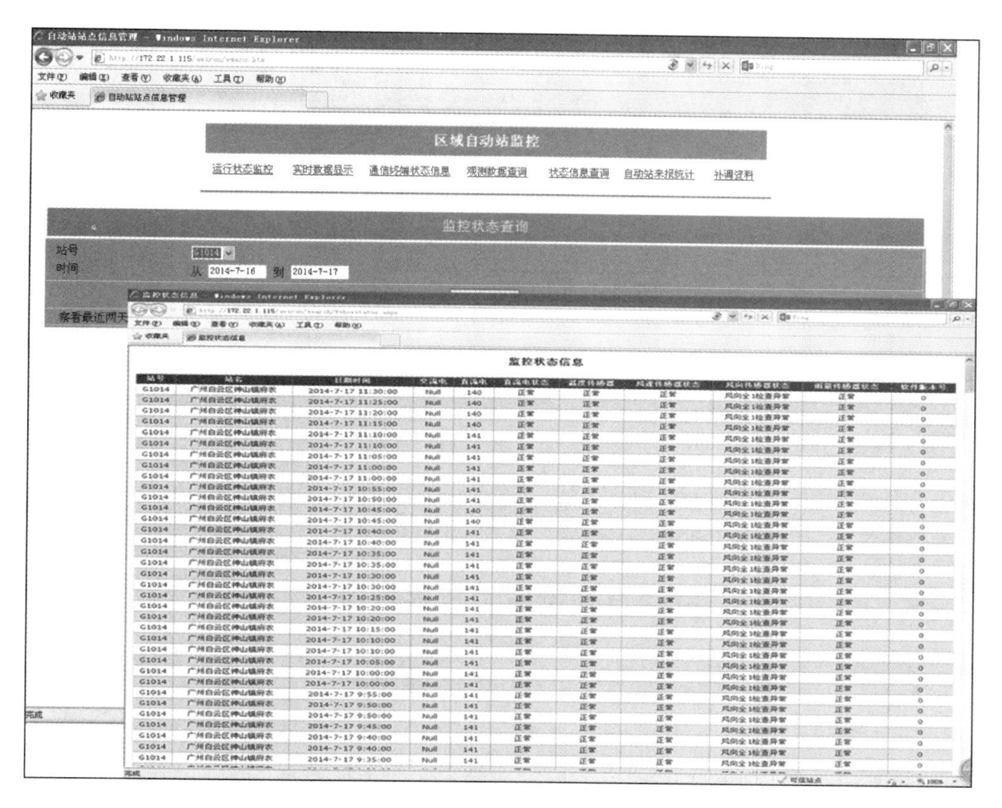

图5.13　区域自动气象站状态信息查询

5.1.2.4　交通自动气象站监控

(1)通信终端监控查看交通站通信终端状态信息，通过区域自动站监控—通信终端状态信息，包括在线终端和离线终端，如图5.10所示。

(2)交通站实时数据监控页面，如果站点无数据上传，将红色标示，同时记录最后一份观测数据，如图5.14所示。

(3)历史数据查询，点击图5.14右上角“历史数据”，即可选择交通站号查询历史数据，如图5.15所示。

注意：

①如果该站通信终端不在线，多为DTU故障或者DTU参数设置问题或者无交流电；

②如果该站通信终端在线，而实时数据无更新，多为采集器故障或者采集器参数设置问题。

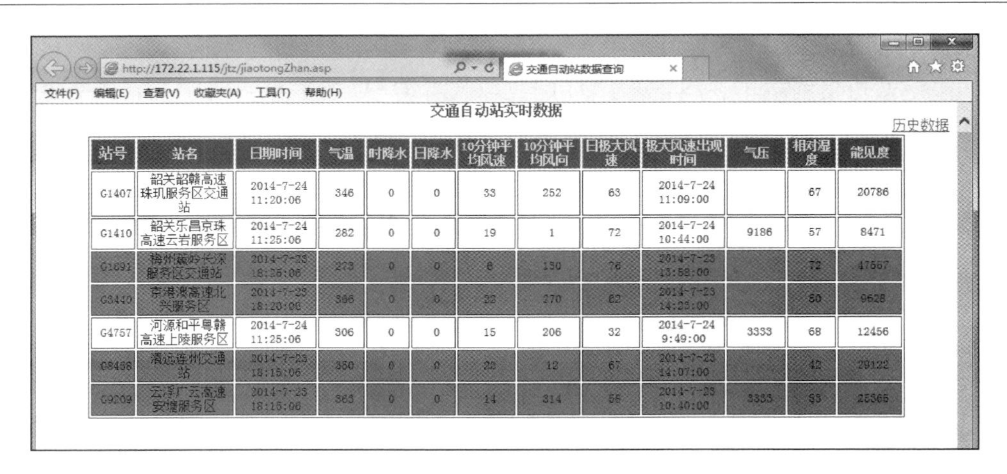

交通自动站实时数据

站号	站名	日期时间	气温	时降水	日降水	10分钟平均风速	10分钟平均风向	日极大风速	极大风速出现时间	气压	相对湿度	能见度
G1407	韶关韶赣高速珠玑服务区交通站	2014-7-24 11:20:06	346	0	0	33	252	63	2014-7-24 11:09:00		67	20786
G1410	韶关乐昌京珠高速云岩服务区	2014-7-24 11:25:06	282	0	0	19	1	72	2014-7-24 10:44:00	9186	57	8471
G1691	梅州蕉岭长深服务区交通站	2014-7-23 18:25:06	273	0	0	6	130	76	2014-7-23 13:58:00		72	47567
G3440	京港澳高速化兴服务区	2014-7-23 18:20:06	386	0	0	22	270	82	2014-7-23 14:23:00		50	9628
G4757	河源和平粤赣高速上陵服务区	2014-7-24 11:25:06	306	0	0	15	206	32	2014-7-24 9:49:00	3333	68	12456
G8468	清远连州交通站	2014-7-23 18:15:06	350	0	0	23	12	67	2014-7-23 14:07:00		42	29122
G9209	云浮广云高速安塘服务区	2014-7-23 18:15:06	363	0	0	14	314	56	2014-7-23 10:40:00	3333	53	25366

图 5.14　交通自动气象站实时数据监控

图 5.15　交通自动气象站历史数据查询

5.1.2.5　生物舒适度站监控

(1)通信终端监控

查看生物舒适度站通信终端状态信息，通过区域自动站监控—通信终端状态信息，包括在线终端和离线终端。如图 5.10 所示。

(2)状态信息监控

通过表格描述站点运行状态，如图 5.16 所示。包括各传感器工作状态、水位、电源电压等正常与否，红色表格表示该站超 1 h 没来观测资料了，表格记录为最后一份监控状态信息，此时台站应查明原因，是 DTU 通信故障还是采集器故障。如果水位红色显示“需要加水”，此时台站必须给水箱加水。

舒适度实时观测数据

实时数据　历史数据　曲线显示　状态数据

站号	站名	当前时间	干球状态	湿球状态	黑球状态	风速状态	辐射状态	水位	电源电压	设备状态
G9998	省大探中心楼顶舒适度站	2014-7-17	正常	正常	正常	正常	正常	正常	12.5	正常
G8266	肇庆高要舒适度站	2014-7-17	正常	正常	正常	正常	正常	需要加水	13.4	正常
G9269	云浮新兴舒适度站	2014-7-17	正常	正常	正常	正常	正常	正常	13.3	正常
G2585	茂名舒适度站	2014-7-17	正常	正常	正常	正常	正常	正常	13.2	正常
G7428	湛江舒适度站	2014-7-17	正常	正常	正常	正常	正常	正常	13.3	正常
G2095	中山舒适度站	2014-7-17	正常	正常	正常	正常	正常	正常	13.4	正常
G4810	河源龙川舒适度站	2014-7-17	正常	正常	正常	正常	正常	正常	13.3	正常
G2883	潮州舒适度站	2014-7-17	正常	正常	正常	正常	正常	正常	13.4	正常
G3431	广州南沙舒适度站	2014-7-17	正常	正常	正常	正常	正常	正常	13.3	正常
G5319	惠州红花湖生物舒适度站	2014-7-17	正常	正常	正常	正常	正常	正常	13.9	正常
G2315	阳江舒适度站	2014-7-9	正常	正常	正常	正常	正常	正常	10	超1小时未来报
G6565	江门新会区舒适度站	2014-7-17	正常	正常	正常	正常	正常	正常	13.5	正常
G3432	广州花都舒适度站	2014-7-17	正常	正常	正常	正常	正常	正常	13.3	正常
G3430	广州增城舒适度站	2014-7-17	正常	正常	正常	正常	正常	正常	11.5	正常
G3434	广州从化舒适度站	2014-7-17	正常	正常	正常	正常	正常	正常	13.5	正常
G1693	梅州梅县舒适度站	2014-7-17	正常	正常	正常	正常	正常	正常	13.3	正常
G8310	清远舒适度站	2014-7-16	正常	正常	正常	正常	正常	正常	13.3	超1小时未来报
G1389	汕头舒适度站	2014-6-26	正常	正常	正常	正常	正常	正常	13.3	超1小时未来报
G1436	韶关仁化舒适度站	2014-7-17	正常	正常	正常	正常	正常	正常	13.6	正常
G5943	东莞市舒适度站	2014-7-17	正常	正常	正常	正常	正常	正常	13.5	正常
G3435	广州海珠湿地公园	2014-7-17	正常	正常	正常	正常	正常	正常	13.5	正常
G3433	萝岗舒适度站	2014-7-17	正常	正常	正常	正常	正常	正常	13.2	正常
G2996	揭阳舒适度站	2014-7-17	正常	正常	正常	正常	正常	正常	13.3	正常
G1889	汕尾舒适度站	2014-7-17	正常	正常	正常	正常	正常	正常	13.3	正常
G8459	连州舒适度	2014-7-17	正常	正常	正常	正常	正常	正常	13.2	正常

图 5.16　舒适度站实时状态监控

(3)舒适度站实时数据监控

监控各传感器的探测要素值。如图 5.17 所示。

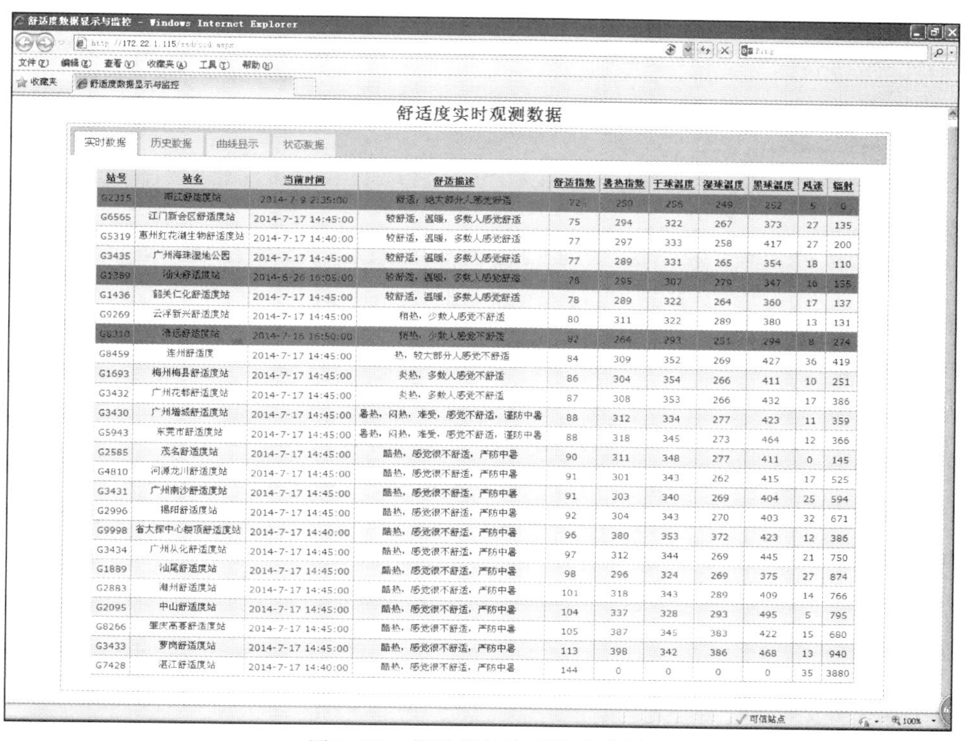

舒适度实时观测数据

实时数据　历史数据　曲线显示　状态数据

站号	站名	当前时间	舒适描述	舒适指数	暑热指数	干球温度	湿球温度	黑球温度	风速	辐射
G2315	阳江舒适度站	2014-7-9 2:35:00	舒适，绝大部分人感觉舒适	72	250	256	249	252	5	0
G6565	江门新会区舒适度站	2014-7-17 14:45:00	较舒适，温暖，多数人感觉舒适	75	294	322	267	373	27	135
G5319	惠州红花湖生物舒适度站	2014-7-17 14:40:00	较舒适，温暖，多数人感觉舒适	77	297	333	258	417	27	200
G3435	广州海珠湿地公园	2014-7-17 14:45:00	较舒适，温暖，多数人感觉舒适	77	289	331	265	354	18	110
G1389	汕头舒适度站	2014-6-26 16:05:00	较舒适，温暖，多数人感觉舒适	78	295	307	279	347	16	155
G1436	韶关仁化舒适度站	2014-7-17 14:45:00	较舒适，温暖，多数人感觉舒适	78	289	322	264	360	17	137
G9269	云浮新兴舒适度站	2014-7-17 14:45:00	稍热，少数人感觉不舒适	80	311	322	289	380	13	131
G8310	清远舒适度站	2014-7-16 16:50:00	稍热，少数人感觉不舒适	82	264	293	251	294	8	274
G8459	连州舒适度	2014-7-17 14:45:00	热，较大部分人感觉不舒适	84	309	352	269	427	36	419
G1693	梅州梅县舒适度站	2014-7-17 14:45:00	炎热，多数人感觉不舒适	86	304	354	266	411	10	251
G3432	广州花都舒适度站	2014-7-17 14:45:00	炎热，多数人感觉不舒适	87	308	353	266	432	17	386
G3430	广州增城舒适度站	2014-7-17 14:45:00	暑热，闷热，难受，感觉不舒适，谨防中暑	88	312	334	277	423	11	359
G5943	东莞市舒适度站	2014-7-17 14:45:00	暑热，闷热，难受，感觉不舒适，谨防中暑	88	318	345	273	464	12	366
G2585	茂名舒适度站	2014-7-17 14:45:00	酷热，感觉很不舒适，严防中暑	90	311	348	277	411	0	145
G4810	河源龙川舒适度站	2014-7-17 14:45:00	酷热，感觉很不舒适，严防中暑	91	301	343	262	415	17	525
G3431	广州南沙舒适度站	2014-7-17 14:45:00	酷热，感觉很不舒适，严防中暑	91	303	340	269	404	25	594
G2996	揭阳舒适度站	2014-7-17 14:45:00	酷热，感觉很不舒适，严防中暑	92	304	343	270	403	32	671
G9998	省大探中心楼顶舒适度站	2014-7-17 14:40:00	酷热，感觉很不舒适，严防中暑	96	380	353	372	423	12	386
G3434	广州从化舒适度站	2014-7-17 14:45:00	酷热，感觉很不舒适，严防中暑	97	312	344	269	445	21	750
G1889	汕尾舒适度站	2014-7-17 14:45:00	酷热，感觉很不舒适，严防中暑	98	296	324	269	375	27	874
G2883	潮州舒适度站	2014-7-17 14:45:00	酷热，感觉很不舒适，严防中暑	101	318	343	289	409	14	766
G2095	中山舒适度站	2014-7-17 14:45:00	酷热，感觉很不舒适，严防中暑	104	337	328	293	495	5	795
G8266	肇庆高要舒适度站	2014-7-17 14:45:00	酷热，感觉很不舒适，严防中暑	105	387	345	383	422	15	680
G3433	萝岗舒适度站	2014-7-17 14:45:00	酷热，感觉很不舒适，严防中暑	113	398	342	386	468	13	940
G7428	湛江舒适度站	2014-7-17 14:40:00	酷热，感觉很不舒适，严防中暑	144	0	0	0	0	35	3880

图 5.17　舒适度站实时数据监控

5.1.2.6 海洋自动气象站监控

(1)通信终端监控

查看交通站通信终端状态信息，通过区域自动站监控—通信终端状态信息，包括在线终端和离线终端，如图 5.10 所示。

(2)海洋站实时数据监控页面，如果站点无数据上传，将显示红色标示，同时记录最后一份观测数据，如图 5.18 所示。

(3)历史数据查询，点击图 5.18 右上角“历史数据”，即可选择交通站号查询历史数据，如图 5.19 所示。

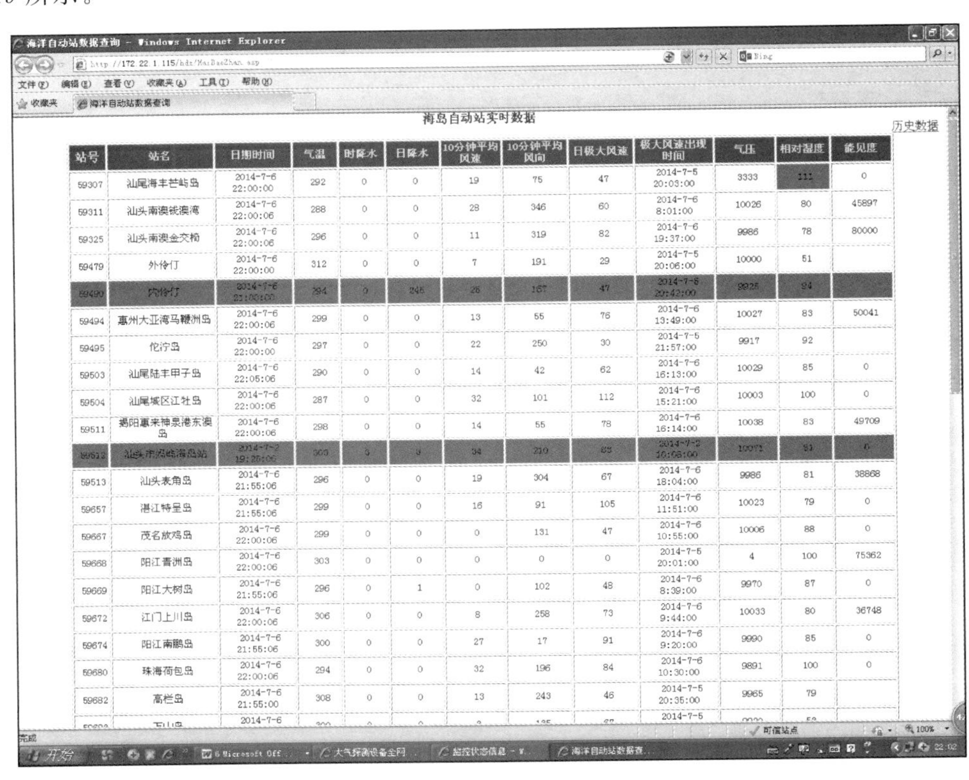

站号	站名	日期时间	气温	时降水	日降水	10分钟平均风速	10分钟平均风向	日极大风速	极大风速出现时间	气压	相对湿度	能见度
59307	汕尾海丰芒屿岛	2014-7-6 22:00:00	292	0	0	19	75	47	2014-7-5 20:03:00	3333	111	0
59311	汕头南澳钱澳湾	2014-7-6 22:00:06	288	0	0	28	346	60	2014-7-6 8:01:00	10026	80	45897
59325	汕头南澳金交椅	2014-7-6 22:00:06	296	0	0	11	319	82	2014-7-6 19:37:00	9986	78	80000
59479	外伶仃	2014-7-6 22:00:00	312	0	0	7	191	29	2014-7-5 20:06:00	10000	51	
59490	内伶仃	2014-7-6 21:00:00	294	0	246	26	167	47	2014-7-6 20:42:00	9925	94	
59494	惠州大亚湾马鞭洲岛	2014-7-6 22:00:06	299	0	0	13	55	76	2014-7-6 13:49:00	10027	83	50041
59495	佗泞岛	2014-7-6 22:00:00	297	0	0	22	250	30	2014-7-5 21:57:00	9917	92	
59503	汕尾陆丰甲子岛	2014-7-6 22:05:06	290	0	0	14	42	62	2014-7-6 16:13:00	10029	85	0
59504	汕尾城区江牡岛	2014-7-6 22:00:06	287	0	0	32	101	112	2014-7-6 15:21:00	10003	100	0
59511	揭阳惠来神泉港东澳岛	2014-7-6 22:00:06	298	0	0	14	55	78	2014-7-6 16:14:00	10038	83	49709
59512	汕头市[illegible]	2014-7-2 19:20:06	303	0	0	34	210	[illegible]	2014-7-2 10:08:00	10071	91	0
59513	汕头表角岛	2014-7-6 21:55:06	296	0	0	19	304	67	2014-7-6 18:04:00	9986	81	38868
59657	湛江特呈岛	2014-7-6 21:55:06	299	0	0	16	91	105	2014-7-6 11:51:00	10023	79	0
59667	茂名放鸡岛	2014-7-6 22:00:06	299	0	0	0	131	47	2014-7-6 10:55:00	10006	88	0
59668	阳江青洲岛	2014-7-6 22:00:06	303	0	0	0	0	0	2014-7-5 20:01:00	4	100	75362
59669	阳江大树岛	2014-7-6 21:55:06	296	0	1	0	102	48	2014-7-6 8:39:00	9970	87	0
59672	江门上川岛	2014-7-6 22:00:06	306	0	0	8	258	73	2014-7-6 9:44:00	10033	80	36748
59674	阳江南鹏岛	2014-7-6 21:55:06	300	0	0	27	17	91	2014-7-6 9:20:00	9990	85	0
59680	珠海荷包岛	2014-7-6 22:00:06	294	0	0	32	196	84	2014-7-6 10:30:00	9891	100	0
59682	高栏岛	2014-7-6 21:55:00	308	0	0	13	243	46	2014-7-5 20:35:00	9965	79	

图 5.18 海洋自动气象站实时数据监控

5.1.3 故障报警

省局监控中心接收全省各观测业务系统收集的监控数据信息，然后进行数据分析，从中挖掘出异常的信息，形成异常报警信息，自动短信报警平台将设备报警信息以短信形式实时发送到指定人员手机，对故障具体时间、站点、故障原因等进行描述，人员包含省局业务管理领导，市、县局业务管理领导以及台站业务管理与保障人员等。

注意：台站收到短信后，应立即进行处理，对于未处理的故障，系统间隔一定的时间会重复发送短信。

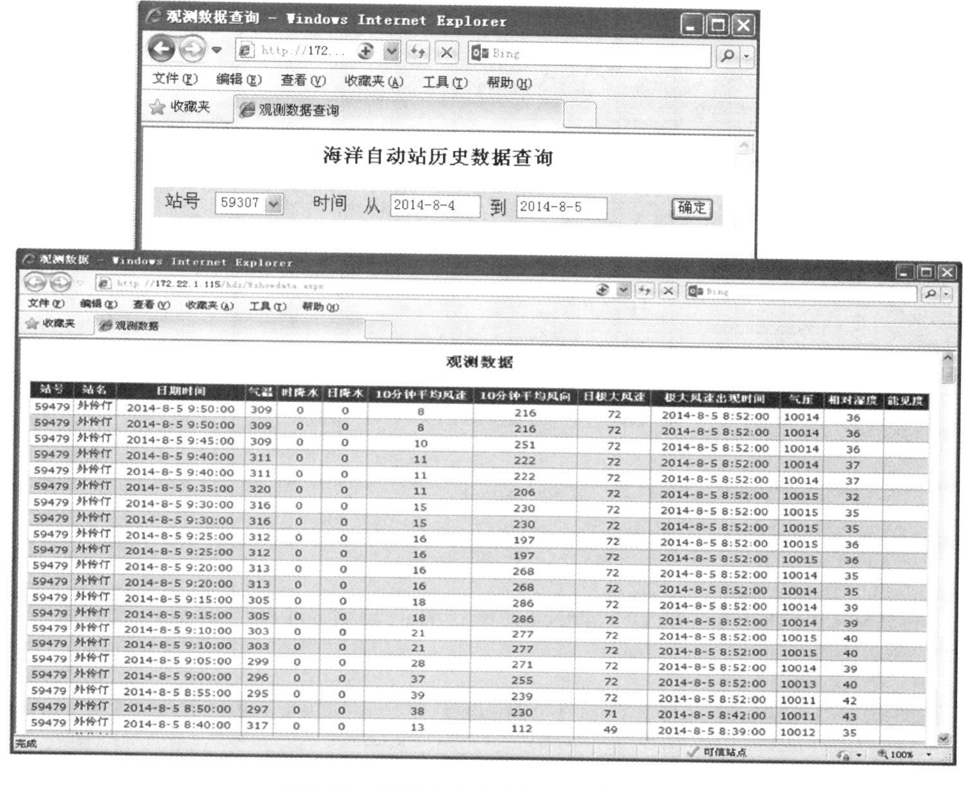

站号	站名	日期时间	气温	时降水	日降水	10分钟平均风速	10分钟平均风向	日极大风速	极大风速出现时间	气压	相对湿度	能见度
59479	外伶仃	2014-8-5 9:50:00	309	0	0	8	216	72	2014-8-5 8:52:00	10014	36	
59479	外伶仃	2014-8-5 9:50:00	309	0	0	8	216	72	2014-8-5 8:52:00	10014	36	
59479	外伶仃	2014-8-5 9:45:00	309	0	0	10	251	72	2014-8-5 8:52:00	10014	36	
59479	外伶仃	2014-8-5 9:40:00	311	0	0	11	222	72	2014-8-5 8:52:00	10014	37	
59479	外伶仃	2014-8-5 9:40:00	311	0	0	11	222	72	2014-8-5 8:52:00	10014	37	
59479	外伶仃	2014-8-5 9:35:00	320	0	0	11	206	72	2014-8-5 8:52:00	10015	32	
59479	外伶仃	2014-8-5 9:30:00	316	0	0	15	230	72	2014-8-5 8:52:00	10015	35	
59479	外伶仃	2014-8-5 9:30:00	316	0	0	15	230	72	2014-8-5 8:52:00	10015	35	
59479	外伶仃	2014-8-5 9:25:00	312	0	0	16	197	72	2014-8-5 8:52:00	10015	36	
59479	外伶仃	2014-8-5 9:25:00	312	0	0	16	197	72	2014-8-5 8:52:00	10015	36	
59479	外伶仃	2014-8-5 9:20:00	313	0	0	16	268	72	2014-8-5 8:52:00	10014	35	
59479	外伶仃	2014-8-5 9:20:00	313	0	0	16	268	72	2014-8-5 8:52:00	10014	35	
59479	外伶仃	2014-8-5 9:15:00	305	0	0	18	286	72	2014-8-5 8:52:00	10014	39	
59479	外伶仃	2014-8-5 9:15:00	305	0	0	18	286	72	2014-8-5 8:52:00	10014	39	
59479	外伶仃	2014-8-5 9:10:00	303	0	0	21	277	72	2014-8-5 8:52:00	10015	40	
59479	外伶仃	2014-8-5 9:10:00	303	0	0	21	277	72	2014-8-5 8:52:00	10015	40	
59479	外伶仃	2014-8-5 9:05:00	299	0	0	28	271	72	2014-8-5 8:52:00	10014	39	
59479	外伶仃	2014-8-5 9:00:00	296	0	0	37	255	72	2014-8-5 8:52:00	10013	40	
59479	外伶仃	2014-8-5 8:55:00	295	0	0	39	239	72	2014-8-5 8:52:00	10011	42	
59479	外伶仃	2014-8-5 8:50:00	297	0	0	38	230	71	2014-8-5 8:42:00	10011	43	
59479	外伶仃	2014-8-5 8:40:00	317	0	0	13	112	49	2014-8-5 8:39:00	10012	35	

图 5.19　海洋自动气象站历史数据查询

主要故障信息类型及处理方式：

①遥测站采集器没有交流电时发送交流电报警，此时电池供电，台站应尽快恢复交流电；

②遥测站超过 30 min 没有信息上传时报警，台站应检查有无开启测报计算机的“DZZ1-2 型自动气象站终端软件”，如图 5.20 所示。

话单时间	关联手机	短信内容	信息类型	短信条数
2014-07-06 10:59:06	13925061506	大探提示:海丰遥测站，站号：59500超过169分钟没有监控......	MT	1
2014-07-06 10:59:06	13825061225	大探提示:海丰遥测站，站号：59500超过169分钟没有监控......	MT	1
2014-07-06 10:59:06	13580585516	大探提示:海丰遥测站，站号：59500超过169分钟没有监控......	MT	1
2014-07-06 10:59:06	13826020481	大探提示:海丰遥测站，站号：59500超过169分钟没有监控......	MT	1
2014-07-06 10:59:06	13560443395	大探提示:海丰遥测站，站号 监控.. 大探提示:海丰遥测站，站号：59500超过169分钟没有监控信息上传!!		
2014-07-06 10:59:06	13922773121	大探提示:海丰遥测站，站号：59500超过169分钟没有监控......	MT	1
2014-07-06 10:59:06	13501528528	大探提示:海丰遥测站，站号：59500超过169分钟没有监控......	MT	1
2014-07-06 10:59:06	13922694588	大探提示:海丰遥测站，站号：59500超过169分钟没有监控......	MT	1

图 5.20　故障报警之一

③遥测站采集器直流电电压低于或高于设定阈值时报警；

④遥测站设备故障报警，台站应及时更换设备，如图 5.21 所示；

话单时间	关联手机	短信内容	信息类型	短信条数	回执状态描述
2014-06-24 09:49:15	13609756289	大探提示:韶关遥测站(站号:59082),没有气温资料,CA......	MT	3	成功3条,失败0条,没有状态报告0条
2014-06-24 09:49:15	13610335000	大探提示: 59082),设			,失败0 状态报告0
2014-06-24 09:49:15	13660393232	大探提示 59082),没有			,失败0 状态报告0
2014-06-24 09:49:15	13925061506	大探提示:韶关遥测站(站号:59082),没有气温资料,CA......	MT	3	成功3条,失败0条,没有状态报告0条
2014-06-24 09:49:15	13825061225	大探提示:韶关遥测站(站号:59082),没有气温资料,CA......	MT	3	成功3条,失败0条,没有状态报告0条
2014-06-24 09:49:15	13580585516	大探提示:韶关遥测站(站号:59082),没有气温资料,CA......	MT	3	成功3条,失败0条,没有状态报告0条

大探提示:韶关遥测站(站号:59082),没有气温资料,CAN或变送器板坏;没有湿度资料;没有0CM地温资料;没有5CM地温资料;没有10CM地温资料;没有15CM地温资料;没有20CM地温资料;没有40CM地温资料;没有80CM地温资料;没有160CM地温资料;没有320CM地温资料;没有草面温度资料!!

图 5.21 故障报警之二

⑤区域站通信故障报警,DTU 不在线,台站应及时检查 DTU 是否损坏或者有无交流电,如图 5.22 所示;

话单时间	关联手机	短信内容	信息类型	短信条数	回执状态描述
2014-07-06 12:11:13	13926825599	大探提示:G1955自动站,IP为192.168.5.97通......	MT	1	成功1条,失败0条,没有状态报告0条
2014-07-06 12:11:13	13825730865	大探提示:G19 192.168.5			失败0条,报告0条
2014-07-06 12:11:13	13828007656	大探提示:G2158自动站,IP为192.168.13.50......	MT	1	成功1条,失败0条,没有状态报告0条
2014-07-06 12:11:13	13702707117	大探提示:G2158自动站,IP为192.168.13.50......	MT	1	成功1条,失败0条,没有状态报告0条
2014-07-06 12:11:11	13822308060	大探提示:G2158自动站,IP为192.168.13.50......	MT	1	成功1条,失败0条,没有状态报告0条

大探提示:G1955自动站,IP为192.168.5.97通讯故障,可能是DTU损坏或无交流电,请及时处理!!

图 5.22 故障报警之三

⑥区域自动站站号重复报警,台站应检查站号,如图 5.23 所示;

话单时间	关联手机	短信内容	信息类型	短信条数	回执状态描述
2014-07-02 23:51:42	13828030294	G2194站IP地址由192.168.13.119更换为19......	MT	1	成功1条,失败0条,没有状态报告0条
2014-07-02 23:46:46	13828030294	G2194站IP地址由 更换为1			失败0 报告0
2014-07-02 23:46:48	13828030294	G2194站IP地址由192.168.13.120更换为19......	MT	1	成功1条,失败0条,没有状态报告0条
2014-07-02 23:46:42	13828030294	G2194站IP地址由192.168.13.120更换为19......	MT	1	成功1条,失败0条,没有状态报告0条

G2194站IP地址由192.168.13.119更换为192.168.13.120,采集器站号设置重复,查看是否设错站号!

图 5.23 故障报警之四

⑦区域站采集器故障，DTU 在线，台站应检查采集器硬件和参数设置，如图 5.24 所示；

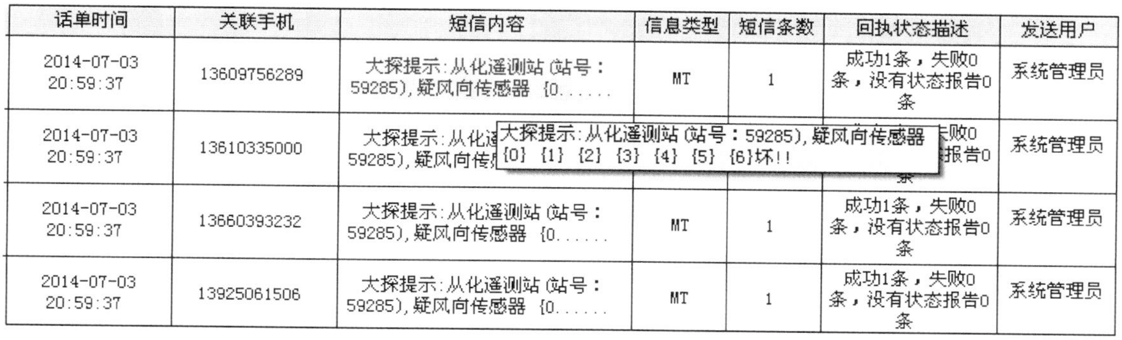

话单时间	关联手机	短信内容	信息类型	短信条数	回执状态描述	发送用户
2014-07-03 20:59:37	13609756289	大探提示:从化遥测站(站号：59285),疑风向传感器 {0......	MT	1	成功1条，失败0条，没有状态报告0条	系统管理员
2014-07-03 20:59:37	13610335000	大探提示:从化遥 59285),疑风向传感 / 大探提示:从化遥测站(站号：59285),疑风向传感器{0} {1} {2} {3} {4} {5} {6}坏!!			失败0 报告0 条	系统管理员
2014-07-03 20:59:37	13660393232	大探提示:从化遥测站(站号：59285),疑风向传感器 {0......	MT	1	成功1条，失败0条，没有状态报告0条	系统管理员
2014-07-03 20:59:37	13925061506	大探提示:从化遥测站(站号：59285),疑风向传感器 {0......	MT	1	成功1条，失败0条，没有状态报告0条	系统管理员

图 5.24 故障报警之五

⑧区域自动站传感器故障，台站应及时检查与更换，如图 5.25 所示。

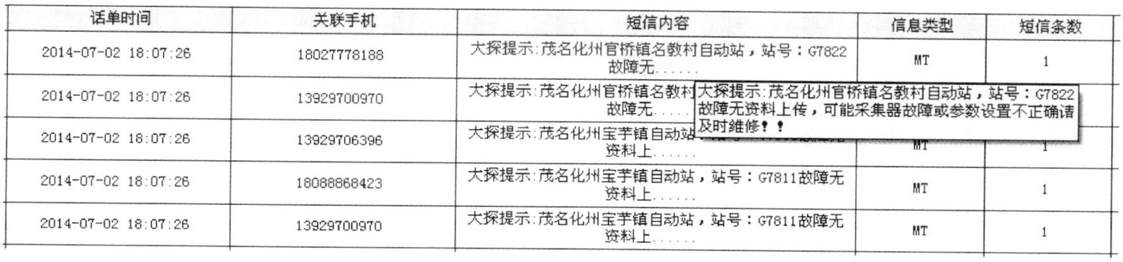

话单时间	关联手机	短信内容	信息类型	短信条数
2014-07-02 18:07:26	18027778188	大探提示:茂名化州官桥镇名教村自动站，站号：G7822故障无......	MT	1
2014-07-02 18:07:26	13929700970	大探提示:茂名化州官桥镇名教村 故障无...... / 大探提示:茂名化州官桥镇名教村自动站，站号：G7822故障无资料上传，可能采集器故障或参数设置不正确请及时维修！！		
2014-07-02 18:07:26	13929706396	大探提示:茂名化州宝芋镇自动站 资料上......	MT	1
2014-07-02 18:07:26	18088868423	大探提示:茂名化州宝芋镇自动站，站号：G7811故障无资料上......	MT	1
2014-07-02 18:07:26	13929700970	大探提示:茂名化州宝芋镇自动站，站号：G7811故障无资料上......	MT	1

图 5.25 故障报警之六

5.2 广东省气象信息实时监视系统

广东省气象信息实时监视系统实时监控全省观测资料的传输状况（到报率、及时率、缺报率等），较好地满足了广东省气象信息传输的实时监视和时效管理要求，便于台站发报人员能快速、准确知道信息发送情况，有效地提高了本省实时资料传输时效和业务管理能力。详情请登录广东省气象局业务网进行浏览：http://172.22.1.69:8080/gdzljk/Welcome.jsp? name=qxxxssjs。

5.2.1 实时监视

自动气象站数据实时监视页面可以查看国家地面自动气象站和区域自动气象站站当前或历史正点时次自动气象站实际到报及时率，如图 5.26、图 5.27 所示，页面每隔 30 s 自动刷新一次，也可以随时点击刷新按钮进行刷新。

每个自动气象站站点数据在有效接收时间接收成功以突出颜色显示，绿色代表及时报，蓝色代表逾限报，红色代表缺报，橘红代表过时报。

可以双击各个站点查看该站某个时次详细观测数据，详细观测数据页面如图 5.28 所示，显示该时次所有要素实时观测值，缺测以“/”代替。

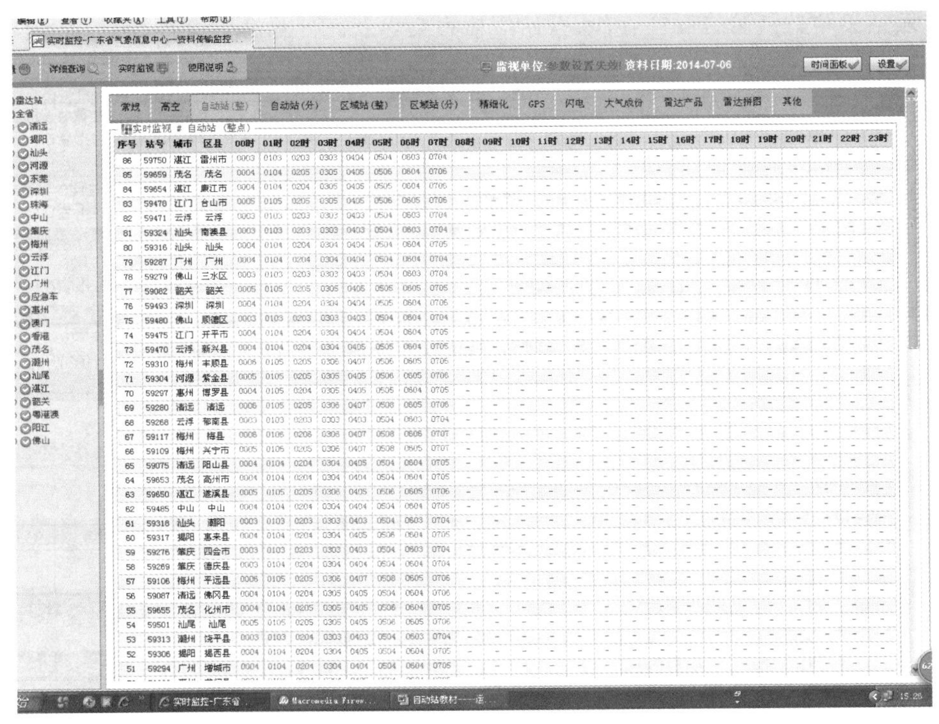

图 5.26　国家地面自动气象站整点到报情况

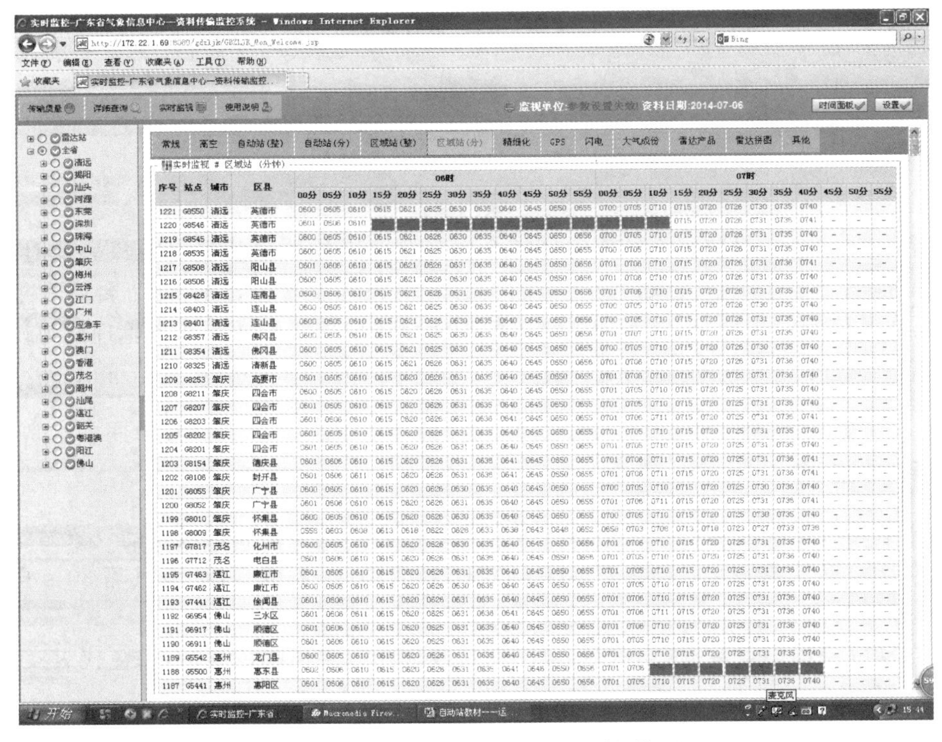

图 5.27　区域自动气象站分钟到报情况

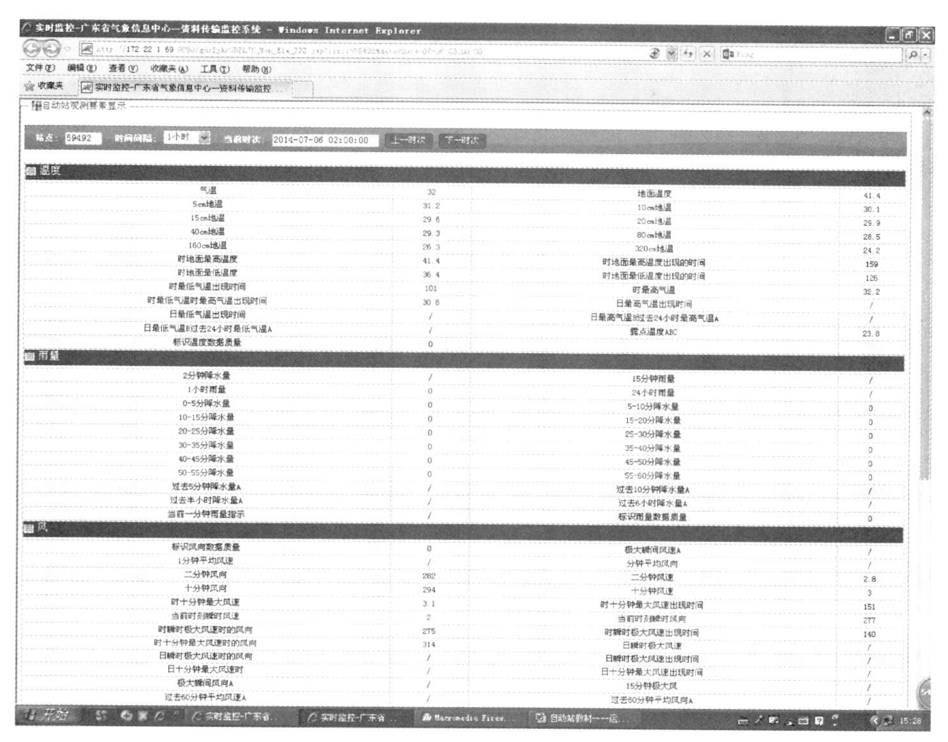

图 5.28　某自动气象站观测数据

5.2.2　传输质量

传输质量主要提供自动站各时间段传输时效，查询逾限报、缺报的详细信息，如图 5.29、

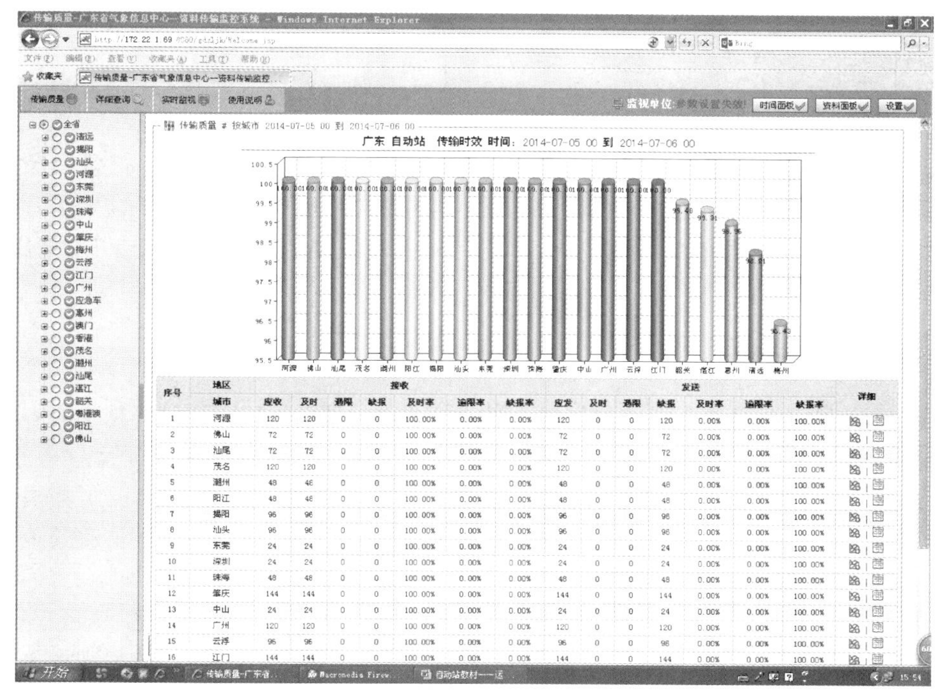

图 5.29　自动站传输质量

图 5.30 所示。

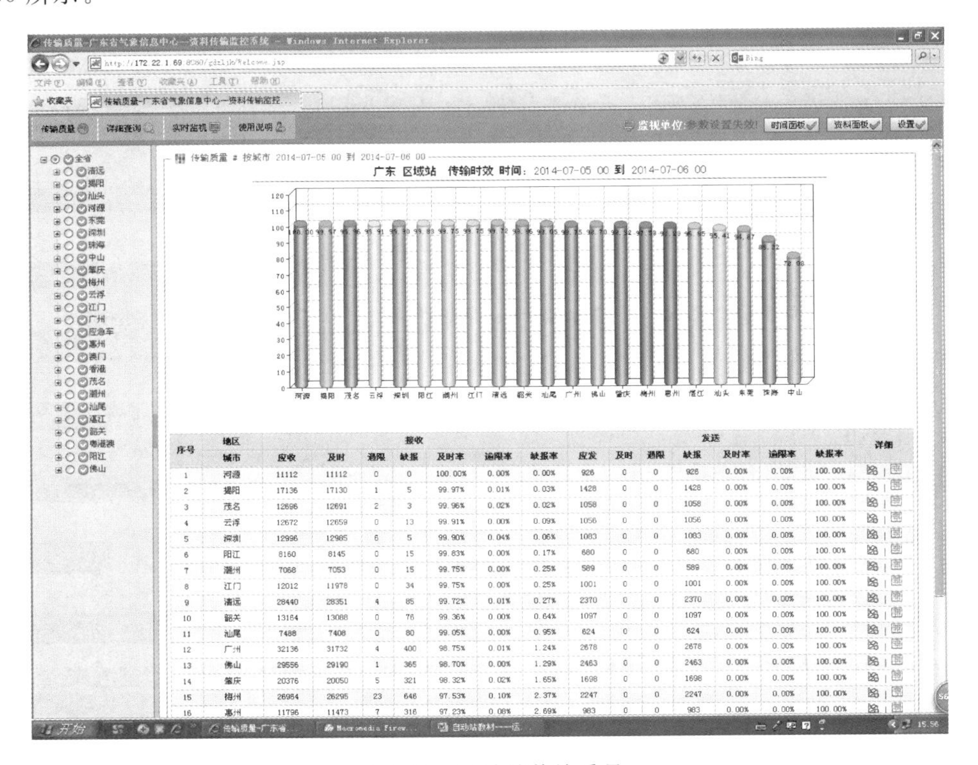

图 5.30　区域站传输质量

5.3　中国气象局综合气象观测系统运行监控平台(ASOM)

中国气象局综合气象观测系统运行监控平台(ASOM)是集探测设备运行状态监控、技术保障信息管理、观测数据质量监控功能为一体的业务监控和分析平台。基于该平台，通过对全网运行业务效能分析、气象监测数据分析，形成完善的气象观测监控和分析业务，提高气象观测业务质量和监测服务能力。

5.3.1　数据处理流程

台站按规定时间将观测获得的数据以文件形式发送至所在省(区、市)信息中心，之后各省级信息中心再将汇集的数据文件上传至国家气象信息中心，最后由国家气象信息中心推送至中国气象局气象探测中心。探测中心通过标准化的数据格式及一定的质量控制算法，将探测数据进行解析入库处理，为 ASOM 系统提供基础的数据支撑，供监控业务人员和其他管理、科研人员在 ASOM 系统上应用和分析使用等。

根据数据时效性分为实时监控数据和非实时的业务管理数据。综合气象观测运行监控系统通过气象业务通信网络，实时接收气象探测设备的状态文件、报警文件、数据文件等，对文件进行解析校验，将合格的数据进行状态评估并入库。非实时的业务管理数据，通过综合气象观测运行监控系统提供的站网信息管理、维护维修管理、装备保障管理等功能，经前台界面手工录入数据库，其数据处理流程如图 5.31 所示。

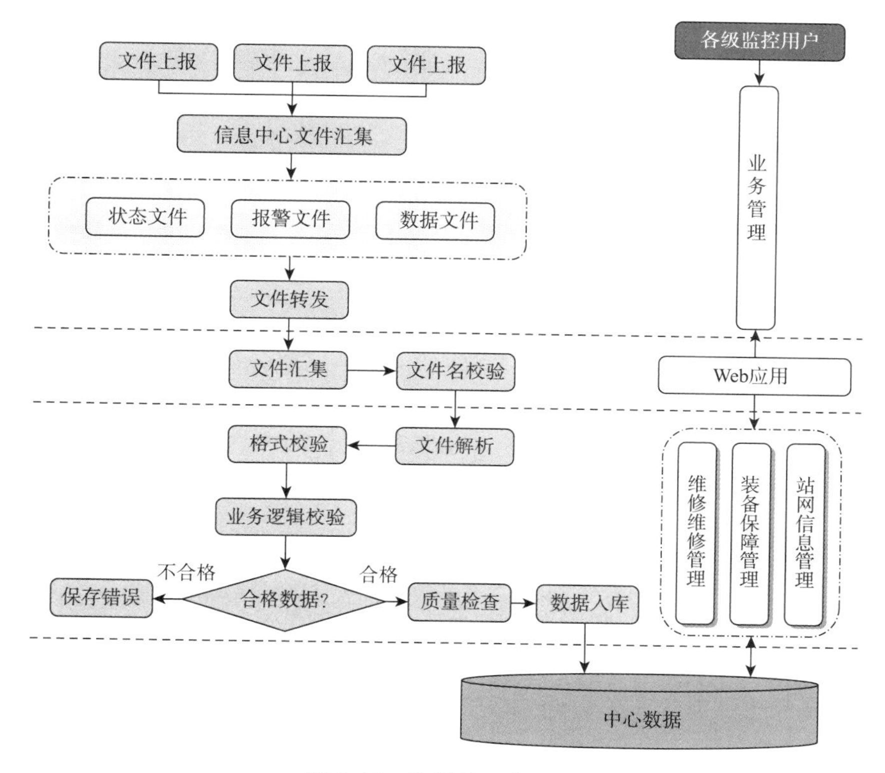

图 5.31　数据处理流程图

5.3.2　系统管理员职责

ASOM 系统有系统管理员和用户，管理员和用户的权限、职责是不同的。管理员又分为国家级、省级、市级和台站级管理员，ASOM 用户的职责是负责维修维护、装备保障等具体事务的信息填报。

5.3.2.1　系统管理员须掌握的功能操作

(1)添加组织机构用户组；
(2)维护组织机构角色；
(3)查询组织机构下设机构；
(4)查询组织机构下所属人员信息；
(5)修改/冻结/启用/删除用户组；
(6)维护用户组角色；
(7)添加/删除/冻结/启用用户；
(8)维护用户角色；
(9)维护用户功能权限；
(10)快速查询人员信息；

(11)添加/删除/冻结/启用/修改角色组；

(12)添加/删除/冻结/启用/修改角色；

(13)配置角色功能权限；

(14)查看角色下所属人员信息；

(15)配置角色对应的组织机构/设备类型/角色组/库房/角色成员；

(16)修改个人密码；

(17)配置个人登录首页。

5.3.2.2 省级系统管理员任务

(1)承担本省(区、市)站网信息的维护、管理和更新工作。省级系统管理员运用 ASOM 系统及时更新组织机构和人员信息，依照正常业务流程上报本省台站信息变更情况，监督和管理本省所辖台站的站网信息；及时汇总、处理台站上报的基本信息和设备信息变更情况并及时通知国家级业务部门。

①省级系统管理员负责维护、管理和更新本省级组织机构信息(部门信息)，以及省级组织机构下属人员信息，保障信息的完整性和真实性。省级组织机构信息(部门信息)以及省级组织机构下属人员信息变更时，信息变更所在机构应在 3 日内告知省级管理人员，省级系统管理员负责在 1 周内完成更新。

②省级系统管理员负责维护和管理本省所辖台站基础信息，汇总和处理各台站上报的台站基本信息和设备信息变更情况，每月 5 日前通过 NOTES 将上月变更信息上报国家级保障部门，遇台站信息发生重大变更时(如增加、减少台站、站址迁移和设备换型等)，应在 3 日内告知国家级业务部门。

③省级系统管理员负责向台站级用户提供远程技术支持，协助台站解决问题，若无法解决可上报国家级保障部门解决。

(2)承担本省(区、市)基础平台的维护、管理和更新工作，包括 ASOM 系统的用户管理、角色管理和信息发布等。

①每季度根据本级人员信息变更情况维护用户的角色和权限。

②在所属省级下的省级用户和地市级/台站级管理员权限及业务角色发生变更时，省级系统管理员应在用户提出修改申请 24 h 内对其进行相应的修改。

③保持省级用户访问国家级 ASOM 系统畅通。若出现故障 2 h 内无法解决，应上报国家级。

④每月向国家级管理员上报使用过程中的系统问题。

5.3.2.3 地市级管理员职责

(1)每季度根据本级人员信息变更情况维护用户的角色和权限。

(2)用户权限及业务角色发生变更时，系统管理员应在用户提出修改申请 24 h 内对其进行相应的修改。

(3)保持地市级/台站级用户访问国家级 ASOM 系统畅通。若出现故障 2 h 内无法解决，应上报省级。

(4)每月向省级管理员上报使用过程中的系统问题。

5.3.2.4　台站级管理员职责

运用ASOM系统维护和更新台站人员基本信息，核查所属台站站网信息，及时向台站系统管理员提供更新意见；台站系统管理员承担本台站基本信息、设备信息、人员信息及探测环境资料等信息的维护和管理，保障信息的完整性和真实性，当信息发生变更时及时更新并通知上级业务部门。

(1)台站人员信息：负责本站人员信息的维护和管理工作。当本站人员信息发生变化时，应在7日内更新台站人员信息。

(2)台站探测环境信息：负责本站探测环境信息的维护和管理工作。当台站周围环境发生明显变化后(如新建建筑对观测场视角造成影响)，应在14日内更新本站相应环境资料(图像资料)。

(3)台站基本信息：负责本站基本信息维护和管理工作。当台站基本信息发生变化时，应在2日内更新相应信息，并上报到省级保障部门。

(4)台站设备信息：负责本站设备信息维护和管理工作。当台站设备信息发生变化时，台站人员应在2日内更新相应信息，并上报到省级保障部门。

5.3.3　运行监控和维护维修信息填报

ASOM系统里的运行监控模块通过监视自动站上传的状态数据，了解各自动站的运行状况，并监视自动站上传的要素文件，确定上传的数据文件是否完整和及时，出现数据错误或者异常时，给出警告信息。维护维修模块是在自动站需要维护或故障维修时需要填报具体的信息。维护维修活动所填写的业务单据是开展运行监控业务的重要组成部分，业务表单的填报情况一定程度上影响保障业务活动的时效性和准确性。

综合气象观测系统运行监控平台(ASOM)中的业务表单分为停机通知、故障单、维护单三类。根据运行监控业务流程及业务规范，在保障业务活动开始时，台站要及时填写相应单据，以便于各级保障部门采集业务活动；在业务活动结束后，则要及时关闭所填写的业务单据。

省级和台站级的管理员及台站用户都应及时关心监控模块给出的报警信息，及时处理。台站用户要及时填报设备故障信息、停机信息和设备维护信息等。

5.3.3.1　省级用户主要任务

省级承担综合气象观测系统运行监控业务的部门是运行监控业务的主体，完成省级运行监控各项职责，同时督促、指导台站完成各项运行监控业务。

(1)负责实时监控本省范围内各类设备故障与数据异常情况，发现设备故障和数据异常时，1 h内通知台站上报有关信息和组织开展维修工作，并上报本省业务管理部门和有关领导。

(2)监督、检查台站各种探测设备故障信息、停机信息、常规维护信息填报的及时性、准确性和规范性，跟踪设备维护维修进展。

(3)对台站提供远程技术支持，须向国家级请求技术支持时，通过ASOM递交远程技术支持单，技术支持结束后8 h内再填报技术支持情况。

(4)按照业务规定填报对观测设备年维护、巡检等情况，工作结束15天内完成信息填报。

(5)每月10日前完成本省上月维修信息的整理，按照ASOM系统要求添加到知识库，积累设备维修经验。

(6)年底前利用 ASOM 平台完成对本省设备的保障能力及设备运行能力的评估。

(7)每日通过 ASOM 系统填写并提交省级运行监控值班记录。

5.3.3.2　台站级用户主要任务

(1)停机信息填报

台站级用户负责运用 ASOM 系统填报设备故障信息、停机信息和设备维护信息，如图 5.32 所示。

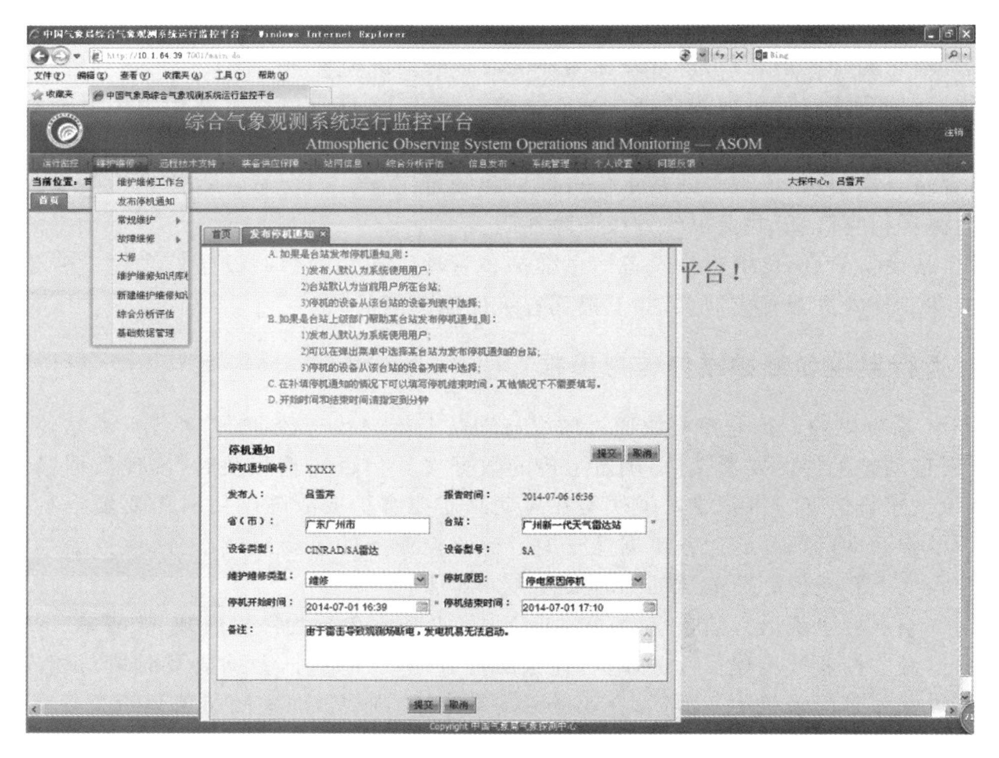

图 5.32　发布停机通知

当自动站由于故障或者外界的因素导致探测设备关闭时，须填写停机通知，通常是指采集器或者通信链路故障、断电、断网导致数据无法采集或上传时，则需要发布停机通知；如果仅是某传感器故障而数据可以上传时无须填写停机通知，直接填写故障单。或者自动站因检定撤换设备，需要停机时，须发布停机通知。

探测设备因设备故障或者撤换需停机时，停机后 1 h 内在 ASOM 系统中发布停机通知。

停机结束后 1 h 内关闭停机通知，在相应的停机通知中填写停机结束时间，即可关闭停机通知。

停机通知发布后，属于设备故障的停机必须填写相关联故障单，属于自动站撤换的停机必须填写相关联维护单。

(2)故障信息填报

当自动站设备故障或数据异常后，台站按规定填报故障单。同种设备同一次故障填写一个故障单，不同值班员根据不同故障处理情况或同一故障处理活动的不同及时更新维修信息，如图5.33所示。

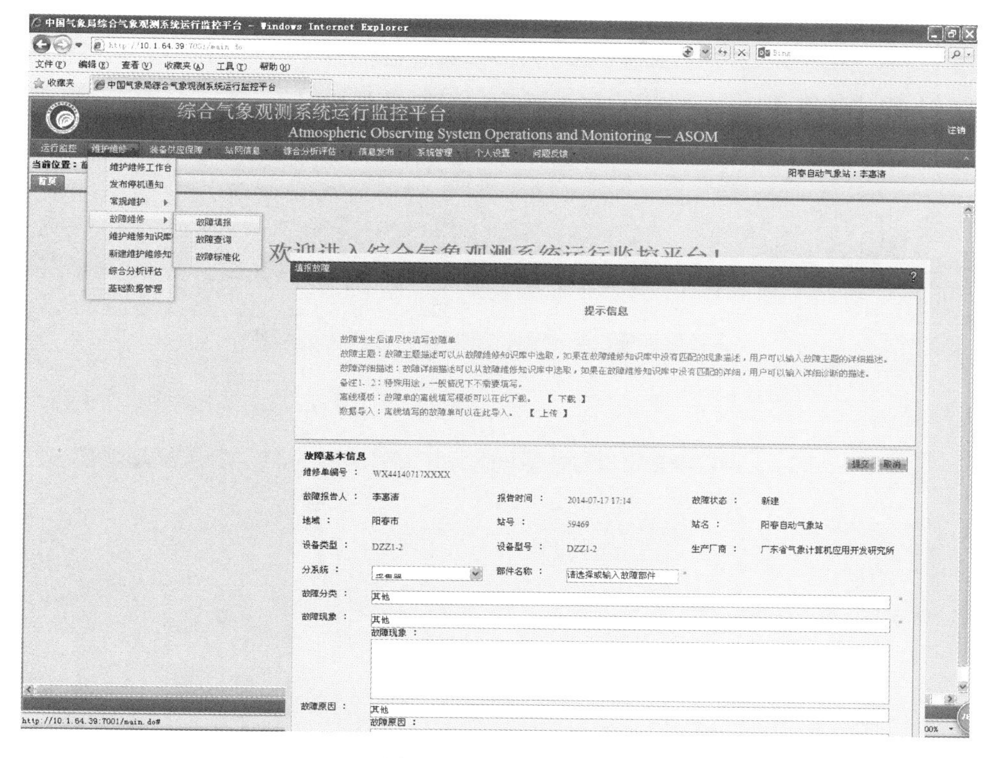

图5.33　故障单填写

①填写故障单

要求：国家级自动站在本省（区、市）气象部门启动重大气象灾害应急响应时1 h内、汛期2 h内、非汛期12 h内必须完成故障单的填报。

若因网络故障等原因无法在ASOM系统中及时填报故障时，应在上述时限内通过电话等方式向省级部门报告，并采用离线方式填报，待网络恢复后24 h内在系统中补填。

②更新故障单

台站应按要求填写故障现象，并及时更新故障处理过程。维修活动结束后填写故障现象及主要处理过程、更换备件情况、维修人员等信息；根据故障维修活动，在应急响应和汛期期间应每日至少两次（09时、17时），非汛期每日至少一次（每日09时）更新故障维修信息；维修活动变更（如由故障诊断状态转为等备件或等人员状态）时应根据维修活动的变更随时更新故障维修信息。维修活动无进展可不更新。

③关闭故障单

故障维修结束后2 h内关闭故障单，即填写真实的故障维修结束时间，完成故障维修小结。

（3）常规维护信息填报

根据国家业务规定进行自动站设备的常规维护，维护结束后，须在规定时限内在ASOM中填报维护记录，以及真实的维护结束时间，ASOM将统计维护记录及维护时间，如图5.34所示。

日巡查：当日在ASOM中填写日巡查记录。

周维护：完成周维护后 48 h 内在 ASOM 中填写周维护记录。

月维护：完成月维护后 48 h 内在 ASOM 中填写月维护记录。

季维护：完成季维护后 48 h 内在 ASOM 中填写季维护记录。

年维护：完成年维护后 72 h 内在 ASOM 中填写年维护记录。

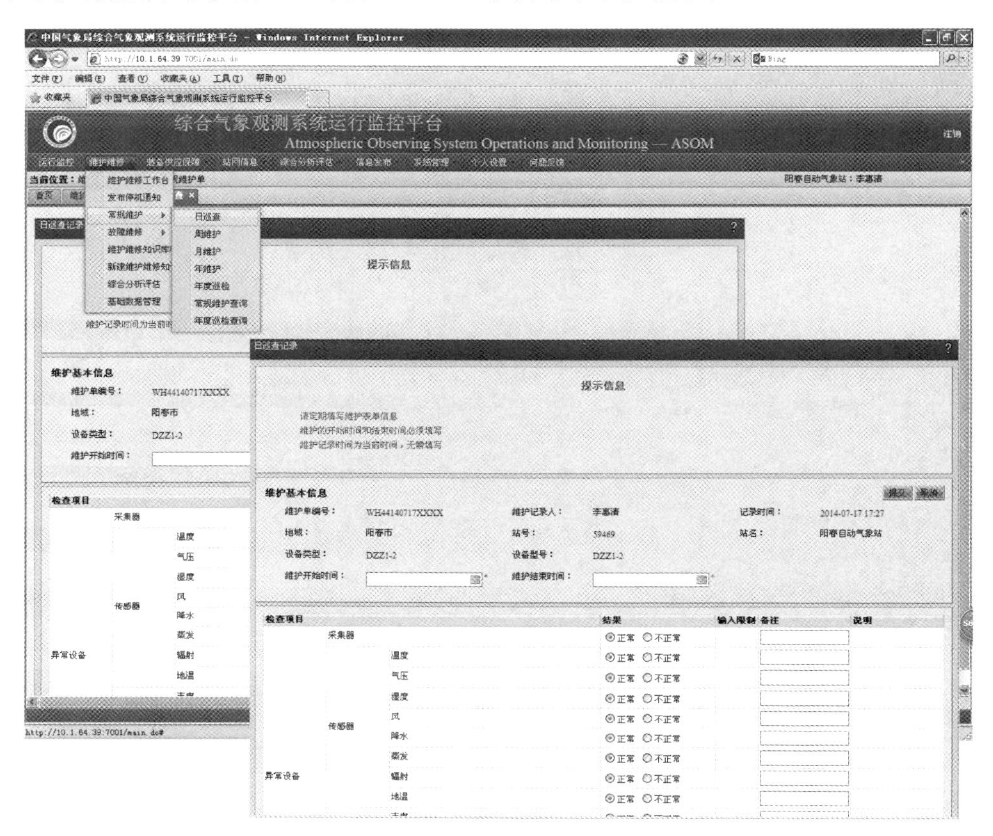

图 5.34　填写维护单

5.3.4　装备供应储备信息的填报

5.3.4.1　省级装备供应储备信息的填报

负责本省(区、市)装备/备件管理，包括省级装备/备件的采购计划、采购、验收测试、登记入库、库存管理、出库、领用、退货，紧急情况下的备件调拨等工作，督促地市级备件库数据信息的填报和及时更新。

(1)制订本省(区、市)装备/备件采购计划，并于每年 8 月底前通过 ASOM 平台提交给国家级保障部门。

(2)填写出入库单、借用(归还)单等各种单据；若装备/备件状态、数量、品种等变更，在 7 个工作日内动态更新 ASOM 平台中数据信息。

(3)每季度对本省(区、市)气象部门装备/备件储备、消耗及使用情况进行督促检查。

(4)每季度前 15 日维护 ASOM 系统中库存最低存量警告提醒、库房等基础信息。

(5)每年6月、12月底前完成库存装备的清查盘点，若出现账物差异，应进行库存调整，正确填写库存盘点单，保证账物相符。

5.3.4.2　地市级装备供应储备信息的填报

负责本地市装备/备件管理，包括装备/备件采购计划、验收、登记入库、库存管理、出库、领用、退货，紧急情况下的备件调拨等工作。

(1)制订本地市装备/备件采购计划并汇总上报省级（具体时间由各省（区、市）气象局自行规定）。

(2)做好本级库存的出入库等管理工作，填写出入库单、借用（归还）单等各种单据。若装备/备件状态、数量、品种等变更，7个工作日内动态更新本级ASOM平台中数据信息。

(3)每季度前10日内维护ASOM系统中库存最低存量警告提醒、库房等基础信息。

(4)每年6月、12月底前完成库存装备的清查盘点，若出现账物差异，应进行库存调整，正确填写库存盘点单，保证账物相符。

(5)每季度检查本市装备/备件储备、消耗及使用情况。

5.3.4.3　台站级装备供应储备信息的填报

台站负责本站装备/备件管理，包括本站装备/备件采购计划、验收、登记入库、库存、出库等管理，紧急情况下的备件调拨申请等工作。

(1)制订装备/备件的采购计划，并通过ASOM平台上报上一级业务部门（具体时间由各省（区、市）气象局规定）。

(2)负责执行装备/备件的入库、库存、出库、送修等工作。若装备/备件状态、数量、品种等变更，7个工作日内在ASOM中完成动态更新。

(3)每季度前8日内维护ASOM系统中库存最低存量警告提醒、库房等基础信息。

(4)每年6月、12月底前完成库存装备的清查盘点，若出现账物差异，应进行库存调整，正确填写库存盘点单，保证账物相符。

5.3.5　ASOM信息填报注意事项

(1)自动站常规巡查维护，无须填写停机通知。但是自动站撤换维护需要停机时，则必须填写停机通知。

(2)填写了停机通知，必须有故障单的正确关联。当自动站因检定撤换或者设备故障导致停机时，台站发布了停机通知后，必须有相应的维护单或者故障单关联。

(3)使用中常常会出现停机通知单发布之后，无法与相应的维护单或故障单关联，从而导致维护单或故障单无法发布的问题。

出现上述现象的原因一般有以下两种情况。

①发布停机通知时将停机结束时间也填了。ASOM软件系统要求规范的填写步骤为：发布停机通知（填写停机开始时间）→填报维护单或故障单（填写维护或维修的开始时间），填报过程中与相应停机通知单关联→更新维护或维修单→关闭停机通知和维护或维修单（填写真正的停机结束时间和维护或维修的结束时间）。如果用户在发布停机通知时就将停机的结束时间也填上，则系统默认该次维护或维修活动已经结束，不允许再关联维护或维修单。

②发布停机通知时选择了错误的停机原因。发布停机通知需要选择停机的原因（或类

型)，是维护还是维修。因维护发布的停机通知无法与故障单关联，同样因维修发布的停机通知也无法与维护单关联。

(4)特殊情况停机

由于特殊的、外部不可抗拒的因素导致自动站无法传输数据时，充分利用“特殊情况停机”的填写，可以剔除自动站故障时间，提高自动站可用性。

填写“特殊情况停机”的原因一般为：突发自然灾害导致自动站系统及附属设备故障的停机，如雷击、台风、暴雨、地震等因素导致通信线路、供电受损，需要电信、电力部门维修。

出现特殊情况需停机时，台站在 ASOM 填报停机通知，并告知省级保障部门；省级保障部门 24 h 内对停机通知进行审核。同时必须有固定有效的证据，如雷暴过境时的雷达图、维修照片、维修单据等，为了证明照片的拍摄日期，在拍摄时可以将当天的报纸一并拍摄进去。

(5)故障单填写后要及时关闭。关闭维修单，填写正确的维修结束时间。

(6)ASOM 正式地址 http://10.1.64.39:7001，如果该地址故障登录不了，可以用 http://10.1.64.23:7001，http://10.1.64.24:7001，http://10.1.64.25:7001 和 http://10.1.64.26:7001 中任意一个地址登录。

5.4　市局故障填报

根据《关于全国上行气象资料传输质量统计和通报工作调整的通知》(气预函〔2013〕16号)，中国气象局预报与网络司自 2013 年起对全国上行气象资料传输质量统计和通报工作做出两项调整：一是因观测设备停机、故障检修等原因造成的传输逾限报、缺报不再列入传输质量考核统计；二是全国上行气象资料传输质量在每月通报前需经各省(区、市)气象局确认。

国家级自动站、区域自动站等停机、故障检修等原因由各市气象局负责统计，每月 1 日前各市局须将统计结果提供给省大气探测中心。每月 3 日前，省大探中心将各类观测设备停机、故障检修信息汇总表以及各市局报送情况提供给省信息中心和观测处，如表 5.2 所示。

表 5.2　国家级自动站和区域自动站故障情况记录表

国家级自动站故障情况记录表					
______市气象局					
站号	站名	所在县局	故障时间段	故障描述	备注

区域自动站故障情况记录表					
________市气象局					
站号	站名	所在县局	故障时间段	故障描述	备注

第6章　检定标校

自动气象站检定是依据相关检定规程定期对自动气象站各要素传感器的计量性能进行评定，保证各要素量值的准确传递。自动气象站校准则是采用高于自动气象站探测精度的指定标准器具来确定各探测要素的示值误差，保证溯源的准确和统一。

检定和校准是保证自动气象站探测数据准确可靠的重要手段，也是评定自动气象站气象数据是否准确、可靠、可用的主要依据。

6.1　规定及标准

6.1.1　检定规定

根据中国气象局的规定，自动气象站都需要符合《中华人民共和国气象行业标准》(QX/T1－2000)的各项要求。同时，中气函〔2011〕181号《关于发布自动气象站气压传感器检定规程等6部部门计量检定规程的通知》也从2011年10月1日开始执行，凡出厂的自动气象站，都需按照检定规程的要求，经过检定或校准合格方可使用。每个传感器都需要有合格的检定、校准证书。对于中国气象局认可的厂家(例如：中环天仪(天津)气象仪器有限公司、上海气象仪器厂股份有限公司等)出具的检定、校准证书，气象部门同样认可使用。

6.1.2　检定标校要求

6.1.2.1　气象探测要素的计量单位

自动气象站的检定标校，包括采集器和气压、温度、湿度、风向、风速、雨量、蒸发、辐射等传感器设备的检定标校。其各要素的计量单位分别为：

①气压：hPa(百帕)；

②温度：℃(摄氏度)；

③湿度：%RH；

④风速：m/s(米/秒)；

⑤雨量：mm(毫米)；

⑥蒸发：mm(毫米)；

⑦太阳辐射：W/m^2(瓦特/平方米，瞬时值)；MJ/m^2(兆焦/平方米，累积值)。

6.1.2.2　校准计量性能要求

自动气象站校准计量性能要求见表6.1。

表 6.1　Ⅱ型站和新型站校准计量性能要求

计量性能要求（最大允许误差）		Ⅱ型站	新型站
气压		±0.3 hPa	±0.3 hPa
气温		±0.2℃	±0.2℃
地温	地表	±0.5℃	±0.2℃（−50～50℃） ±0.5℃（50～80℃）
	浅层（5～20 cm）±0.4℃	±0.3℃	
	深层（40～320 cm）±0.3℃	±0.3℃	
湿度		±4%（通风干湿表） ±4%（湿敏电容，<80%时） ±8%（湿敏电容，≥80%时）	±3%（≤80%） ±5%（>80%）
风速		±（0.5+0.03 V）m/s，V 为标准风速值 起动风速：<0.5 m/s	±（0.5+0.03 V）m/s 起动风速：≤0.5 m/s
风向		±5° 风向起动风速：<0.5 m/s	±5° 起动风速：0.5 m/s
雨量		±0.4 mm（≤10 mm 时） ±4%（>10 mm 时）	±0.4 mm（≤10 mm） ±4%（>10 mm）
蒸发			±0.2 mm（≤10 mm） ±2%（>10 mm）

6.1.2.3　通用技术要求

（1）自动气象站的各要素传感器应有编号，字迹清晰、端正。

（2）各传感器外形结构应完好，表面不应有明显的凹迹、外伤、裂缝、变形等现象，表面涂层不应起泡、龟裂和脱落，金属件不应有严重锈蚀及其他机械损伤。

（3）温度传感器的金属（或塑料）封装密封良好，引线接插件接触良好。焊接应牢固、无虚焊，所使用的保护管及引线应能承受相应的使用温度。

（4）风杯的几何形状与尺寸应一致。相邻两臂内的夹角为 120°。风杯应转动灵活平稳，不得有明显的轴向跳动和径向摆动。

（5）风向标不得有变形，尾翼与垂锤相平衡，推动灵活。

（6）雨量传感器的承水口不得变形，内壁应光滑并呈圆筒形。

6.1.3　检定周期规定

6.1.3.1　正常检定周期

自动气象站的检定周期为 2 年，具体以随机配发的计量检定证书为准（注意：不以设备的开始使用时间为准）。各自动气象站使用单位（台站）应留意本站设备的检定期限，确保不使用超检的仪器设备。

注意：至 2013 年，安装于国家级观测场的自动气象站现用设备（含遥测站、新型站、土壤水分站）由省级保障部门在检定到期前定期成批撤换；备份器材由台站根据检定期限自行到省（区、市）气象局装备部门重新检定；故障等需要重新计量检定的设备按提前检定方式处理。

6.1.3.2 提前检定

属于下列情况之一者应提前检定标校，属于现场校准的就进行现场校准，不属于现场校准的，应送回省级保障部门检定。

(1)长期在较恶劣的环境中使用，设备性能受到影响时。

(2)出现故障，经过维修后，要经过检定后才能使用。

(3)对示值有疑问，数据出现明显误差时。

需要送回省级计量部门检定或者出现了故障需要维修的设备，由台站登记好送修单，发给省级保障部门，省级保障部门收到后要及时维修，并重新检定好后与检定证书一并发回给台站。台站在撤下故障设备时，要先换上备份的设备，确保自动气象站的数据不缺失。

6.2 检定方式

6.2.1 实验室检定

实验室检定是指在有计量检定资格的省级计量检定部门的检定。所有出厂的自动气象站、撤换回来的仪器设备、维修过的设备，以及给台站做备份的设备，都须经过省级计量检定部门的检定(气象部门认可的厂家在出厂有效期内的设备除外)，才能下发到台站安装使用。

6.2.1.1 出厂检定

每套新出厂的自动气象站都需要经过省级计量部门检定或校准合格，符合《中华人民共和国气象行业标准——Ⅱ型自动气象站》(QX/T1—2000)，才能发放给台站使用，均须附有检定/校准证书，如图 6.1 所示。单个传感器的更换，也要有单个传感器的出厂检定证书，以湿度传感器为例，如图 6.2 所示。

6.2.1.2 撤换检定

国家级地面自动气象站和土壤水分自动观测站需要每 2 年撤换检定一次。省级保障部门会在检定到期前把检定好的设备发给台站，台站按规范自行撤换安装，保管好检定证书，并把撤换下的设备用指定包装箱封装，快递回省级保障部门。土壤水分传感器也要用专用的包装盒包装好。如图 6.3 所示。

国家级地面自动气象站需要定期撤换的设备有：DZZ1-2 型数据采集器、湿度传感器、温度传感器、风向风速传感器、气压传感器、蒸发传感器、雨量传感器(现场校准)、能见度传感器(现场校准，每年一次)。土壤水分自动观测站仅需撤换土壤水分传感器。

注意事项：

①在进行撤换检定前，各台站须自行做好雨量传感器的现场校准，并及时将校准数据上报，经由省级计量检定部门对数据进行审核后，与其他撤换设备一并出具检定/校准证书；

②台站收到撤换设备后须及时撤换，并将撤换下的设备用原包装箱尽快寄回省级保障部门，以免影响其他台站的撤换工作；

③地温传感器须清洗干净，捆扎好放入仪器包装箱。如未进行清洗，地温传感器所带淤泥

会造成箱内其他设备及传感器损坏。

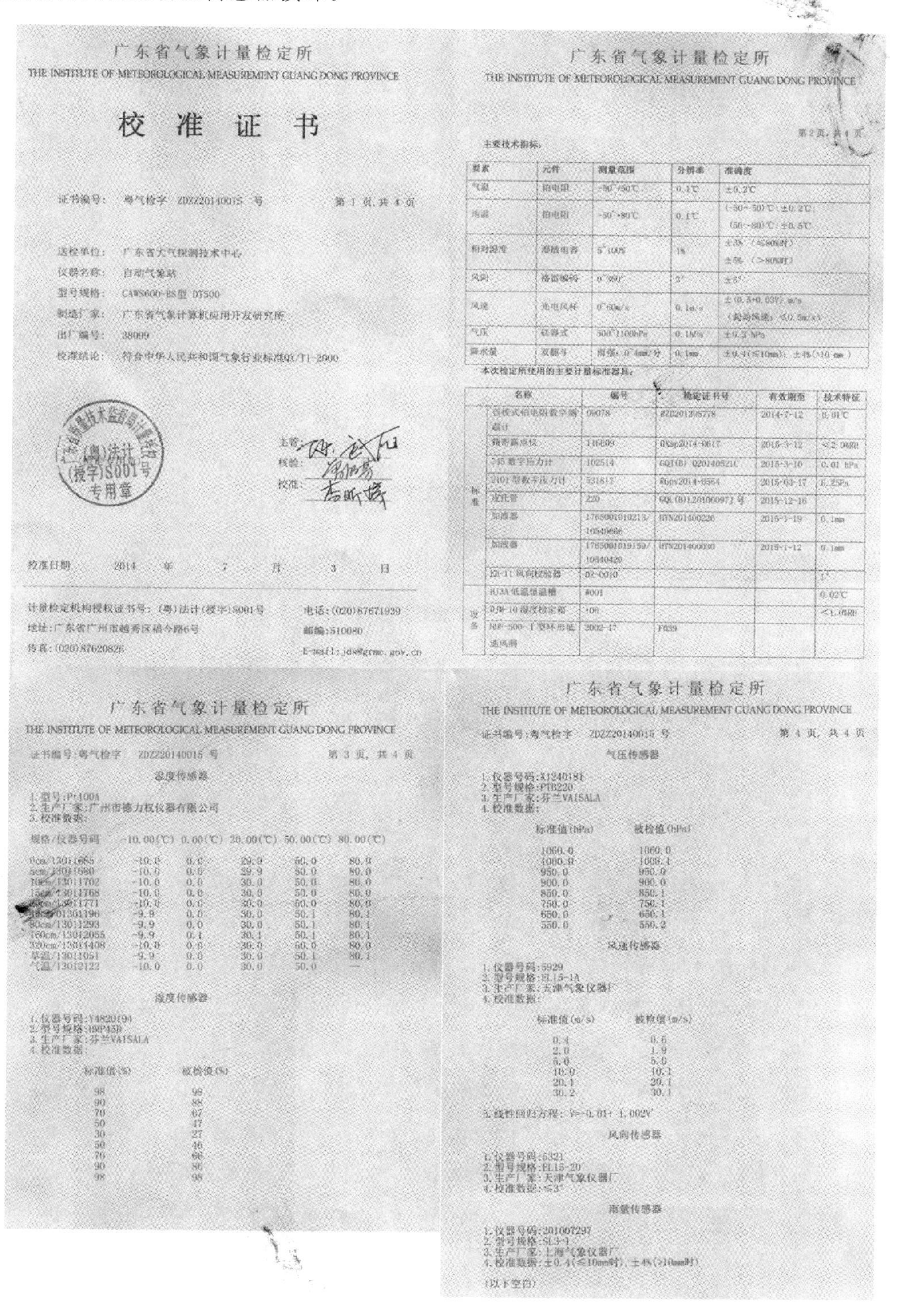

广东省气象计量检定所

THE INSTITUTE OF METEOROLOGICAL MEASUREMENT GUANG DONG PROVINCE

校　准　证　书

证书编号：　粤气检字　ZDZZ20140015　号　　　　第 1 页，共 4 页

送检单位：　广东省大气探测技术中心

仪器名称：　自动气象站

型号规格：　CAWS600-BS型 DT500

制造厂家：　广东省气象计算机应用开发研究所

出厂编号：　38099

校准结论：　符合中华人民共和国气象行业标准QX/T1-2000

（粤）法计（授字）S001号 专用章

主管：

校检：

校准：

校准日期　2014　年　7　月　3　日

计量检定机构授权证书号：（粤）法计（授字）S001号　　电话：(020)87671939

地址：广东省广州市越秀区福今路6号　　邮编：510080

传真：(020)87620826　　E-mail:jds@grmc.gov.cn

广东省气象计量检定所

THE INSTITUTE OF METEOROLOGICAL MEASUREMENT GUANG DONG PROVINCE

第2页，共4页

主要技术指标：

要素	元件	测量范围	分辨率	准确度
气温	铂电阻	-50~+50℃	0.1℃	±0.2℃
地温	铂电阻	-50~+80℃	0.1℃	(-50~50)℃：±0.2℃；(50~80)℃：±0.5℃
相对湿度	湿敏电容	5~100%	1%	±3%（≤80%时）±5%（>80%时）
风向	格雷编码	0~360°	3°	±5°
风速	光电风杯	0~60m/s	0.1m/s	±(0.5+0.03V) m/s（起动风速：≤0.5m/s）
气压	硅容式	500~1100hPa	0.1hPa	±0.3 hPa
降水量	双翻斗	雨强：0~4mm/分	0.1mm	±0.4(≤10mm)；±4%(>10 mm)

本次检定所使用的主要计量标准器具：

	名称	编号	检定证书号	有效期至	技术特征
标准	自校式铂电阻数字测温计	09078	RZD201305778	2014-7-12	0.01℃
	精密露点仪	116E09	RXsp2014-0617	2015-3-12	<2.0%RH
	745 数字压力计	102514	GQJ(B) Q20140521C	2015-3-10	0.01 hPa
	2101 型数字压力计	531817	RGpv2014-0554	2015-03-17	0.25Pa
	皮托管	220	GQL(B)L20100097J 号	2015-12-16	
	加液器	1765001019213/10540666	HYN201400226	2015-1-19	0.1mm
	加液器	1765001019159/10540429	HYN201400030	2015-1-12	0.1mm
	EB-11 风向校验器	02-0010			1°
设备	HJ3A 低温恒温槽	#001			0.02℃
	DJM-10 湿度检定箱	106			<1.0%RH
	HDF-500-Ⅰ型环形低速风洞	2002-17	F039		

广东省气象计量检定所

THE INSTITUTE OF METEOROLOGICAL MEASUREMENT GUANG DONG PROVINCE

证书编号：粤气检字　ZDZZ20140015 号　　　　第 3 页，共 4 页

温度传感器

1. 型号：Pt100A
2. 生产厂家：广州市德力权仪器有限公司
3. 校准数据：

规格/仪器号码	-10.00(℃)	0.00(℃)	30.00(℃)	50.00(℃)	80.00(℃)
0cm/13011685	-10.0	0.0	29.9	50.0	80.0
5cm/13011680	-10.0	0.0	29.9	50.0	80.0
10cm/13011702	-10.0	0.0	30.0	50.0	80.0
15cm/13011768	-10.0	0.0	30.0	50.0	80.0
20cm/13011771	-10.0	0.0	30.0	50.0	80.0
40cm/01301196	-9.9	0.0	30.0	50.1	80.1
80cm/13011293	-9.9	0.0	30.0	50.1	80.1
160cm/13012055	-9.9	0.1	30.1	50.1	80.1
320cm/13011408	-10.0	0.0	30.0	50.0	80.0
草温/13011051	-9.9	0.0	30.0	50.1	80.1
气温/13012122	-10.0	0.0	30.0	50.0	—

湿度传感器

1. 仪器号码：Y4820194
2. 型号规格：HMP45D
3. 生产厂家：芬兰VAISALA
4. 校准数据：

标准值(%)	被检值(%)
98	98
90	88
70	67
50	47
30	27
50	46
70	66
90	86
98	98

广东省气象计量检定所

THE INSTITUTE OF METEOROLOGICAL MEASUREMENT GUANG DONG PROVINCE

证书编号：粤气检字　ZDZZ20140015 号　　　　第 4 页，共 4 页

气压传感器

1. 仪器号码：X1240181
2. 型号规格：PTB220
3. 生产厂家：芬兰VAISALA
4. 校准数据：

标准值(hPa)	被检值(hPa)
1060.0	1060.0
1000.0	1000.1
950.0	950.0
900.0	900.0
850.0	850.1
750.0	750.1
650.0	650.1
550.0	550.2

风速传感器

1. 仪器号码：5929
2. 型号规格：EL15-1A
3. 生产厂家：天津气象仪器厂
4. 校准数据：

标准值(m/s)	被检值(m/s)
0.4	0.6
2.0	1.9
5.0	5.0
10.0	10.1
20.1	20.1
30.2	30.1

5. 线性回归方程：V=-0.01+ 1.002V'

风向传感器

1. 仪器号码：5321
2. 型号规格：EL15-2D
3. 生产厂家：天津气象仪器厂
4. 校准数据：≤3°

雨量传感器

1. 仪器号码：201007297
2. 型号规格：SL3-1
3. 生产厂家：上海气象仪器厂
4. 校准数据：±0.4(≤10mm时)，±4%(>10mm时)

(以下空白)

图 6.1　自动气象站校准证书

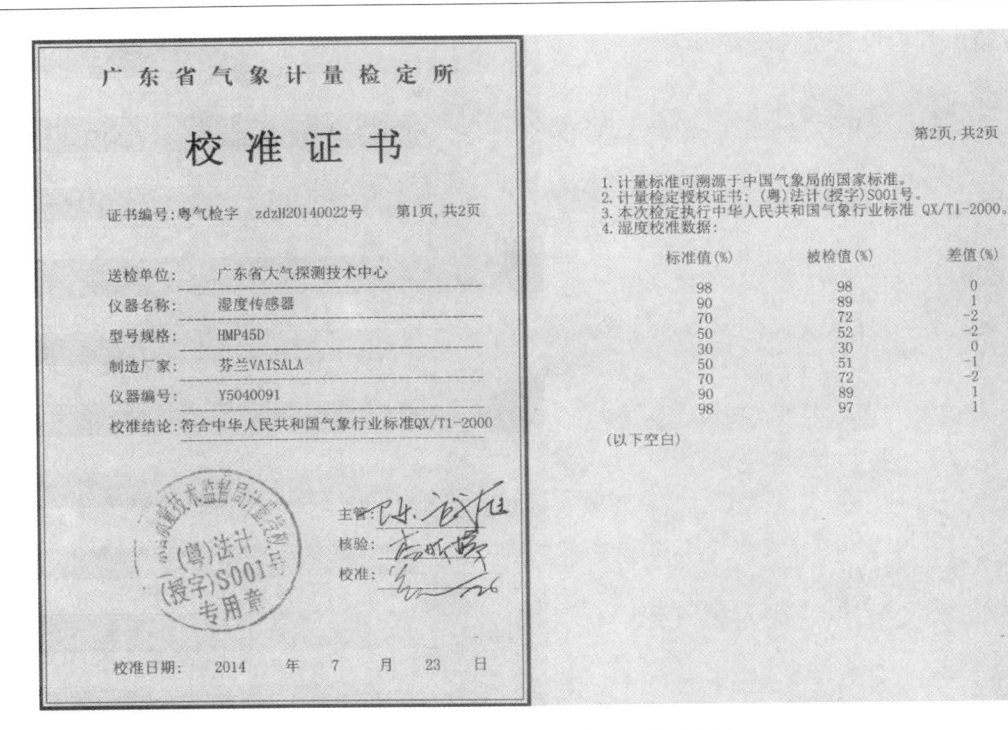

广 东 省 气 象 计 量 检 定 所

校 准 证 书

证书编号：粤气检字 zdzH20140022号 第1页，共2页

送检单位：广东省大气探测技术中心

仪器名称：湿度传感器

型号规格：HMP45D

制造厂家：芬兰VAISALA

仪器编号：Y5040091

校准结论：符合中华人民共和国气象行业标准QX/T1-2000

(粤)法计(授字)S001专用章

主管：

核验：

校准：

校准日期：2014 年 7 月 23 日

第2页，共2页

1. 计量标准可溯源于中国气象局的国家标准。
2. 计量检定授权证书：(粤)法计(授字)S001号。
3. 本次检定执行中华人民共和国气象行业标准 QX/T1-2000。
4. 湿度校准数据：

标准值(%)	被检值(%)	差值(%)
98	98	0
90	89	1
70	72	-2
50	52	-2
30	30	0
50	51	-1
70	72	-2
90	89	1
98	97	1

(以下空白)

图 6.2 自动气象站湿度传感器校准证书

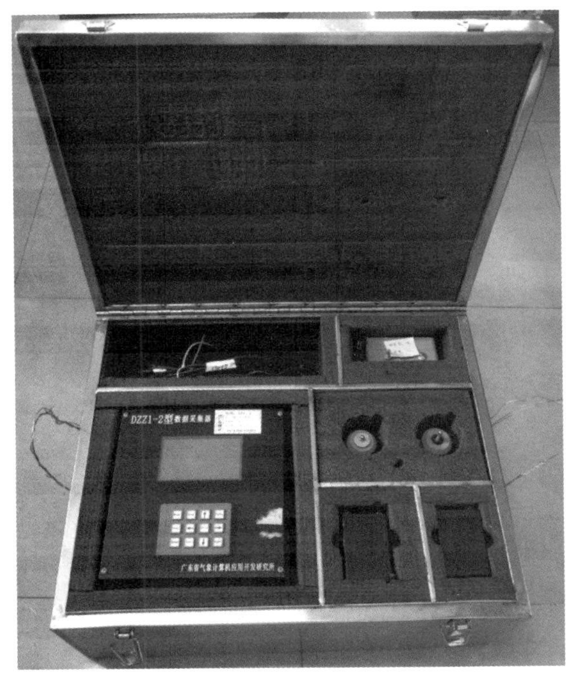

图 6.3 国家级地面自动气象站和土壤水分自动观测站撤换检定包装图

6.2.1.3　备件检定

根据到检日期,台站须自行把备件提前包装好,寄送到省级保障部门,由省级计量部门检定完成后,再发回台站。雨量传感器和能见度传感器的备份设备由台站在到检日期之前自行现场校准,并及时将校准数据上报,经由省级计量检定部门对数据进行审核后出具检定/校准证书。

6.2.2　现场校准

现场校准是指可以在台站进行校准检定,不用把仪器送回省级计量部门检定。其中雨量传感器和能见度仪采用现场校准。台站应根据校准的规定时间,在现场进行校准,校准不合格的设备不能继续使用。

6.2.2.1　雨量传感器现场校准

雨量传感器的现场校准采用 JJS1 型翻斗雨量传感器校准仪。该仪器通过了由中国气象局监测网络司组织的产品定型,并获得使用许可证。可用于翻斗雨量计、自动气象站雨量传感器的现场校准和测试。便于携带,操作使用方便,校准过程简单,实用可靠,可广泛应用于气象台站和其他观测现场进行雨量传感器的校准。

该仪器由计数器、雨强漏斗(小雨强和大雨强)、连接线、支撑架、雨量杯等组成,校准时由雨强漏斗模拟降雨,显示器进行计数显示,通过计数值计算出差值,可以方便地对雨量传感器进行现场调节和校准,保证测量准确。如图 6.4 所示。

(1)主要技术指标

翻斗雨量传感器校准仪适用于承水器口缘面积为 314 cm^2 的雨量传感器(承水口直径 200 mm),当被测雨量传感器的口缘面积是 200 cm^2(承水口直径 159.6 mm)或口缘面积是 397 cm^2(承水口直径 225 mm 时),只需进行计数值换算即可,其主要技术指标如表 6.2 所示。

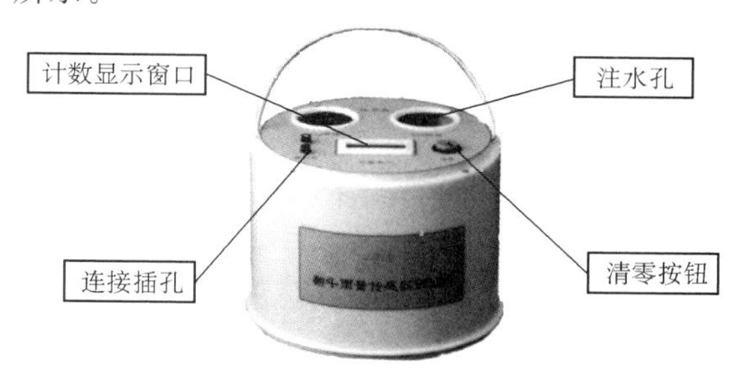

图 6.4　雨量传感器校准仪实物图

表 6.2　主要技术指标

雨强控制指标	大雨强滴水时间:10 mm 清水,滴净时间 2′30″～2′50″
	小雨强滴水时间:10 mm 清水,滴净时间 8′～12′
计数显示器	计数容量:00000～99999
	计数误差:±1 个字
	速率最快:7 Hz/s
	脉冲宽度:≥100 μs
	工作电源:DC 1.5 V,7 号 AA 电池一节
	功耗计数:8 μA,待机 2 μA
	计数显示:LCD(液晶)数字显示字高 0.4″
校准环境条件	气温:4～40℃,湿度:≤90%RH,风速:≤6 m/s

(2)雨量传感器外观检查

①雨量传感器安装应稳定牢固,不应有破损或者变形,各地脚紧固螺钉不应有松动现象,确保雨量传感器底座水平。

②传感器各水流通道应畅通,不得有污物和堵塞现象,如有污物堵塞,应用可溶性苛性钠溶液和相应清洗工具进行清理;严禁用手或其他可能带有油垢的物品擦拭翻斗内壁。

③各翻斗轴杆紧固螺栓应松紧适中,翻斗应转动灵活,无任何阻滞现象。

④各翻斗翻转角度定位调节螺钉应紧固,不得松动。

⑤干簧管与磁铁的相对位置应正确;用万用表测量,输出的通断信号状态应正常。

(3)现场校准步骤

在自动站现场位置,自动站雨量传感器处于正常安装状态下,进行其测量准度的校准,校准数据记录表如表 6.3 所示。

表 6.3 雨量传感器现场校准数据记录表

<table>
<tr><td colspan="4">台站名称(站号):</td></tr>
<tr><td colspan="2">雨量传感器编号(非常重要):</td><td colspan="2"></td></tr>
<tr><td>标准</td><td>雨强</td><td>次数</td><td>实际读数</td></tr>
<tr><td rowspan="6">10 mm</td><td rowspan="3">1 mm/min</td><td>第 1 次测试</td><td></td></tr>
<tr><td>第 2 次测试</td><td></td></tr>
<tr><td>第 3 次测试</td><td></td></tr>
<tr><td rowspan="3">4 mm/min</td><td>第 1 次测试</td><td></td></tr>
<tr><td>第 2 次测试</td><td></td></tr>
<tr><td>第 3 次测试</td><td></td></tr>
<tr><td rowspan="6">30 mm</td><td rowspan="3">1 mm/min</td><td>第 1 次测试</td><td></td></tr>
<tr><td>第 2 次测试</td><td></td></tr>
<tr><td>第 3 次测试</td><td></td></tr>
<tr><td rowspan="3">4 mm/min</td><td>第 1 次测试</td><td></td></tr>
<tr><td>第 2 次测试</td><td></td></tr>
<tr><td>第 3 次测试</td><td></td></tr>
</table>

校准人: 复核人: 校准日期:

注意:一定要填上传感器编号(在外壳上面)!

①将雨量传感器外桶取下,将自动站二芯信号电缆从传感器接线柱卸下,并妥善处理二芯信号线,可用胶布包好,避免短接而引起短路,使采集器产生降水计数。

②将一节 7 号电池安装在校准器电池盒内,注意正负极方向。

③将校准仪附带的支撑架稳固的安放在雨量传感器的底座上(如果放不到底座上,将支撑架调转方向),再将校准仪安放到支撑架上面。

④将校准仪所带的二芯连接线的连接端,连接到传感器的接线柱上,将二芯连接线插端插入校准仪的插孔(两根连接线不分正负极)。

⑤按动校准仪清零按钮,使校准仪计数器复位;用手轻轻拨动传感器计数翻斗,校准仪计数显示器应有数字显示;然后将传感器计量翻斗和计数翻斗调整到同一倾倒方向,并将校准仪计数器清零。

⑥小雨强度传感器精度校准。

在标准量杯内盛装10.0 mm清水，注入校准仪“1 mm”强度注水孔内，校准仪将模拟1 mm降雨强度使清水滴下，同时计数器开始计数，当清水全部流淌完毕，计数器停止计数，计数器显示数值应等于100，如果计数器显示数值不等于100，读取计数器的数值，用100减去读数值得到此次计量的差值。此过程重复3次，并以3次数值的平均值作为1 mm雨强时的测量差值，根据差值的大小可以对传感器进行调整。

⑦大雨强度传感器精度校准。

进行完小雨强度精度校准后，将计数器归零复位，在标准量杯内盛装10.0 mm清水，注入校准仪“4 mm”强度注水孔内，进行计数测试，当清水全部流淌完毕，计数器停止计数，计数器显示数值也应等于100，如果计数器显示数值不等于100，读取计数器的数值，用100减去读数值得到此次计量的差值。此过程重复3次，并以3次数值的平均值，作为4 mm雨强时的测量差值。

⑧30 mm的校准步骤同10 mm。

⑨当校准结果超过误差允许范围，并且属于系统误差性质时，必须对传感器进行调整，调整后必须进行小、大雨强的重新校准，直至在小、大雨强时的测量误差都符合标准。

当校准结果超过误差允许范围，并且不属于系统误差性质时，则必须对传感器各个部分进行仔细的检查和维修，然后再进行调整。如经进一步检查、调整后仍达不到要求，则该传感器应当报废。

⑩雨量传感器现场校准结束后，取下连接线和校准仪，将自动站的雨量二芯信号电缆重新与传感器连接好，将雨量传感器外桶装上并固定好；将校准仪内电池取下，将校准仪、支撑架、连接线和量杯放入仪器箱内。

⑪每次校准或调整后，应注意传感器计量翻斗和计数翻斗保持在同一倾倒方向。

⑫在维修和校准过程中，如发现翻斗内壁有脏物或沙尘时，可从漏斗内注入清水进行冲洗，严禁用手或其他可能带有油垢的物品擦拭翻斗内壁。

(3)数据处理方法

①校准差值的获得方法：传感器注入水量10 mm，相当于雨量传感器计数翻转100次(每次0.1 mm)。

则差值计算公式：差值＝100－计数值

②以标准值100(注入水量)减去被检雨量传感器的3次测量计数平均值，得出该雨强下的平均测量差值，计算公式如下。

$$\Delta R1 = 100 - R_{1,3}$$

$$\Delta R2 = 100 - R_{4,3}$$

式中，$\Delta R1$雨强为小雨强(1 mm)时的测量差值，$\Delta R2$雨强为大雨强(4 mm)时的测量差值，$R_{1,3}$雨强为小雨强时的3次测量值的平均值，$R_{4,3}$雨强为大雨强时的3次测量值的平均值。

将被检雨量传感器两种雨强的平均测量差值作为基点调整依据。

计算公式：

$$\Delta R = (\Delta R_1 + \Delta R_2)/2$$

式中：ΔR为平均测量差值。

(4)传感器调整方法

①系统误差调整：如果校准结果为有规律的“＋”或“－”差，可以通过计量翻斗两边定位调

节螺钉进行调整。一般计量翻斗调整螺钉转一圈,雨量计数值可相应变化 3%,向外调节,使翻斗内盛水量增加,计数值减少,向内调节,使翻斗内盛水量减少,计数值增大。"+"差时向内调节,"−"差时向外调节。调整时应根据测试差值大小和调整螺钉上的记号,两边同时进行调整相应螺钉,使差值调整在允许值以内。

②例如:量取 10 mm 水量,计数显示应为 100,经 3 次测量,如果计算出$\triangle R$ 为+5,说明翻斗启动容量大,应向内调节螺钉,使翻斗内盛水量减少,计数值增大,减少误差。

(5)校准周期

①按照规范每年校准一次或者按照业务管理部门要求进行。

②每一次大的降雨过程后自动站雨量传感器均需进行现场校准(厂家推荐)。

③调整和维修后的传感器应进行重新校准。

④当发现雨量测量值出现异常时。

(6)校准注意事项

①本仪器在校准过程中,如果漏斗内已经注入清水,发生滴水孔堵塞,应从漏斗底部用细针进行通透,严禁将仪器翻转往外倒水。

②每次校准结束后,应将电池取出。

6.2.2.2　能见度传感器现场校准

(1)参数设置

能见度传感器信号线的红、黑、地分别接到九针母头的 2,3,5 脚,可接入电脑 COM 口,打开超级终端,或者串口调试程序,将 COM 参数设置为 9600,N,8,1。即可看见传感器定时输出采集数据,如图 6.5 所示。

```
P,00001,  0,  4,  4.0673,  4.0469,  0.024,6845,   66.19406,Mi,  0.028616,
P,00001,  0,  4,  4.0605,  4.0466,  0.0139,6845,  66.45703,Mi,  0.028050,
P,00001,  0,  4,  4.0612,  4.0493,  0.0119,6845,  66.85139,Mi,  0.027884,
P,00001,  0,  4,  4.0670,  4.0472,  0.0197,6845,  66.72677,Mi,  0.027936,
P,00001,  0,  4,  4.0663,  4.0476,  0.0187,6845,  66.67146,Mi,  0.027960,
```

图 6.5　能见度传感器输出数据示意图

输出数据为字符串,第一个字母为 P,表示传感器正常工作输出,第一个字母为 F,表示传感器故障输出。

使用超级终端还可以向传感器输入操作命令,进一步读取详细参数或者修改参数,具体操作命令以及步骤见传感器操作说明。

能见度传感器参数的出厂默认设置需要稍作修改以适应业务观测需要,修改步骤如下,除了以下说明的,其他参数不可修改,否则将出现不可预知的问题,如图 6.6 所示。

①使用超级终端接收能见度传感器输出数据;

②使用超级终端发送 Ctrl+V,传感器要求输入超级用户密码;

③输入密码 foggy,获取参数设置权限;

④输入命令 fc,将第一项 Update_rate 设置为 5,按"Enter"保存并进入第二项,暂时不需要修改的按"Enter"进入下一项;

⑤将 Visibility Rang Limit 一项修改为 80，并按“Enter”保存并进入下一项，后面暂时不需要修改，直到最后一项结束；

⑥检查 Vis. Units 项，确认为 Km，如果要执行范围校准 fs 命令，修改 Cal ExtCo 项与校准板上的消光系数一致。

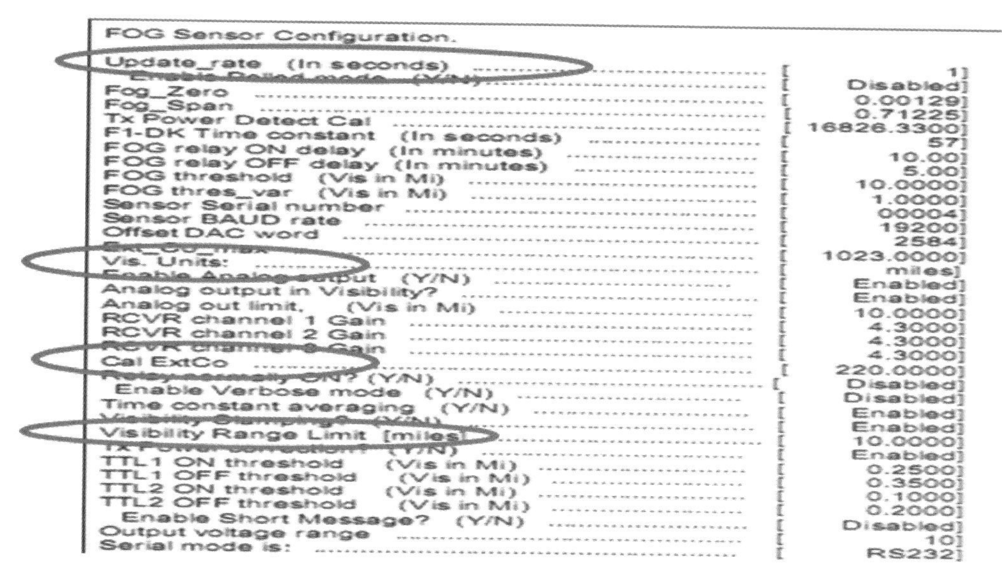

图 6.6　主要需要修改的四项参数

（2）能见度传感器的校准

能见度传感器由台站按照能见度业务观测要求使用配套的校准工具进行现场校准，每 6 个月一次。不能在大雾或者风速大于 5.14 m/s 的状态下进行校准。必须在能见度大于 1.6 km 以上时进行校准。大风会导致散射板在校准过程中移动，这样会产生错误读数，影响校准。

检查传感器窗口，如有明显的灰尘脏物等应进行清洁，校准开始前应让仪器运行 45～60 min，如图 6.7 所示。

图 6.7　传感器外观检查与清洁

校准分两步进行，零校准和范围校准。零校准修正传感器的偏移（这项主要影响高能见度读数），范围校准修正传感器接收信号的增益（这项主要影响低能见度读数）。仪器应从热机开始连续运行到校准，校准时使用超级终端将传感器与计算机通过 RS232 连接，如图 6.8 所示。

打开超级终端，设置 9600，8，N，1，流控制为“无”，连接成功后，传感器返回数据如图 6.9 所示。输入 Ctrl＋v 进入超级权限，密码是 foggy，如图 6.10 所示。

注意：校准过程中按 Esc 键可退出校准程序。

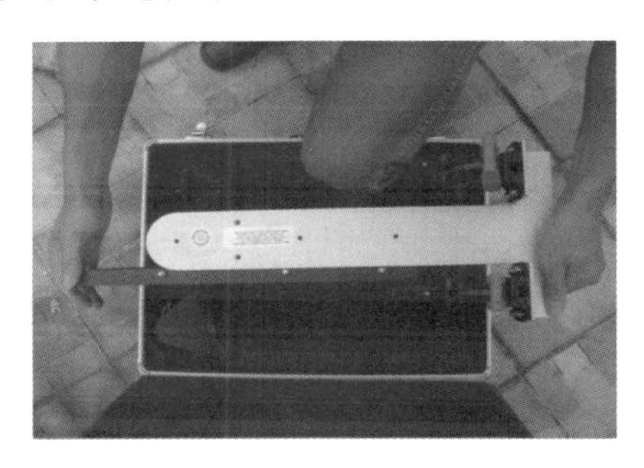

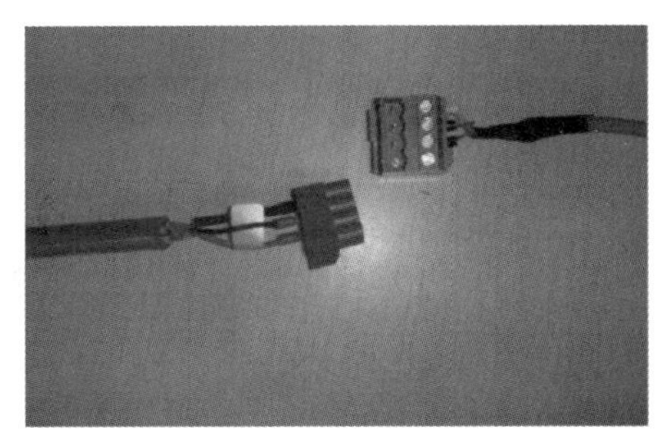

图 6.8　安装校准板并连接信号线到电脑串口

```
hh - 超级终端
文件(F) 编辑(E) 查看(V) 呼叫(C) 传送(T) 帮助(H)
P,01336, 0, 4, 6.4851, 5.8568, 0.6284,18351, 3.39848,Km, 0.882556,
P,01336, 0, 4, 6.4871, 5.8588, 0.6284,18348, 3.39769,Km, 0.882763,
P,01336, 0, 4, 6.4898, 5.8604, 0.6294,18345, 3.39681,Km, 0.882992,
P,01336, 0, 4, 6.4895, 5.8624, 0.6270,18342, 3.39617,Km, 0.883159,
P,01336, 0, 4, 6.4851, 5.8611, 0.6241,18339, 3.39582,Km, 0.883249,
P,01336, 0, 4, 6.4815, 5.8588, 0.6227,18336, 3.39561,Km, 0.883304,

***FOG VER  2.58***

Copyright 2001 -- Belfort Instrument Company, Baltimore, MD. 21231

Initializing...
P,01336, 0, 4, 6.5807, 5.9444, 0.6363,18083, 3.35009,Km, 0.895305,
-
已连接 0:04:06 ANSIW  9600 8-N-1  SCROLL  CAPS  NUM  捕  打印
```

图 6.9　打开超级终端，设置 9600，8，N，1，通电

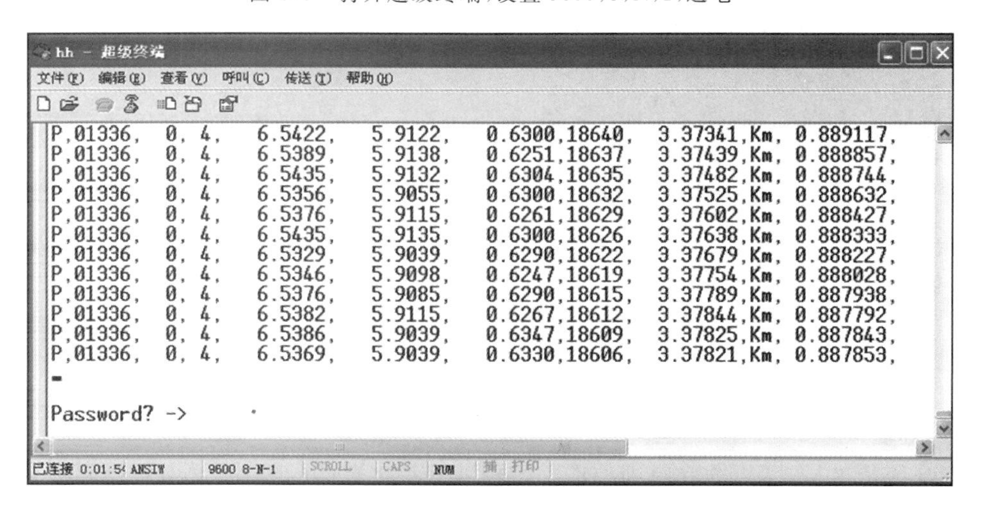

图 6.10　输入 Ctrl＋v，获取超级用户权限

①零校准

把黑色泡沫遮光器推入到接收器(长臂端)罩筒里,如图 6.11 所示。确认接收器窗被完全遮盖,然后在 RS232 终端输入 FZ 指令。开始校准程序前传感器询问确认,输入字母 Y 接受。零校准程序开始后,仪器将运行 3 min 以达到稳定的零状态,另需 2 min 进行零偏移的平均。零校准结束时,系统提示是否接受新的零偏移值,输入 Y 保存校准参数,如图 6.12 所示。如果 3 min 内不确认,仪器将不保存校准参数,自动退出校准,并返回到正常运行模式。新的零偏移值确认接受后自动存储,零校准完毕。

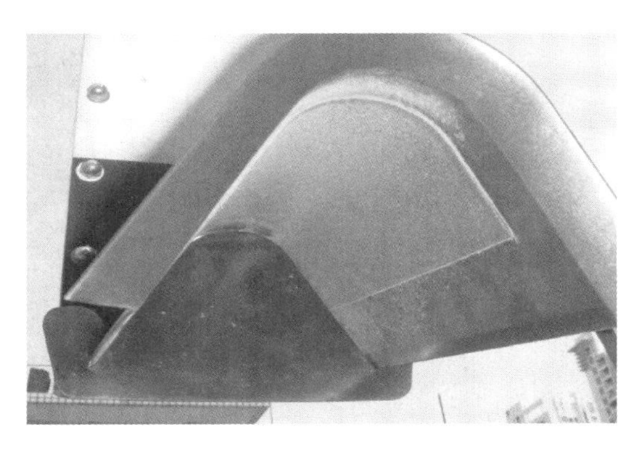

图 6.11　装好遮光器开始零校准

注意:零校准完成后应拔出遮光器,否则传感器将不受周围情况影响,一直输出高能见度值。

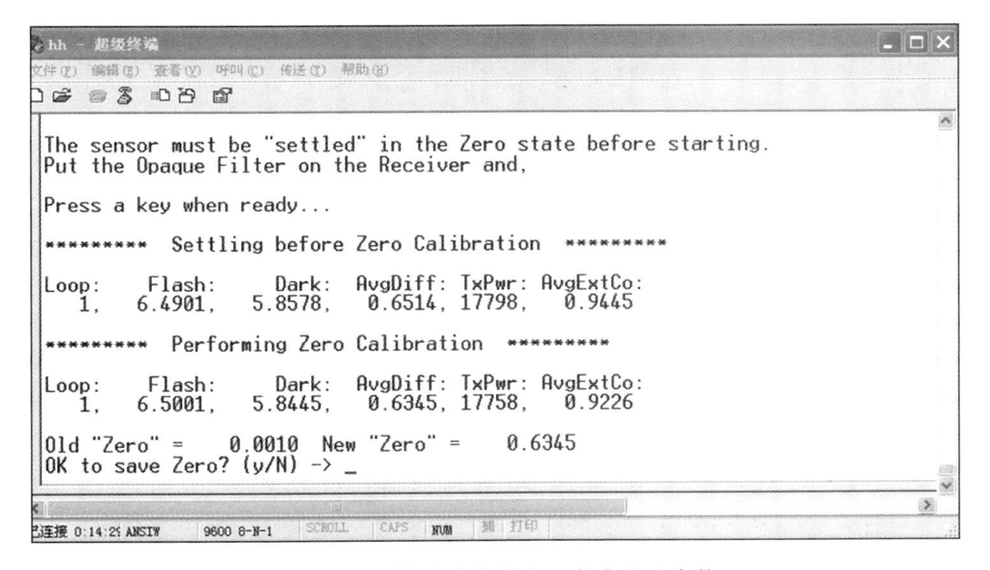

图 6.12　零校准完毕输入 Y 保存校准参数

②范围校准步骤

进行范围校准,首先确认遮光器不在接收器罩筒里。仔细检查校准板是否干净,如有需要,使用普通玻璃清洁剂来清理,去掉污点、手印等。如校准板被刮花,要联系生产厂家更换。不要使用含丙酮、三氯乙烷、过氧化酮等粗糙溶剂清洁校准板,粗糙溶剂可以导致散射板的塑料材料溶化,并使校准无效。

(a)记录校准板标签上 EXCO 的值,小心拧开校准板的蝶形螺母,把校准板挂到仪器横杆顶端支架上,旋转横杆下的蝶形螺母,将散射板置中,校准板到两边遮光罩边缘距离是 136 mm。拧紧蝶形螺母,保证校准板对中到位,如图 6.13 所示。在 RS232 终端输入 FN 指令,确认 Cal_ExtCo 的值和校准板标签上的 EXCO 值一致。如果不同,输入 FC 指令,修改设置,如图 6.14 所示,在 Cal_ExtCo 行输入 EXCO 值,回车。

图 6.13　安装好校准板

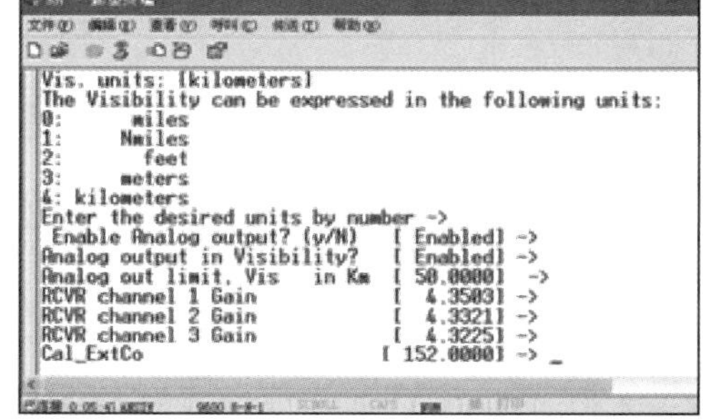

图 6.14　读取校准板上的消光系数，输入 FC 更改设置中的消光系数

(b)输入 FS 命令，传感器要求输入 Y 确认，或 Esc(取消键)取消，如图 6.15 所示。按 Y 确认后，会出现要求安装校准板的提示，然后开始范围校准。

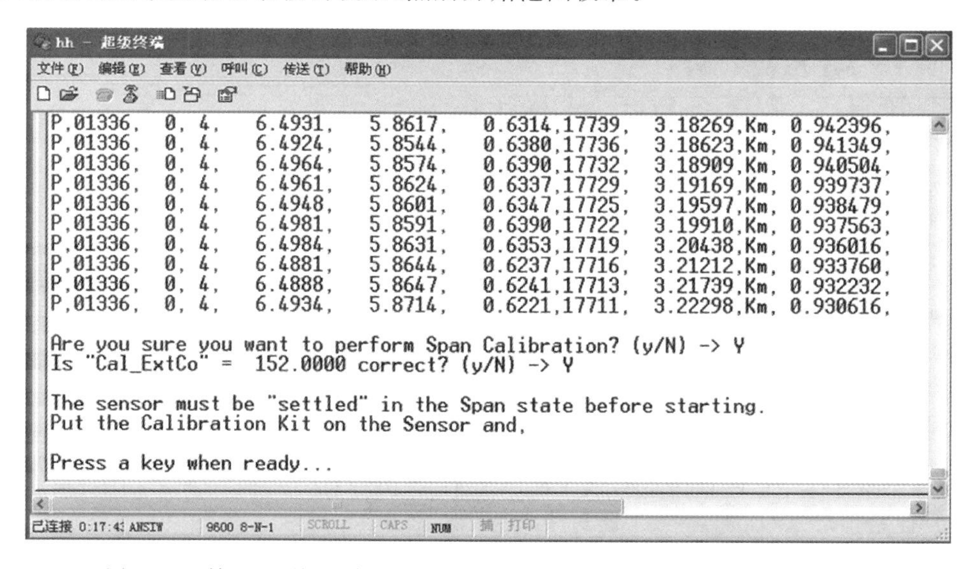

图 6.15　输入 fs，按 Y 确认范围校准，检查消光系数与校准板一致，Y 确认

(c)当范围校准程序开始，传感器会运行3 min，使传感器达到稳定测量状态，此后它将运行超过2 min来进行对偏离的定期调整，尝试把错误减到最小。在范围校准程序结束时，操作者将被提醒接受新的范围因素值。按“Y”确认保存校准参数，如图6.16所示。当新的范围因素值被接受后，它将存储在EEPROM，并影响随后传感器的所有读数。

注意：如操作者在3 min内没有响应，传感器将退出校准（清除产生的值），并返回到正常运行状态。

(d)取下校准板并小心安放好，如图6.17所示。

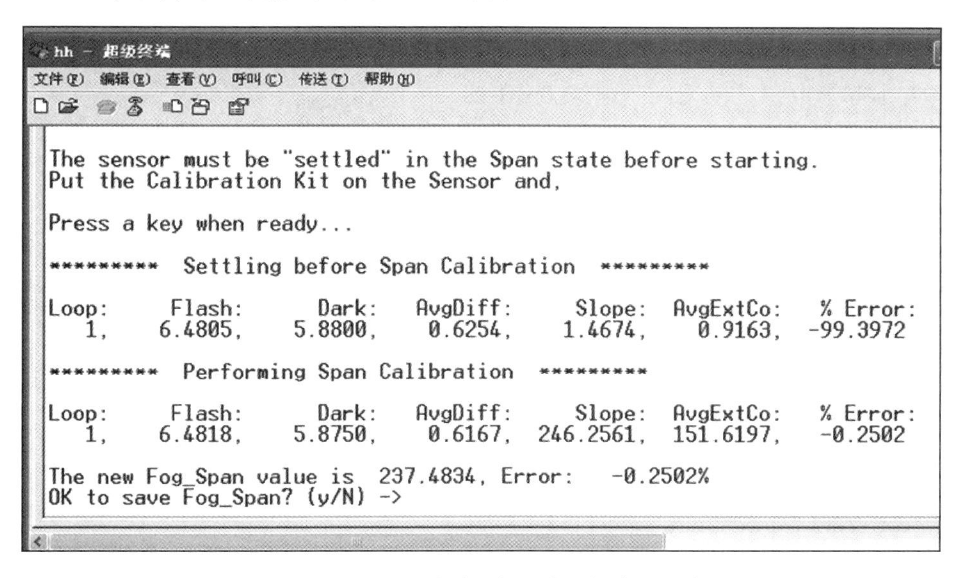

图6.16　范围校准完毕，按Y确认保存校准参数

图6.17　校准完毕，放好校准板和遮光器

6.2.3　现场标校设备

6.2.3.1　万用表

万用表是测量电压、电流、电阻等参量的仪器，如图 6.18 所示。

图 6.18　万用表功能盘实物图

(1)电压测量

电压，也称作电势差或电位差，是衡量单位电荷在静电场中由于电势不同所产生的能量差的物理量。其大小等于单位正电荷因受电场力作用从 A 点移动到 B 点所做的功，电压的方向规定为从高电位指向低电位的方向。电压的国际单位制为伏特(V)，常用的单位还有毫伏(mV)、微伏(μV)、千伏(kV)等。1 kV＝1000 V；1 V＝1000 mV；1 mV＝1000 μV。

测量：用万用表的电压挡，注意区分直流和交流挡。

常见的电压：

①电视信号在天线上感应的电压约 0.1 mV；

②维持人体生物电流的电压约 1.2 mV；

③碱性电池标称电压 1.5 V；

④自动站用铅酸蓄电池电压 12 V；

⑤手持移动电话的电池电压 3.7 V；

⑥对人体安全的电压(干燥情况下)不高于 36 V；

⑦家里常用的电压 220 V(日本和一些美洲的国家电压为 110 V)；

⑧动力电路电压 380 V；

⑨列车上方电网电压 25000 V；

⑩发生闪电的云层间电压可达 1000 kV。

电压有直流电压和交流电压之分，对交流电压而言，指的是电压的有效值，$V_{有效值}=V_{最大值}\times 0.707$。

(2)电流测量

电流，是指电荷的定向移动。电源的电动势形成了电压，继而产生了电场力，在电场力的作用下，处于电场内的电荷发生定向移动，形成了电流。电流的大小称为电流强度(简称电流，符号为 I)，是指单位时间内通过导线某一截面的电荷量，每秒通过 1 库仑(C)的电量称为 1 安培(A)。除了 A，常用的单位有毫安(mA)、微安(μA)、纳安(nA)、皮安(pA)。1 A＝1000 mA＝10^6 μA＝10^9 nA＝10^{12} pA。

电流的测量：用万用表的电流挡，根据量程选择红色表笔插入 mA 或 20 A 插孔。

(3)电阻测量

电阻(Resistance，通常用“R”表示)是所有电路中使用最多的元件之一。在物理学中，用电阻来表示导体对电流阻碍作用的大小。导体的电阻越大,表示导体对电流的阻碍作用越大。

导体的电阻通常用字母 R 表示,电阻的单位是欧姆(ohm),简称欧,符号是 Ω,1 Ω=1 V/A。比较大的单位有千欧(kΩ)、兆欧(MΩ)(兆=百万,即 100 万)。kΩ(千欧),MΩ(兆欧),它们的换算关系是:1 MΩ=1000 kΩ;1 kΩ=1000 Ω(也就是 1000 进率)。

电阻的测量方法:用万用表的电阻挡,要断电,电路独立,在不能估测电阻值的情况下,先用大电阻挡。

色环电阻的读数如图 6.19 所示。

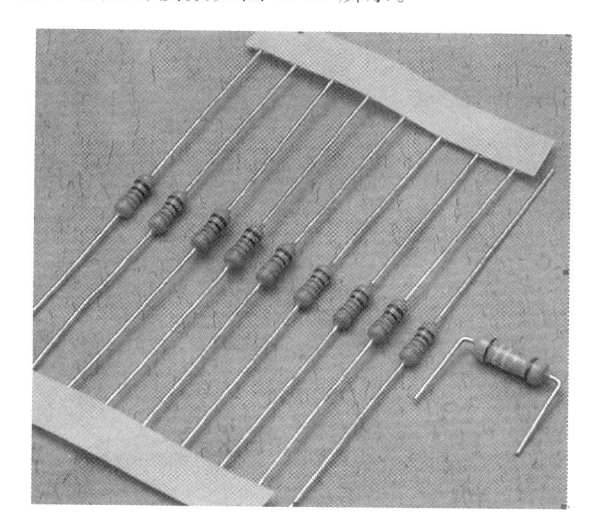

颜色	数值	倍成数	公差
黑色	0	x 1	——
棕色	1	x 10	**正负 1%**
红色	2	x 100	**正负 2%**
橙色	3	x 1000	——
黄色	4	x 10000	——
绿色	5	x 100000	**正负 0.5%**
蓝色	6	x 1000000	**正负 0.25%**
紫色	7	x 10000000	**正负 0.10%**
灰色	8	——	**正负 0.05%**
白色	9	——	——
金色	——	x 0.1	**正负 5%**
银色	——	x0.01	**正负 10%**
无色环	——	——	**正负 20%**

图 6.19　色环电阻及读数表

(4)电容测量

电容(或称电容量)是表现电容器容纳电荷本领的物理量。如图 6.20 所示。

在国际单位制里,电容的单位是法拉,简称法,符号是 F,由于法拉这个单位太大,所以常用的电容单位有毫法(mF)、微法(μF)、纳法(nF)和皮法(pF)等,换算关系是:

1 F=1000 mF=1000000 μF;

1 μF=1000 nF=1000000 pF。

测量:用万用表的电容挡(有些万用表没有电容挡)。

电容

图 6.20　电容实物图

(5)电感测量

电感是衡量线圈产生电磁感应能力的物理量。当线圈通入非稳态电流时，周围就会产生变化的磁场。通入线圈的功率越大，激励出来的磁场强度越高，反之则小(磁感应强度达到饱和之前)。如图6.21所示。

电感量的基本单位是亨利(简称亨)，用字母“H”表示。常用的单位还有毫亨(mH)和微亨(μH)，它们之间的关系是：1 H＝1000 mH，1 mH＝1000 μH。

电容器的作用是通交流阻直流，电感器相反，是通直流阻交流。

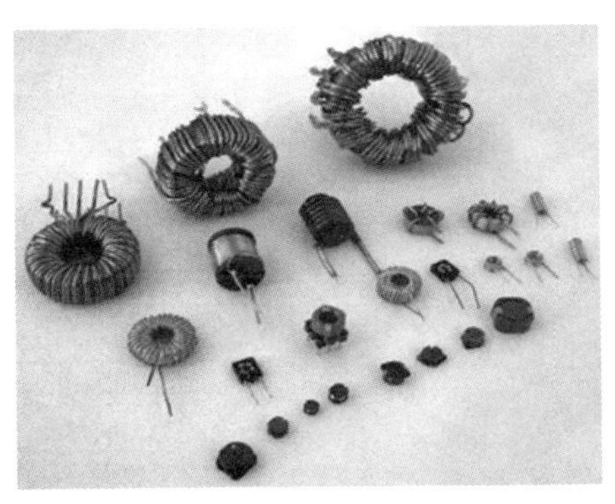

图6.21　电感实物图

6.2.3.2　测试盒

将测试盒的电缆接到采集器的相应插头上，可以测试风向、风速、温度、湿度、雨量采集器测量出来的数值(可以在瞬时数据显示画面看或在计算机终端上看)应该与测试盒上标示的数值一致，否则说明采集器异常。测试盒如图6.22所示。

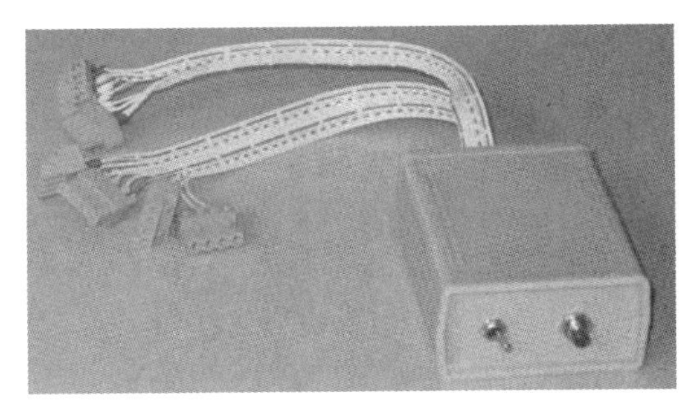

图6.22　测试盒实物图

温度通道(气温、地温)：0℃；

湿度通道：67％；

风向风速通道：0/239°；16 m/s左右；

雨量通道：按一下发一个脉冲，相当计数翻斗一次翻转，计0.1 mm。

台站要留意自动气象站的检定周期，确保使用的自动气象站及备件不超检，雨量和能见度的现场校准要按照规范执行。

第7章 供应保障

气象技术装备是气象探测、信息传输、预报服务等气象业务工作的物质基础。气象技术装备的供应保障管理既要保证气象事业发展的需要，又要讲究经济性，提高经费的使用效率。因此，为了适应气象事业现代化建设的发展，省级气象装备保障部门已建立了与之相适应的现代气象装备供应保障管理方法，运用计算机网络等先进的工具，把气象装备供应保障管理工作从传统的手工式、经验式，提升到规范化、科学化、信息化，可以快速、准确地做好气象装备供应保障工作，确保台站各种装备正常运行。本章主要针对各台站提出的气象技术装备的供应保障管理方法。

7.1 器材管理

7.1.1 管理规定

自动气象站器材的管理，无论是省级保障部门还是各台站，都要严格按照中国气象局综合观测司2011年发的气测函〔2011〕100号《关于印发气象装备技术保障手册——自动气象站的通知》和广东省气象局观测与网络司发的粤气测函〔2012〕11号《关于进一步加强区域自动站备件管理的通知》的规定来执行。

7.1.2 器材管理

台站器材的管理，要符合以下要求。

(1)台站在收到省级保障部门发运的各类器材时，必须交由器材管理人员进行清点，并把情况通报发货单位，如需要提供收货回执的，应及时给予办理。

(2)所有器材(备份器材)保管要设专人管理，设定专门的器材存放房间，设置合适的仪器柜，按照类型分别存放。

(3)做好本站各类器材的台账登记工作，内容包括所有器材的进出日期、规格型号、编号、检定证书号、检定到期时间、生产日期、性能状态等。

(4)存储器材的地方要符合相关规定，要注意室内的温湿度，保持通风良好，干燥、不潮湿。房间内要设有防水、防火、防盗等设施，以保证设备安全。

7.1.3 器材维护

台站的各类器材要指定专人负责定期清洁、维护、测试等相应的检查工作，以确保器材都能正常使用。对于器材的检定日期也要定期检查是否过期，确保不使用超检器材。自动气象站设备运行故障需要用到备份设备时，换上备份设备，故障设备及时送修。备份设备的进出要详细登记，缺少的备份设备要及时补充。

7.1.4　器材报废

凡属于以下情况之一，经主管部门同意后对该器材进行报废处理：

(1)已到淘汰年份且仍在使用的器材；

(2)出现故障或性能严重下降，无法修复或被确认无维修、使用价值的器材；

(3)性能老化，经省级计量检定部门检定标校后仍不符合气象部门规定标准的器材。

对报废处理的器材，台站管理人员要对器材登记本上对应器材进行核销，报废器材省级保障部门不再返回给台站，如台站确实需要同型号器材需要自行采购。

7.2　器材供应

台站的自动气象站器材主要由部门配发(含中国气象局配发、省局配发、各级地方政府配发等)和自行采购等途经获取，以台站自行采购为主。

7.2.1　器材配发

根据业务建设或保障需要，各级政府或部门配发给台站的自动气象站成套设备或备份器材，不需要台站支付器材采购费用，台站在收到这些器材后，应及时验收，给器材发货单位提供收货回执，协助办理相关资产调拨手续，并把收到器材纳入本站(或本局)的器材管理当中，定期清点和维护与保养。

根据广东省气象部门的实际工作情况，省局装备保障部门分别在2008年为各市局配发了部分区域自动气象站和遥测自动气象站备份器材(详细清单略)，2009—2011年间为全省各县局台站(含部分市局观测站)配发了区域自动气象站、遥测自动气象站备份器材各一套。

全省各台站遥测自动气象站备份器材清单如表7.1所示，区域自动气象站备份器材清单如表7.2所示。

表7.1　遥测站备份器材清单

器材名称	规格/型号	单位	数量	备注
数据采集器	DZZ1-2	台	1	
电源板	GZPOWER	台	1	
风向风速传感器	EL15	套	1	天津
雨量传感器	SL3-1	台	1	
温度传感器		套	1	8或11支
地温变送器		台	1	
隔离盒	GZGL-2	个	2	
雨量校准仪	JJS1型	套	1	

表 7.2 区域自动气象站备份器材清单

器材名称	规格	单位	数量	备注
数据采集器	WP3103型	套	1	
电源板	GZPOWER	套	1	
风传感器	EC9-1	套	1	长春
雨量传感器	SL3-1	套	1	上海
GPRS通信模块(DTU)		个	2	
温度传感器	PT100A	条	1	
小百叶箱		个	1	

7.2.2 区域自动气象站的通信卡配发

区域自动气象站的通信卡(SIM卡)申请和配发流程如下。

(1)台站根据站点建设需求,向省级业务主管部门(观测与网络处)提出建站申请,待批复后会提供相应站号,并返回批复文件。

(2)设备采购及安装。台站申请经费、签订设备采购合同、并及时付款。省级保障部门收款后安排设备发货,台站按规范安装设备,为按时完成设备安装,请各台站在设备采购同时进行安装基础建设。

(3)通信卡制作。在设备发放完毕准备安装时,省局相关部门会根据台站提供的建站批复(主要为站点编号、地址等信息)到移动通信公司申请通信卡。

(4)通信卡配发。省级相关部门在收到移动通信公司制作好的通信卡后,进行测试,确认正确无误后,直接寄给相关台站安装使用。如台站在使用时发现通信卡不能进行正常使用,请及时寄回换卡。

(5)如SIM卡损坏直接与省级保障部门联系更换。

注意:由于通信卡制作好以后就开始收取通信费,如设备采购周期较长,请在设备采购完毕再进行通信卡申请。

7.2.3 器材采购

台站采购器材可由台站自行向各相关厂家联系购买,自行采购的器材类型如下。

(1)新建设的设备。财务预算基本下达到各市、县局,新建设自动气象站设备全部属于自行采购范围。

(2)台站额外增加的备份器材。

(3)报废后需补充、更新的器材。

(4)省级保障部门不能修复的器材,如电池等消耗品,湿度传感器、气压传感器这些省级保障部门不能修复而需要送到厂家维修的,维修费用由相关台站支付,台站也可选择采购新器材进行设备更新。

台站也可联系省级保障部门采购器材,采购流程如图7.1所示。如需政府采购,则按相关规定进行。合同签订后,须及时进行款项的支付,省级保障部门收到货款后,及时安排器材的发货。

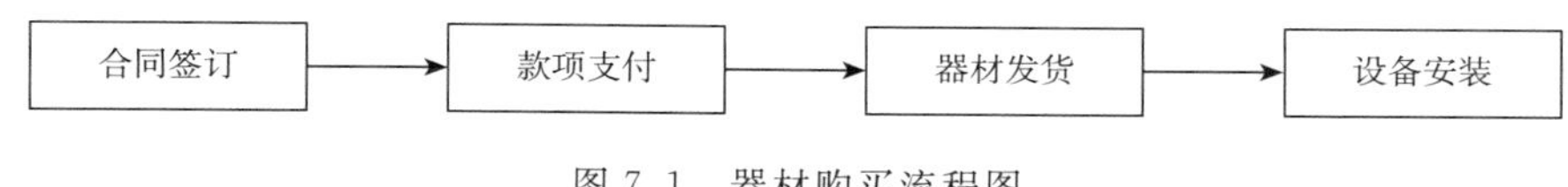

图 7.1　器材购买流程图

7.2.4　应急借用

应急借用器材是指在重大天气过程中或突发事件时，需要临时借用省级保障部门或临近市、县气象部门的气象器材。主要有以下情况：重大天气过程（如台风、暴雨等）严重影响站点、海岛站汛期前巡检、应急演练或其他突发事件造成设备突然故障而备份器材已用尽的。

应急借用按以下方法执行。

（1）器材借用时，台站需填写借用申请，写明借用器材规格型号、数量、用途和归还日期。

（2）为应对指定天气过程或特定任务（如台风）的器材借用，所有借用器材在该天气过程或任务结束后 5 日内归还；其他借用器材应在设备修复后马上归还。

（3）对过期不归还借用器材的台站，原则上不再借用同型号器材，超过 2 个月仍不归还借用设备的，借出单位有权按该设备的出厂价向借用单位收取器材款。

（4）器材借用时须由省级保障部门器材专管人员签名，注明归还日期。

（5）归还器材如有损坏，省级保障部门不能修复，须返厂维修或报废的，相关费用由借用单位支付。

7.3　器材保障

7.3.1　器材供应流程

台站新采购器材可以由台站人员亲自到省级保障部门领取，也可由省级保障部门直接发货到台站，台站收到器材时应及时填写好器材收货回执并发回省级保障部门。

当台站设备出现故障，需要送到省级保障部门维修时，必须填写送修单，详细记录器材故障情况，把送修单与故障器材一并送到省级保障部门维修更换，也可通过快递寄送，台站维修器材的流程如图 7.2 所示。

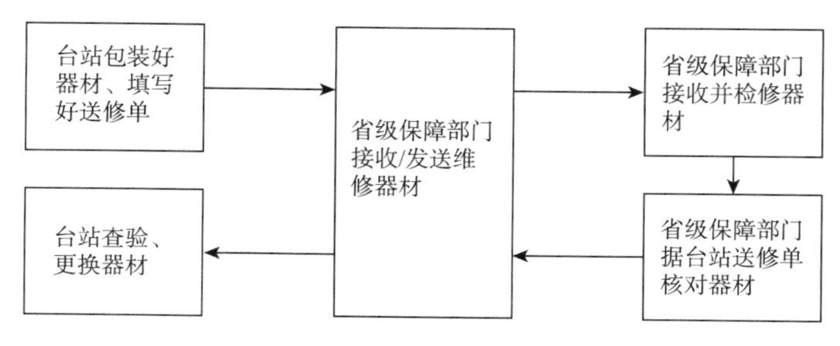

图 7.2　台站维修器材流程图

台站设备故障处理步骤如下：

①更换故障器材；

②根据故障情况，填写送修单；

③包装好故障器材，并把送修单一起放在包装箱里面；

④发快递到省级保障部门，发完货后1～2天打电话了解到货及维修情况；

⑤省级保障部门收到器材后根据送修单确认收货器材情况，如果有出入会进行电话联系；

⑥故障器材送相关检修部门进行维修、检测；

⑦器材检修好后，省级保障部门填写发货单，如表7.3所示，并把发货单与维修好器材寄回台站，发货时会进行电话确认；

⑧台站收到货后确认，维修过程结束。

台站应把器材维修过程登记到器材台账上，核对送修单、发货单上的器材信息，如有出入及时与相关人员联系。

表7.3　发货单

用户单位：　　站号：　　单据号码：　　日期：

货物名称	编号	数量	备注

发货科室：　　器材管理科：　　收货单位：

7.3.2　送修单填写

(1)台站自动气象站设备出现故障，如需送回省级保障部门维修，台站要认真填写送修单(表7.4)，并按规定包装好送修设备，快递回省级保障部门。

表7.4　送修单

送修单位：　　日期：

货物名称	编号	应用站点	数量	送修原因	备注

经办人：　　电话：

(2)填写“送修单”注意事项：

①送修单的填写必须规范，每一个送修设备必须填写一行：“货物名称”“编号”“应用站点”“数量”“送修原因”“备注”；

②“编号”填写设备的编号，如采集器编号，风传感器编号，如果有些设备确实没有或找不到编号，则可以不填；

③“应用站点”不能为空，必须填写该送修设备故障前使用站点的站号，比如“Gxxxx”，如果该设备没有在站上使用过，则填写“备用”；

④“送修原因”不能为空，必须填写造成故障的原因，方便维修时有针对性的解决问题，否则可能会造成一些隐含故障没有发现而影响使用；

⑤“备注”填写一些其他信息，比如提前获得探测中心的设备，故障设备返还给探测中心，则写“还”；

⑥“送修单位”“日期”“经办人”“电话”也必须如实填写。

7.3.3 器材运输

器材运输是指台站收发故障器材或其他需要运输的各类气象器材。

(1)台站在收到省级保障部门发送过来的设备时，要即时拆开检查器材是否完好、器材是否有外观损坏，必要时需对器材进行性能测试，以确保收到器材可以业务使用。

(2)尽量保存好器材原包装箱，以便需要快递包装仪器时，可以用回原出厂包装箱进行运输。在没有器材原包装进行运输时，要按照不同的仪器设备的形状、易碎和防水程度来区别包装。包装原则如下：

①根据运输物品的性质、状态和重量，选择对应的包装种类，如纸箱、木箱或者铁箱，以及箱子的大小等；

②包装要坚固、完好、轻便，便于搬运、装卸和码放；

③包装外面不能有突出的钉、钩、刺等；

④物品应固定在包装箱内，且与箱体间不留空隙，应使用填充物填满；

⑤包装内物品间不得相互碰撞，若有间隙可使用填充物填满；

⑥物品尖锐处需加厚包裹，防止对箱体等包装物造成破坏；

⑦包装内的衬垫材料(如纸屑等)不能外漏；

⑧包装带应能承受货物的全部重量，并保证提起时不会断开。

(3)特殊器材的包装，要按相应的规定来包装。例如长春厂或无锡厂的风向风速传感器，由于是易碎材料，必须用原包装来封装运输，也可用省级装备保障部门专门定做的泡沫包装箱来包装运输。

(4)省级保障部门专门定做的运输包装箱有：长春或无锡厂的风向风速传感器包装箱、土壤湿度传感器包装箱、用于遥测站撤换的包装箱(不锈钢箱)，这些包装箱和长春或无锡厂原厂配置的包装箱不能随意改动和丢弃，如果台站不用请寄回省级保障部门。

7.3.4 保障方式

自动气象站的保障范围为所有通过省级业务主管部门批准建设的各类自动气象站，含新型自动站、遥测自动站、土壤水分站、回南天站、生物舒适度站、海岛站、交通站等，保障方式主要以台站现场维修维护，省级保障部门远程技术指导及故障设备维修为主，如遇紧急情况、台站维修困难或短期内不能修复的，则由省级保障部门直接到现场进行设备维修，省级保障部门每年还定期举办各类自动站维修维护培训班，如果有需要，各市气象局也可邀请省级保障部门到市局对技术人员进行集中培训。

国家级新型自动气象站、国家级自动气象站（遥测站）、自动土壤水分站、粤港澳合作自动气象站以及纳入业务考核的海岛自动气象站、交通自动气象站、区域自动气象站等会优先保障，其他站点设备维修并校准好后再寄回台站。如维修器材因包装不当的原因造成损坏而无法修复的则以报废处理，省级保障部门不再给该站返回相关设备。

维修（更换）故障器材方式与时效：

①直接来到领取、购买、维修器材的省级保障部门即时处理；

②气象应急器材：利用省级保障部门车辆运送，12 h 内可以到达全省任何台站；

③急需气象器材：利用省级保障部门车辆把器材运送到广州市内各长途汽车客运站，随客运班车按行李托运方式进行托运，24 h 内可以到达全省任何台站；

④一般气象器材：全部采用社会物流进行运输，小件器材由快递公司运输，大件到货场运输，2～5 天可以到达全省任何地方；

⑤在台风等自然灾害影响广东省前，可提前发放台站可能需要的各类备份气象仪器设备。

提醒：台站器材的保管和维护一定要规范，送修仪器要填好送修单（表 7.4），包装器材尽量用原包装，台站收到器材要登记并把回执单发回省级保障部门。

第8章 业务管理

为了进一步加强自动气象站业务运行管理，明确各项工作的职责、流程与规章制度，结合广东省实际，本章主要针对中国气象局和广东省气象局自动气象站建设和业务运行相关管理规定进行强调说明，供台站或其他用户进行查阅遵照执行。本章中自动气象站包括国家级自动气象站（安装在基准站、基本站、一般站的自动气象站）和区域自动气象站。区域自动气象站是指安装在本省境内（含水面）非气象台站的地面气象要素自动观测设备。

8.1 自动气象站建设要求

8.1.1 自动气象站的探测环境要求

8.1.1.1 环境条件要求

地面观测自动气象站的探测环境首先应符合观测技术要求，确保自动气象站能准确获取气象资料，并能避开各类干扰。因此，自动气象站的探测环境地面气象观测场应满足以下几点要求。

（1）地面气象观测场是取得地面气象资料的主要场所，地点应设在能较好地反映本地较大范围的气象要素特点的地方，避免局部地形的影响。观测场四周必须空旷平坦，避免建在陡坡、洼地或邻近有铁路、公路、工矿、烟囱、高大建筑物的地方。避开地方性雾、烟等大气污染严重的地方。

地面气象观测场四周障碍物的影子应不会投射到日照和辐射观测仪器的受光面上，附近没有反射阳光强的物体。

（2）在城市或工矿区，观测场应选择在城市或工矿区最多风向的上风方。

（3）地面气象观测场的探测环境应符合《中华人民共和国气象法》《气象设施和气象探测环境保护条例》（中华人民共和国国务院第623号令）以及有关气象观测环境保护的法规、规章和规范性文件的要求。

（4）地面气象观测场的环境应按照分类情况，依法进行保护。

（5）地面气象观测场周围探测环境发生变化后要进行详细记录。新建、迁移观测场或观测场四周的障碍物发生明显变化时，应按照《国家级地面气象观测站和高空气象观测站探测环境调查评估方法》测定四周各障碍物的方位角和高度角，绘制地平圈障碍物遮蔽图，并对台站探测环境进行重新评估；新建、迁移观测场的应遵循《国家级地面气象观测站迁建撤暂行规定》中的有关要求。

(6)其他受外部环境条件影响的自动气象站，其探测环境可根据所设台站的属性、观测任务和建设目的，因地制宜适当调整。

8.1.1.2 观测场的要求

(1)观测场的面积一般为25 m×25 m的平整场地，按照新型自动站的考核标准，应适当在东、南或西面拓展，预留面积置放现代化探测设备，将观测场的面积扩展为25 m×35 m；确因条件限制，应根据台站观测自动化的发展适当调整观测场的面积大小。

(2)要测定观测场的经纬度(精确到秒)和海拔高度(精确到0.1 m)，其数据刻在观测场内固定标志上。

(3)观测场四周可设置稀疏围栏，围栏不宜采用反光太强的材料。观测场围栏的门一般开在北面。场地应平整，保持有均匀草层(不长草的地区例外)，草高不能超过20 cm。对草层的养护，不能对观测记录造成影响。场内不准种植作物。

(4)为保持观测场地自然状态，场内铺设0.3～0.5 m宽的小路(不得用沥青铺面)，人员只准在小路上行走。

(5)根据场内仪器布设位置和线缆铺设需要，在小路下修建电缆沟(管)，电缆沟(管)应做到防水、防鼠，便于维护。

8.1.2 自动气象站雷电防护工作要求

国家级地面自动站的综合防雷设计方案标准一般按照第二类防雷建筑物设计，在满足相关技术要求的同时，应充分考虑台站的实际地形、地貌特征，并在保证现有业务工作正常化的情况下，使得场地资源使用最大化。

直击雷防护地网与观测站设备地网应单独设置，两者之间的垂直距离应根据实地情况不应小于最小防护距离。观测站内电力线与通信线应采用金属电缆槽，分槽(管)沿电缆沟敷设，并注意防鼠、防潮，交叉部分应采取屏蔽措施。电源供电线路应埋地足够距离后，再接入观测站配电房。

雷电防护方案设计中，必须保证独立避雷针地网与设备地网之间的间距大于3 m，避雷针的接地线不少于两点分两处不同方向连接至避雷针地网，接入点尽量远离设备地网，以大于10 m以上为宜，地网与避雷针保持适当的距离。

雷电防护方案设计中直击接地网的接地冲击电阻应小于等于10 Ω，观测场内设备接地网的冲击电阻应小于等于4 Ω，地网的布设应尽量避开人行道路，确因无法避免时，地网须深埋，埋设深度应大于等于1.2 m。

8.1.3 自动气象站供电系统

自动气象站的供电电源应具有很高的稳定性、安全性和好的抗干扰能力，一般使用12 V直流电源为自动气象站供电，同时配备有12 V免维护电池作为后备电源。外部供电电源使用市电，通过直流电源为自动气象站供电，同时通过充电控制器对电池充电，在外部电源故障时电池继续为自动气象站供电。另外，台站还应配备不间断电源(UPS)和后备电池。有条件的台站可根据需要配有油机发电或风能发电等辅助电源。

8.1.4　自动气象站的通信系统

自动气象站一般都是通过 RS485 和 RS232 的串口进行通信和数据传输。随着通信技术的发展自动气象站的通信也产生了变化，光纤通信在长距离的数据传输被普遍使用。另外，GPRS 等无线通信也广泛应用在数据通信当中。自动站通过与中心站或上一级业务部门建立通信传输专线（或通过局域网）来实现数据的传输。目前，广东省要求台站到上一级的通信传输专线的带宽至少应为 2 M，并建立备份通信传输线路，以便实现出现通信故障后，备份线路能够保证本站各类观测系统的实时传输。

8.2　考核站业务运行管理规定

8.2.1　国家级自动气象站的备件要求

国家级自动气象站的备件要按类别、品种、性能、数量全面规划，合理布局，做到科学管理，定期保养。

根据《中国气象局关于县级综合气象业务改革发展的意见》（气发〔2013〕54 号）以及广东省率先实现气象现代化的发展目标，广东省于 2015 年底前完成地面气象观测的自动化，随着广东省新型自动气象站的布设，广东省过半台站均已安装有一套新型自动站、一套Ⅱ型站，一主一备双套站。因此，自动气象站的备件不足，未能形成一般设备台站备，主要设备市局备，重要设备省大探中心备的格局，造成省局大探中心的保障压力较大。

各级保障部门应根据本单位的实际保障能力、范围对辖区的自动气象站进行备件储存，所有储存备件都要定库、定区、定架、定位，定期检查、盘点，确保贮存记录完整准确，并按要求做好备件的维护工作。

自动气象站的备件维护要求：

（1）仓储管理人员要定时对备件进行核对检查、维护、保养，注意防潮、防冻、防压、防老化，做到无损坏、失效，无杂物积尘、无虫蛀、无鼠咬；

（2）对放置备件的仓库要按时清理，保持干燥通风的条件；

（3）自动气象站储存设备要日清月结，半年一对账，一年一盘点，做到对储存设备规格清、数量清、质量清，账账相符、账卡相符、账物相符；

（4）盘点时要由计划、调拨、财务、保管等有关人员参加，如有盈亏、损坏等情况，要及时查明原因，填写盈亏报告表，按审批程序处理；

（5）对有计量校准要求的备件登记计量校准时间，保证设备计量校准有效期在半年以上；

（6）对需要通电维护的备件应定期通电维护并登记通电时间。

8.2.2　国家级自动气象站的检定周期

自动气象站检定是依据相关检定规程定期对自动气象站各要素传感器的计量性能进行评定，保证各要素量值的准确传递。

自动气象站校准则是采用高于自动气象站探测精度的指定标准器具来确定各探测要素的

示值误差，保证溯源的准确和统一。

检定和校准是保证自动气象站探测数据准确可靠的重要手段，也是评定自动气象站气象数据是否准确、可靠、可用的主要依据。

国家级自动气象站的检定和校准工作由省大探中心承担，地区和台站保障人员积极配合完成。

国家级自动气象站是自动化观测仪器，各要素传感器都是电信号输出，检定和校准必须严格执行国家或气象行业颁布的现行有效的有关电子仪器检定规程或校准规范，校准周期因自动化设备的属性差异，导致校准周期也存在不同，有的定为半年，有的定为1～2年(广东省自动气象站的大多数传感器以及采集器的检定周期均为2年)。

8.2.3　国家级自动气象站的探测环境保护

2012年12月1日《气象设施和气象探测环境保护条例》的颁布实施明确指出，气象设施和气象探测环境保护实行分类保护、分级管理的原则。国家级自动气象站的探测环境保护工作也被明确地划分为三类标准。

(1)国家基准气候站、国家基本气象站禁止实施下列危害探测环境的行为：

①在国家基准气候站观测场周边2000 m探测环境保护范围内或者国家基本气象站观测场周边1000 m探测环境保护范围内修建高度超过距观测场距离1/10的建筑物、构筑物；

②在观测场周边500 m范围内设置垃圾场、排污口等干扰源；

③在观测场周边200 m范围内修建铁路；

④在观测场周边100 m范围内挖筑水塘等；

⑤在观测场周边50 m范围内修建公路、种植高度超过1 m的树木和作物等。

(2)国家一般气象站禁止实施下列危害探测环境的行为：

①在观测场周边800 m探测环境保护范围内修建高度超过距观测场距离1/8的建筑物、构筑物；

②在观测场周边200 m范围内设置垃圾场、排污口等干扰源；

③在观测场周边100 m范围内修建铁路；

④在观测场周边50 m范围内挖筑水塘等；

⑤在观测场周边30 m范围内修建公路、种植高度超过1 m的树木和作物等。

8.2.4　国家级自动气象站的维护

8.2.4.1　供电系统维护

自动气象站供电系统的维护是管理、使用、维修等各项工作的基础，也是台站观测技术人员的主要职责之一，是保证自动气象站设备处于正常工作状态的重要手段，供电系统维护主要包括：市电的维护、发电机的维护、以及UPS维护。

市电的维护：

(1)每月查看台站配电箱一次，如发现隐患及时排除；

(2)每周检查室内为采集器供电的接线板是否正常，电线是否有发热现象；

(3)每周检查采集器供电电源是否正常；

(4)台站安装新的设备时,要请专业的电工进行电源连接,严禁私拉乱接;

(5)每月定期对市电电压进行测试,如市电电压不稳定应添置稳压设备。

发电机的维护:

(1)每周将发电机开启一次,检查运行是否正常;

(2)定期检查燃油备用情况是否正常。

UPS维护:

(1)安全注意事项

UPS的电池组电压虽然不高,但短路电流很大,一把大螺丝刀可在瞬间烧断,对人体存在一定的烧伤危险,所以在装卸导电连接条和输出线时一定要小心,采用的工具应绝缘,特别是输出接点更应该有防止触电的设置。

(2)使用环境

①UPS的使用环境要求清洁、少尘、干燥,灰尘和潮湿的环境会引起UPS工作不正常。

②UPS标准使用温度为25℃,平时最好不要超出15～30℃这个范围。温度超出范围不但会减小电池组的容量,还会进一步影响UPS的使用寿命。

③UPS的防磁能力也不是很好。所以不应把强磁性物体放在UPS上,否则会导致UPS工作不正常或损坏机器。

(3)开机前注意事项

在开机之前,首先需要确认输入市电连线的连接是否牢固,以确保人身安全。注意负载总功率不能大于UPS的额定功率。应避免UPS工作在过载状态下,以保证UPS能够正常工作。

(4)开关机顺序

①为了避免负载在启动瞬间产生的冲击电流对UPS造成损坏,在使用时应首先给UPS供电,使其处于旁路工作状态,然后再逐个打开负载,这样就避免了负载电流对UPS的冲击,使UPS的使用寿命得以延长。

②关机顺序可以看作是开机顺序的逆过程,首先逐个关闭负载,再将UPS关闭。

(5)电池维护

①蓄电池的维护常被人们所遗忘。大气监测自动化系统的自动气象站使用免维护阀控式铅酸蓄电池,“免维护”并非是在使用过程中不需要维护和保养,其意义仅是相对于开口电池而言,开口电池需要加水和调节酸密度,而阀控式铅酸蓄电池不需要,即免维护。

②要延长蓄电池的使用寿命,由于在市电供应质量高的地区,台站的蓄电池几乎没有放电机会,这会使电池极板硫化,引起内阻增大、容量减少、负载能力下降。所以,每隔2～3个月,人为地放一次电是必要的,人为放电过程应严格按照UPS操作手册进行。

8.2.4.2　采集器的维护

为保证自动气象站能良好运行,应定期对采集器进行维护检查,一般每月进行一次。如遇灾害性天气,应及时检查采集器,随时了解运行状态,以便维修。

采集器维护方法:

(1)保持采集器的整洁,上面无覆盖物;

(2)不要随意搬动,以免拉松后面板上的接线;

(3)不要随意操作后面板上的电源开关、0－1开关和前面板上的复位键，以免形成错误操作；

(4)每天都要察看采集器状态灯显示是否正常，发现问题，要及时处理；

(5)保证计算机时间准确，发现采集器数据异常应及时对采集器复位，如果复位不能解决问题，应对采集器内存进行清除；

(6)每周将数据采集软件和计算机关闭一次；

(7)每年春季应按照《自动气象站场室防雷技术规范》(QX30—2004)对场室防雷设施进行全面检查，对采集器接地电阻进行复测；

(8)每两年对自动气象站整机进行一次现场检查、校准，校准方法严格按照中国气象局自动气象站校准方法进行。

8.2.4.3　传感器的维护

传感器的维护主要包括气压传感器的维护、温湿度传感器的维护、风传感器的维护、雨量传感器的常规维护、蒸发传感器的维护、地温传感器的维护、辐射传感器的维护及新型自动化设备的维护等，传感器的维护请详细参照《地面气象观测规范》以及自动化设备操作说明书来执行。

8.2.4.4　线缆的维护

(1)每月检查各连线外皮是否有老化破损现象，对容易遭受人为或动物破坏的线缆要隐蔽放置；

(2)自动气象站系统内的所有连线要规整有序，不可乱拉乱扯；

(3)要定期检查线缆接头是否松动，检查各接线端子是否腐蚀，发现问题及时处理。需要挪动线缆时，要轻拿轻放，切勿造成强拉扯断现象；

(4)拆卸线缆接头，要注意标记线序，对原有标记线序的符号要注意保护。

8.2.4.5　通信设备的维护

通信设备的维护工作，分为设备的特性维护与设备的环境维护两部分。

(1)设备的特性维护目的主要是保证设备的电特性实时处在良好的运用状态。监测系统告警，按照故障指示灯显示的单元，更换故障单元。

(2)设备环境维护目的是提高设备的可靠性。维护内容有：设备的环境温度维护、设备的防尘维护、供电电压稳定维护、防干扰维护、防静电维护、设备防雷维护，如有加装防雷设备，要妥善处理好防雷地线、机房地线、电源地线三者关系，使其达到既防雷又屏蔽的双重作用。

(3)设备的维护人员，应定期对设备环境进行检测、观察、试验等维护工作，以保证设备的环境实时处在良好状态。

8.2.4.6　防雷设施的维护

(1)每年雨季前要用地阻仪对观测场、观测室地阻进行检测，若大于4 Ω，应查明原因，若因地网腐蚀严重的，应更换地网；

(2)每年雨季前，应对电源避雷器、信号避雷针进行一次检查，发现老化变性的应及时更换；

(3)每年雨季前，应详细检查采集器、雨量传感器、地温转接盒的接地端子是否生锈，如有生锈则应仔细除锈，用沥青或防水胶带将接地端子密封好并埋入土中；

(4)观测场、值班室内新增仪器设备，应对金属外壳进行接地，接地线并入统一地网，并入时若用电焊焊接，则焊接前应断掉观测场、值班室内所有仪器的接地线，焊接后，恢复所有断开的接地线。

参考文献

敖振浪,等,2003. DZZ1-2 型自动气象站培训教材[Z]. 广州:广东省大气探测技术中心.

敖振浪,谭鉴荣,李源鸿,2007. 自动气象站系统防雷关键技术设计与实现[J]. 计算机测量与控制,15(10):1392-1394.

敖振浪,伍光胜,周钦强,等,2007. 基于 GPRS 技术的自动气象站数据采集系统[J]. 广东气象,29(4):1-4.

蔡耿华,2014. 自动气象站组成与安装调试[R]. 广州:综合观测技术保障与业务基础理论培训.

蔡耿华,2014. 自动气象站数据采集器维修维护与撤换检定[R]. 广州:综合观测技术保障与业务基础理论培训.

陈刚,等,2013. WP3103 型区域自动气象站使用和维修手册[Z]. 广州:广东省大气探测技术中心.

陈刚,2014. 自动气象站主要气象传感器维修维护[R]. 广州:综合观测技术保障与业务基础理论培训.

广东省大气探测技术中心,2007. 自动气象站安装维护讲座[R]. 广州:广东省大气探测技术中心.

胡玉峰,2004. 自动气象站原理与测量方法[M]. 北京:气象出版社.

黄飞龙,2009. 七要素海岛站安装[R]. 广州:广东省气象探测数据中心.

黄飞龙,2012. 广东双套自动站方案[R]. 广州:广东省气象探测数据中心.

黄飞龙,2013. 新型自动气象站培训[R]. 广州:综合观测技术保障业务培训.

黄飞龙,2014. 自动气象站能见度标校方法[R]. 广州:综合观测技术保障与业务基础理论培训.

黄飞龙,2014. 能见度观测系统开发[R]. 广州:广东省气象探测数据中心.

黄飞龙,2014. 广东新型台站建设培训[R]. 广州:广东省气象探测数据中心.

黄飞龙,2014. 萝岗气象观测仪器保障培训[R]. 广州:广东省气象探测数据中心.

黄飞龙,2015. 基于红外与超声波技术的高速公路自动站开发[R]. 广州:广东省气象探测数据中心.

黄飞龙,等,2015. DZZ1-2 新型自动气象站技术手册[R]. 广州:广东省气象探测数据中心.

黄飞龙,2015. DZZ1-2 新型自动站新型站主机故障判断及更换[R]. 广州:综合观测技术装备保障员基础理论培训.

黄飞龙,2015. 新型自动站故障检测与维护[R]. 广州:综合观测技术装备保障员基础理论培训.

黄宏智,2012. 自动土壤水分观测软件平台[R]. 广州:综合观测技术保障业务培训.

黄宏智,2012. 能见度驱动程序的安装及应用[R]. 广州:综合观测技术保障业务培训.

黄宏智,2012. 双套站设备故障处理流程及方法[R]. 广州:综合观测技术保障业务培训.

雷卫延,李源鸿,杨志健,2013. 船舶自动气象站关键技术解析[J]. 广东气象,35(4):67-70.

雷卫延,敖振浪,杨志健,等,2013. 舒适度测量仪探测系统开发[J]. 气象科技,41(5):960-964.

李源鸿,敖振浪,2003. 自动气象站网实时监控系统结构设计方法[J]. 气象,29(01):33-35.

刘艳中,2015. 新型站设备撤换规程[R]. 广州:综合观测技术装备保障员基础理论培训.

刘艳中,2015. 区域自动气象站的安装[R]. 广州:综合观测技术装备保障员基础理论培训.

吕文华,薛鸣方,行鸿彦,2013. 自动气象站技术与应用[M]. 北京:中国质检出版社,中国标准出版社.

王明辉,2014. 自动气象站电源与通信系统维修维护[R]. 广州:综合观测技术保障与业务基础理论培训.

中国气象局,2003. 地面气象观测规范[M]. 北京:气象出版社.

中国气象局综合观测司,2011. 气象装备技术保障手册—自动气象站[M]. 北京:气象出版社.

中国气象局综合观测司,2012. 新型自动气象(气候)站功能需求书(修订版)[M]. 北京:气象出版社.

周钦强,谭鉴荣,伍光胜,等,2007. 基于 TCP 多连接通信实时并发数据处理技术研究[J]. 计算机工程与应用,43(18):246-248.

周钦强,敖振浪,谭鉴荣,等,2008.基于GPRS的自动气象站通信组网方案研究[J].微计算机信息,24(15):152-153.

周钦强,2010.一种利用并发提高数据处理吞吐率的模型[J].计算机系统应用,19(11):190-194.

周钦强,李源鸿,李建勇,等,2011.自动气象站探测网实时监控关键技术研究[J].气象科技,39(4):477-482.

本书编写组,2007.自动站GPRS通信网培训教材[Z].广州:广东省大气探测技术中心.

附录1　基础设施规定

以下没有提到的基础设施规定按照《地面气象观测规范》中要求进行施工。

附1.1　观测场内基础设施规定

严格按照《地面气象观测规范》中仪器设备放置位置来预制水泥基础。

气温、湿度百叶箱：预制水泥基础时，在中心预埋 50 mm 的 PVC 管到地沟，出地沟管口与电缆槽水平。水泥基础面与地面平齐，面积比百叶箱圆柱底略大。

蒸发传感器百叶箱：位置在蒸发池正北 3 m，其间有一段南北方向地沟，水泥基础面 800 mm(东西)×600 mm(南北)与地面平齐，中心位置留有一个平面 300 mm×300 mm 方洞，与其下方地沟相连，如附图 1.1 所示。

蒸发器基础参照《地面气象观测规范》施工。

附图 1.1　蒸发传感器蒸发器基础与百叶箱基础

新型站雨量传感器：三个雨量筒构成的多传感器雨量计，雨量筒基础中心之间的距离为 1 m，相互构成等边三角形，其中北面雨量筒(靠近地沟)为雨量 1 传感器，与原遥测站翻斗雨量计平行且东西呈一条直线。按顺时针旋转方向，依次为雨量 2 传感器、雨量 3 传感器。三个雨量基础为 350 mm×350 mm×350 mm，正南正北方向并与地面平齐。在中心预埋 50 mm 的 PVC 管到地沟，出地沟管口与电缆槽水平。如附图 1.2 所示。

附图 1.2　新型站雨量传感器基础与安装

采集器基础:采集器放置在风塔附近,预制水泥基础 400 mm×400 mm×400 mm。

如果地沟是东西走向,位置在离地沟南北方向正北处 500 mm 处,水泥基础面与地面平齐,紧挨基础东边预埋 75 mm 的 PVC 管到地沟,出地沟管口与电缆槽水平。

如果地沟是南北走向,位置在离地沟东西方向正东处 500 mm 处,水泥基础面与地面平齐,紧挨基础北边预埋 75 mm 的 PVC 管到地沟,出地沟管口与电缆槽水平。

附 1.2　其他场地基础设施规定

以下全部基础都高出地面或楼面 30～50 mm。

雨量基础 350 mm×350 mm×350 mm,紧挨基础预埋 50 mm 的 PVC 管到线槽或线管。

采集器基础 400 mm×400 mm×400 mm,紧挨基础边旁预埋 50 mm 的 PVC 管到线槽或线管。

温度基础 350 mm×350 mm×350 mm,保证温度传感器高度在 1500±50 mm。

能见度基础 350 mm×350 mm×500 mm(深度),中心预埋 50 mm 的 PVC 管到线槽或线管。

电池箱基础 600 mm×600 mm×250 mm(深度)。

太阳板基础 400 mm×400 mm×400 mm。

生物舒适度仪基础 400 mm×400 mm×400 mm,中心预埋 50 mm 的 PVC 管到线槽或线管。

WP3103 自动气象站建议基础位置如附图 1.3 和附图 1.4 所示,注意南北方位。

海岛站、交通站等自动气象站建议基础位置如附图 1.5 和附图 1.6 所示,注意南北方位。

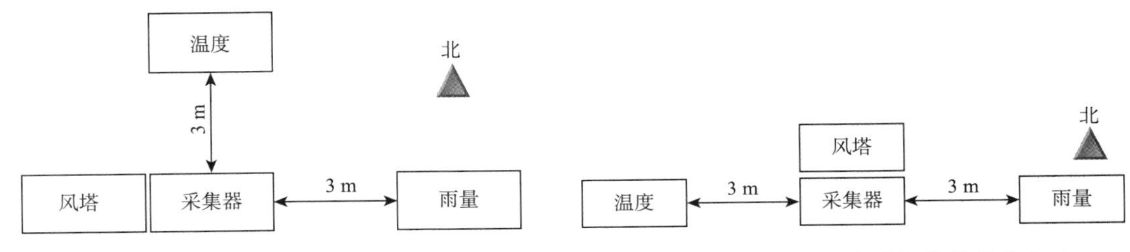

附图 1.3　WP3103 自动气象站基础之一　　附图 1.4　WP3103 自动气象站基础之二

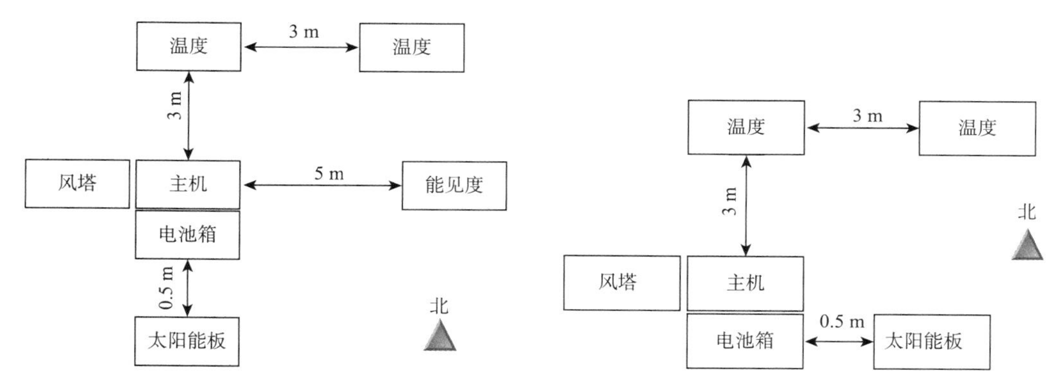

附图 1.5　海岛、交通自动气象站基础之一　　附图 1.6　海岛、交通自动气象站基础之二

附 1.2.1　市电基础

220 V 交流电不允许使用架空线路直接输入到采集器，必须用镀锌水管埋地 10～15 m 以上输入，采集器电源增加 SPD 防雷装置，有条件的可以设置二级 SPD 防雷装置。

附 1.2.2　生物舒适度水泥基础

生物舒适度主采集器水泥基础长宽高为 400 mm×400 mm×400 mm，在水泥基础的中心预埋一个成直角的 PVC 管，PVC 管的直径约为 50 mm，直角 PVC 管的尺寸及位置如附图 1.7 和附图 1.8 所示。水泥基础预埋在所选观测场地的中心，上表面尽可能水平，并且与地表面水平，侧面与正北平行，有 PVC 管出口的侧面朝向 220 V 交流电的布线方向。

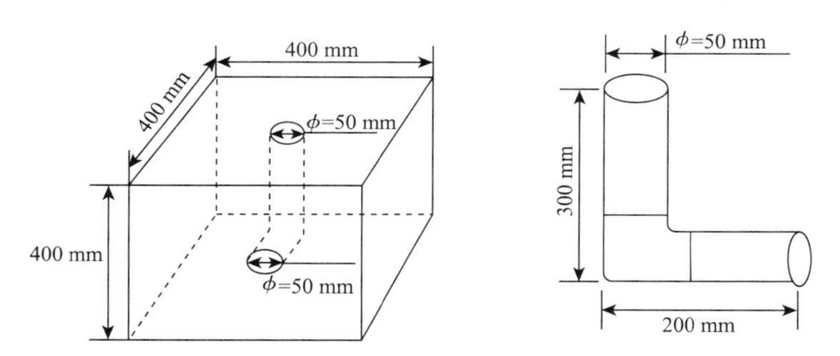

附图 1.7　水泥基础及预埋 PVC 管示意图

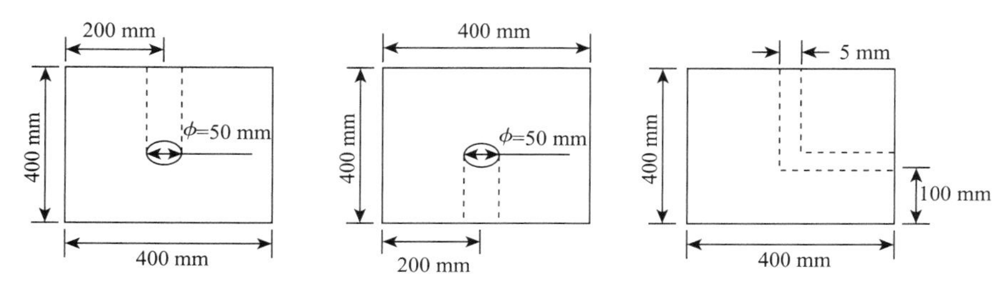

附图 1.8　水泥基础的三视图

附录 2　自动气象站报文格式

附 2.1　S 文件格式说明

```
struct datarec /* 长度=100 byte */              项序
{unsigned char baoformat;                         1
unsigned  char stationn;                          2
unsigned  char stationname[6];                    3
unsigned  int  rec_time;                          4
unsigned  long rec_date;                          5
unsigned  int  wd2dd;                             6
unsigned  int  wd2df;                             7
unsigned  int  wd10dd;                            8
unsigned  int  wd10df;                            9
unsigned  int  wd10maxdd;                         10
unsigned  int  wd10maxdf;                         11
unsigned  int  wd3smaxdd;                         12
unsigned  int  wd3smaxdf;                         13
unsigned  char wd10maxtime;                       14
unsigned  char wd3smaxtime;                       15
          int  temp;                              16
          int  maxtemp;                           17
          int  mintemp;                           18
unsigned  char maxtemptime;                       19
unsigned  char mintemptime;                       20
unsigned  int  hourrf;                            21
unsigned  int  dayrf;                             22
          char rh;                                23
          char maxrh;                             24
unsigned  char maxrhtime;                         25
          char minrh;                             26
unsigned  char minrhtime;                         27
```

```
unsigned   char rfmark1;          28
           int  dp;               29
           int  ps;               30
           int  maxps;            31
           int  minps;            32
unsigned   char maxpstime;        33
unsigned   char minpstime;        34
unsigned   char minrf[12];        35
           int  Bps;              36
unsigned   char Ys;               37
unsigned   char w3a;              38
unsigned   int  wd3daymax;        39
unsigned   int  wf3daymax;        40
unsigned   int  wd3daymaxtime;    41
unsigned   int  wd10daymax;       42
unsigned   int  wf10daymax;       43
unsigned   int  wd10daymaxtime;   44
           int  daymaxtemp;       45
unsigned   int  daymaxtemptime;   46
           int  daymintemp;       47
unsigned   int  daymintemptime;   48
unsigned   int  WpV;              49
unsigned   char Temp[2];          50
} Recv_Data;
```

第 1 项 资料类型(baoformat);长=1 byte;其中:"0"或 0 为正点报告,1 为瞬时报告;其中瞬时报告只有正点观测数据;

第 2 项 自动站编号(station);长=1 byte;数值为:0－99 等;

第 3 项 自动站站号(stationname[6]);长=6 byte;例:59287,G1001 等;

第 4 项 资料时间(rec_time);长=2 byte;用时分表示;如:2230 为 22 时 30 分;

第 5 项 资料日期(rec_date);长=4 byte;用年月日表示,如:980103 为 1998 年 1 月 3 日;

第 6 项 2 min 风向(wd2dd);长=2 byte;0～360 以(°)表示;

第 7 项 2 min 风速(wd2df);长=2 byte,单位为 m/s,扩大 10 倍,156=15.6 m/s;

第 8 项 10 min 风向(wd10dd);数值说明同第 6 项;

第 9 项 10 min 风速(wd10df);数值说明同第 7 项;

第 10 项 时 10 min 最大风速时的风向(wd10maxdd);数值说明同第 6 项;

第 11 项 时 10 min 最大风速(wd10maxdf);数值说明同第 7 项;

第 12 项 时瞬时极大风速时的风向(wd3smaxdd);数值说明同第 6 项;

第 13 项 时瞬时极大风速(wd3smaxdf);数值说明同第 7 项;

第 14 项　时 10 min 最风速出现时间(wd10maxtime);长=1 byte,用分钟表示;
第 15 项　时瞬时极风速出现时间(wd3smaxtime);数值说明同第 14 项;
第 16 项　正点温度(temp);长=2 byte,数值-500～500 有效,扩大 10 倍,如:-123=-12.3℃;
第 17 项　时最高温度(maxtemp);数值说明同第 16 项;
第 18 项　时最低温度(mintemp);数值说明同第 16 项;
第 19 项　时最高温度出现时间(maxtemptime),数值说明同第 14 项;
第 20 项　时最低温度出现时间(mintemptime),数值说明同第 14 项;
第 21 项　时雨量累计(hourrf);从每小时的 59 分 59 秒后清零并开始重新计数;长=2 byte,数值 0～9999;以 0.1 mm 为单位,例:1001=100.1 mm;
第 22 项　日雨量累计(dayrf);数值说明同第 21 项;
第 23 项　正点湿度(rh);长=1 byte;0～100 表示 0%～100%;
第 24 项　时最高湿度(maxrh);数值说明同第 23 项;
第 25 项　时最高湿度出现时间(maxrhtime);数值说明同第 14 项;
第 26 项　时最低湿度(minrh);数值说明同第 23 项;
第 27 项　时最低湿度出现时间(minrhtime);数值说明同第 14 项;
第 28 项　当前 1 min 雨量指示(rfmark1);
第 29 项　露点温度(dp);数值说明同第 16 项;
第 30 项　正点气压(ps);2 byte,数值在 8000～11000 有效,表示 800.0～1100.0 hpa;
第 31 项　时最高气压(maxps);数值说明同第 30 项;
第 32 项　时最低气压(minps);数值说明同第 30 项;
第 33 项　时最高气压出现时间((maxpstime);数值说明同第 14 项;
第 34 项　时最低气压出现时间((minpstime);数值说明同第 14 项;
第 35 项　1 h 中每 5 min 的雨量分布(minrf[12]);若报告时间为 00 分的正点报,第 1 个数为 0～5 min 的雨量累计,第 12 个数为 56～60 min 的雨量累计;其他时间的报告时,第 12 个数为报告时间前 5 min 的雨量累计,其余的向前推 5 min;
第 36 项　测站高度(Bps);用于计算海平面气压;单为 0.1 m;例:189=18.9 m;
第 37 项　自动站探测项目(Ys);用位权方式定义:一个字节有八位,最低位为 0 位,最高位为第 7 位;第 0 位定义降雨,第 1 位定义风,第 2 位定义温度,第 3 位定义湿度,第 4 位定义气压,第 5 位定义多层温,第 6 位定义水位,第 7 位定义能见度;当位权定义为 0,表示无该项探测项目,定义为 1,表示有该项探测项目;如:雨、风、温项目,Ys=7;(0 位=1,权值为 1;1 位=1,权值为 2;2 位=1,权值为 4);
第 38 项　自动站型号(w3a);
第 39 项　日瞬时极大风速时的风向(wd3daymax);数值说明同第 6 项;
第 40 项　日瞬时极大风速(wf3daymax);数值说明同第 7 项;
第 41 项　日瞬时极大风速出现时间(wd3daymaxtime);数值说明同第 4 项;
第 42 项　日 10 min 最大风速时的风向(wd10daymax);数值说明同第 6 项;
第 43 项　日 10 min 最大风速时(wf10daymax);数值说明同第 7 项;

第44项 日10 min最大风速出现时间(wd10daymaxtime;);数值说明同第4项;
第45项 日最高温度(daymaxtemp);数值说明同第16项;
第46项 日最高温度出现时间(daymaxtemptime);数值说明同第4项;
第47项 日最低温度(daymintemp);数值说明同第16项;
第48项 日最低温度出现时间(daymintemptime);数值说明同第4项;
第49项 自动站电池电压(WpV);长=2 byte,扩大100倍,1231=12.31 V;正常值为11.50～13.5 V,当此电压小与11.50 V时,可能交流断电;应检查自动站端的供电或交流保险;
第50项 没使用;

注意:

(1)雨量累计(dayrf)的日界为:08:00—翌日08:00;
(2)日最高和最低温度,日瞬时极大风和日10 min最大风的日界为:20:00—翌日20:00;
(3)时间采用北京时;
(4)在使用自动站资料时,注意先检查自动站探测项目(Ys)。

附2.2 X文件格式说明

```
<? xml version="1.0" encoding="GBK"? >
<aws>
<station>
  <number>G1098</number><! --站号-->
  <latitude></latitude><! --纬度-->
  <longtitude></longtitude><! --经度-->
  <altitude></altitude><! --观测场海拔高度-->
  <ppaltitude></ppaltitude><! --气压传感器海拔高度-->
  <observationmode>4</observationmode><! --观测方式-->
</station>
<data>
  <datetime>2006-02-15 10:00:00</datetime><! --报文资料的日期时间-->
  <wind>
    <wind2m><! --当前时刻2 min风向、风速-->
      <wd>105</wd>
      <ws>9</ws>
    </wind2m>
    <wind10m><! --当前时刻10 min风向、风速-->
      <wd>95</wd>
      <ws>7</ws>
    </wind10m>
```

```
<windinstant><! --当前时刻瞬时风向、风速-->
  <wd>210</wd>
  <ws>4</ws>
</windinstant>
<wsmaxinstanthour><! --每小时内瞬时极大风速-->
  <wd>82</wd>
  <ws>23</ws>
  <time>3</time>
</wsmaxinstanthour>
<wsmax10mhour><! --每 1 h 内 10 min 最大风速-->
  <wd>60</wd>
  <ws>13</ws>
  <time>1</time>
</wsmax10mhour>
<wsmaxinstantday><! --日瞬时极大风速-->
  <wd>141</wd>
  <ws>41</ws>
  <time>0:49</time>
</wsmaxinstantday>
<wsmax10mday><! --日 10 min 最大风速-->
  <wd>145</wd>
  <ws>26</ws>
  <time>20:18</time>
</wsmax10mday>
</wind>
<rainfall>
  <rfhour>30</rfhour><! --每 1 h 内的雨量累计值-->
  <rfday>45</rfday><! --每 1 天内的雨量累计值-->
  <rf1minute>0 1 2 3 1 3 4 2 1 1 0 1 2 3 1 3 4 2 1 1 0 0 0 0 0 0 0 0 0 0 0 0 0 0 0 0 0 0 0 00
    1 2 3 1 3 4 2 1 1 0 0 0 0 0 0 0 0 0 0</rf1minute><! --1 h 内每 1 min 雨量分布-->
</rainfall>
<temperature sign="air"><! --大气温度标识-->
  <tt>22.3</tt><! --当前时刻的空气温度-->
  <ttmaxhour>22.3</ttmaxhour><! --每 1 h 内的最高气温-->
  <ttmaxhourtime>51</ttmaxhourtime><! --每 1 h 内的最高气温出现时间-->
  <ttminhour>21.5</ttminhour><! --每 1 h 内的最低气温-->
  <ttminhourtime>1</ttminhourtime><! --每 1 h 内的最低气温出现时间-->
  <ttmaxday>22.3</ttmaxday><! --每天内的最高气温-->
  <ttmaxdaytime>9:51</ttmaxdaytime><! --每天内的最高气温出现时间-->
```

```
        <ttminday>20.7</ttminday><!--每天内的最低气温-->
        <ttmindaytime>7:01</ttmindaytime><!--每天内的最低气温出现时间-->
      </temperature>
    <temperature sign="grass"><!--草面(雪面)温度标识,其子元素含义同气温(air)注释-->
        <tt>20.6</tt>
        <ttmaxhour>20.6</ttmaxhour>
        <ttmaxhourtime>50</ttmaxhourtime>
        <ttminhour>18.9</ttminhour>
        <ttminhourtime>35</ttminhourtime>
      </temperature>
    <temperature sign="surface"><!--地面温度标识,其子元素含义同气温(air)注释-->
        <tt>20.9</tt>
        <ttmaxhour>21.5</ttmaxhour>
        <ttmaxhourtime>57</ttmaxhourtime>
        <ttminhour>16.3</ttminhour>
        <ttminhourtime>39</ttminhourtime>
      </temperature>
    <temperature sign="soil5cm"><!--深层地温,其子元素含义同气温(air)注释,下同-->
        <tt>18.2</tt>
      </temperature>
      <temperature sign="soil10cm">
        <tt>17.9</tt>
      </temperature>
      <temperature sign="soil15cm">
        <tt>17.6</tt>
      </temperature>
      <temperature sign="soil20cm">
        <tt>15.8</tt>
      </temperature>
      <temperature sign="soil40cm">
        <tt>14.2</tt>
      </temperature>
      <temperature sign="soil80cm">
        <tt>13.1</tt>
      </temperature>
      <temperature sign="soil160cm">
        <tt>11.7</tt>
      </temperature>
```

```
    <temperature sign="soil320cm">
      <tt>9.5</tt>
  </temperature>
    <temperature sign="dewpoint"><!--露点温度标识,其子元素含义同气温(air)注释-->
  <tt>9.1</tt>
    </temperature>
    <humidity>
      <rh>83</rh><!--当前时刻的相对湿度-->
      <rhmaxhour>87</rhmaxhour><!--每1 h内的最大相对湿度-->
      <rhmaxhourtime>1</rhmaxhourtime><!--每1 h内的最大相对湿度出现时间-->
      <rhminhour>83</rhminhour><!--每1 h内的最小相对湿度-->
      <rhminhourtime>41</rhminhourtime><!--每1 h内的最小相对湿度出现时间-->
    </humidity>
    <vaporpressure>
      <vaporp></vaporp><!--当前时刻的水汽压-->
    </vaporpressure>
    <airpressure>
      <pp>1012.7</pp><!--当前时刻本站气压-->
      <ppmaxhour>1012.7</ppmaxhour><!--每1 h内的最高本站气压-->
      <ppmaxhourtime>46</ppmaxhourtime><!--每1 h内的最高本站气压出现时间-->
      <ppminhour>1012.1</ppminhour><!--每1 h内的最低本站气压-->
      <ppminhourtime>1</ppminhourtime><!--每1 h内的最低本站气压出现时间-->
      <ppsealevel></ppsealevel><!--当前时刻的海平面气压-->
    </airpressure>
    <vaporation>
      <vphour></vphour><!--每1 h内的蒸发累计量-->
    </vaporation>
    <visibility>
      <vb></vb><!--当前时刻的能见度-->
      <vbminhour></vbminhour><!--每1 h内的最小能见度-->
      <vbminhourtime></vbminhourtime><!--每1 h内的最小能见度出现时间-->
    </visibility>
  </data>
  </aws>
    <!--注:实际业务运行中,报文数据不含注释部分;-->
```

附录 3　自动气象站 GPRS 网台站服务中心软件端口表

城市	自动气象站 GPRS 网台站服务中心——端口设置
广州	5015
增城	5025
顺德	5035
汕头	5045
佛山	5055
韶关	5065
湛江	5075
肇庆	5085
江门	5095
茂名	5105
惠州	5115
梅州	5125
汕尾	5135
河源	5145
阳江	5155
清远	5165
东莞	5175
中山	5185
潮州	5195
揭阳	5205
云浮	5215
广州市南沙区	5225
广州市番禺区	5235
广州市花都区	5245
从化	5255
气候中心	5265
应急通道	5275
测试通道	5285
广州市萝岗区	5295
广州市白云区	5305
珠海	5315

附录 4　近年全省自动气象站重大业务故障典型案例

附 4.1　中山区域自动站经常性出现极大风速

2014 年以来，中山有几个区域自动站经常出现极大风速情况，在排除了设备故障前提下，通过实地现场检查，发现 G2030，G2063 等站点均为更换采集器后没有正确设置采集软件中风类型；此外，周围杂草已经超过人的高度；如附图 4.1 所示。造成气象数据严重不准，严重缺乏责任心，管理混乱。

附图 4.1　自动气象站杂草丛生之一

附 4.2　韶关京珠高速云岩服务区自动气象站观测场里杂草丛生

附图 4.2 摄于 2013 年 12 月 13 日，地点是韶关京珠高速云岩服务区，网友戏称观测场里杂草可以藏老虎了。

附图 4.2　自动气象站杂草丛生之二

附 4.3　花都区域自动气象站杂草丛生

广州市花都区 G3256 区域自动站，在 2012 年 6 月 12 日遭受严重雷击。自动站围栏内杂草、树木很多，树木树径已达到手臂那么粗，雨量传感器堵塞严重，风速、风向传感器基本上被树藤缠住，严重缺乏管理维护。如附图 4.3 所示。

(a)

(b)

(c)

附图 4.3　自动气象站杂草丛生之三

附 4.4　电白区域自动气象站遭受雷击灾害

2014 年 7 月电白区域自动气象站电源受严重雷击损坏，造成设备报废。如附图 4.4 所示。

附图 4.4　电白区域自动气象站电源板遭雷击